计算机辅助
船舶设计实例教程

主　编　苏琳芳
副主编　赵　蕾　陈海林　肖　明

国防工业出版社
·北京·

内 容 简 介

本书分为上、下两篇，上篇共三章，包括绪论、总体设计、结构计算。下篇共两章，包括轮机及电气设计、机电舾三维设计。本书紧密结合工程实践，融合总体、结构及机电舾等专业，通过具体的设计案例，介绍各专业在设计各阶段的设计特点及方法、相同设计阶段下的专业协同，阐述基于MBD模型的船舶三维一体化设计的系统性思维。

本书主要适用于高等院校船舶工程、交通工程等专业的大学本科及研究生教学，也可供从事船舶结构物设计与建造的工程技术人员参考。

图书在版编目(CIP)数据

计算机辅助船舶设计实例教程/苏琳芳主编.
北京：国防工业出版社，2024.10. -- ISBN 978 - 7 - 118 -
13211 - 3
Ⅰ.U662.9
中国国家版本馆 CIP 数据核字第 2024SC4968 号

※

国防工业出版社出版发行
(北京市海淀区紫竹院南路23号 邮政编码100048)
北京凌奇印刷有限责任公司印刷
新华书店经售

*

开本 787×1092 1/16 印张 20 字数 403 千字
2024 年 10 月第 1 版第 1 次印刷 印数 1—1500 册 定价 108.00 元

(本书如有印装错误，我社负责调换)

国防书店：(010)88540777　　书店传真：(010)88540776
发行业务：(010)88540717　　发行传真：(010)88540762

《计算机辅助船舶设计实例教程》编审委员会

主　　任：弓永军

副 主 任：李　路　高良田

委　　员：严家文　吴启锐　唐友刚　林　焰　马　宁
　　　　　程细得　党　坤　于雁云　刘　传　李建彬
　　　　　刘梦园　于德欣　吕传德

《计算机辅助船舶设计实例教程》编写委员会

丛书主编：苏琳芳

主　　编：苏琳芳

副 主 编：赵　蕾　陈海林　肖　明

参　　编：邓　强　李冰涛　孙家鹏　李　敏　蒋晓亮
　　　　　刘书杨　陈志飚　邢　辉　张爱锋　刘殿勇
　　　　　刘二双　陈　默　朱　君

图片编辑：樊　琨

序

近年来,我国造船业蓬勃发展,2010年造船三大指标均超越日韩,成为跃居世界第一的造船大国。我国是造船大国,但距世界造船强国还存在一定差距。在设计模式上,我国的船舶设计主要依靠二维CAD,其弊端是不同的业务部门分割导致设计阶段衔接差、专业间互相干涉、易产生人为失误、存在大量重复劳动、人力与物力资源浪费等。目前,建筑、航空、汽车、机械等行业都已从二维设计转变为三维一体化设计。三维一体化设计是解决上述问题的有效途径。

设计模式的改变也将带来船舶制造、运营管理方法的进步。基于三维一体化设计,将数据保存在模型中进行集中管理,通过设计、制造、运营等阶段不断完善信息,最终得到船舶数字孪生模型。船舶数字孪生模型是实现船舶各种性能数值分析、智能优化设计、精细化制造、智能营运管理的基础。

三维一体化设计,是指船舶信息模型实现多阶段、多平台、多专业的一体化设计。多阶段的核心是同一模型,多平台的关键是数据标准,多专业的协同需基于一体化数据环境。实现上述目标,需要专业人员掌握数学、计算机等相关知识,掌握船舶总体、结构、轮机、电气、舾装等各专业设计方法,具备将基础知识与专业知识综合运用的能力。这是《计算机辅助船舶设计与制造》及《计算机辅助船舶设计实例教程》两部教材编写的目的和背景。

《计算机辅助船舶设计与制造》面向CIM系统及全生命周期管理,包括CAD/CAM技术、CAE、CAPP、MRP、ERP、PLM、PDM技术,明确系统集成功能、方法及目标。与此同时,全面介绍与造船系统相应的FEA、CFD以及各大船级社的软件,系统阐述了船舶CAD/CAM的发展现状和未来趋势。从数学、计算机技术以及船舶专业基础知识等角度,讲述船型数值表达及光顺等原理;融合船舶工程、轮机工程、电气工程等专业知识,在船舶CAD/CAM软件的辅助下,阐述设计各阶段,协调各专业问题,形成数字样船的原理。使用上述数据,完成外板展开、套料、数控切割以及各种板及型材的冷热加工等工艺算法,通过数据的生成和流转对船舶CAD/CAM系统加以解释,以利于读者对船舶CAD软件的理解、应用及开发。

《计算机辅助船舶设计实例教程》以解决实际工程问题为出发点,结合行业内优秀船舶CAD软件,分步骤解析初步设计、详细设计等阶段的具体内容,包括总体、结构、轮机、电气以及三维一体化设计等,并以案例方式汇编设计与制造具体过程,供学生上机练习,积累设计经验。此为本书最大特点。

  我国船舶行业正迎来智能设计与智能制造发展期,《计算机辅助船舶设计与制造》及《计算机辅助船舶设计实例教程》为此提供先进船舶 CAD/CAM 经验,具有广阔的应用前景;同时配合慕课教学,形成立体式、分层次、系统的知识传递;运用慕课的平行引导,辅助读者更好地完成自主学习,发挥高效的网络教学优势。此外,在教材应用过程中,将用人需求与人才培养紧密联系,实现了船舶人才的培养及船舶行业的协同发展,体现出较高的出版价值。

熊有伦
华中科技大学教授
中国科学院院士
2023 年 8 月

前 言

本书从解决实际工程设计问题为出发点,结合行业内的 CAD 软件,介绍初步设计、详细设计等阶段的具体内容,辅助上机实践。

本书基于三维设计的理念,以 10 万吨级散货船等为实例,介绍总体、结构、轮机等各专业的全三维化现代设计方法。首先,运用 PIAS 软件,介绍主尺度确定、分舱设计、静水力表、完整稳性及破舱稳性等总体性能计算方法。其次,阐述设计各阶段一模多用的三维数字样船的设计方法。总体设计模型从分舱设计、外型生成等模块抽取,导入 CADMATIC Hull、NAPA STEEL 做结构模型细化;结构设计在此模型基础上,运用 Mars2000 完成横剖面设计,运用 PATRAN 完成有限元计算等。最后,运用 CADMATIC Outfitting 软件,介绍机电舾三维设计方法。详细设计导出的三维数字样船,由虚拟仿真实验室调用,描述虚拟制造、智能制造中设计、工艺、运营及拆解等一体化技术及相关规律。

本书的特点是,运用 PIAS 软件完成总体性能计算,详实记录各设计内容的实现步骤,供上机复现练习;基于同一母船,阐述详细设计阶段前的三维一体化设计方法;以及从项目管理的角度,结合工程管理要素,完成生产设计,构建设计建造一体化思维。

本书与主教材《计算机辅助船舶设计与制造》形成系统的分层次的知识体系,以供学生自主学习。主教材从基础知识、原理与应用着眼,本教程从多个工程案例的实践着手。前者是行之始,后者是知之成。借助慕课及虚拟仿真实验室等工具,完成知行一体的自主学习过程。

本书由大连海事大学苏琳芳组织编写。苏琳芳编写第一章,苏琳芳、邓强、赵蕾编写第二章,陈海林、李敏编写第三章,李冰涛、邢辉编写第四章,袁鹤、肖明、蒋晓亮编写第五章。樊琨编辑图片。苏琳芳、刘殿勇对全书进行统稿。

在编写过程中,华中科技大学熊有伦院士对本书给予肯定并作序。大连海事大学科技处、教务处、船舶与海洋工程学院、信息科学技术学院、轮机工程学院等单位给予鼓励。大连海事大学弓永军教授、上海船舶研究设计院李路副院长、哈尔滨工程大学高良田教授、大连理工大学于雁云副教授、中国船级社武汉规范研究所陈志飚研究员、中船重工船舶设计研究中心刘书杨研究员等参与了本书的审定。天津大学唐友刚教授、大连理工大学林焰教授、上海交通大学马宁教授、武汉理工大学程细得教授、中国船舶集团有限公司第七〇八研究所严家文研究员、武汉船舶设计研究院吴启锐研究员和大连海事大学党坤副教授等对本书进行审阅。本书的顺利完成也得益于业界多方的共同努力,上海船舶研究设计院、大连船舶重工集团设计研究院、中船重工船舶设计研究中心、武汉船舶设计研究院、CADMATIC 公司、上海瑞司倍公司等提供了许多宝贵意见。最后,中央高校基本科研业务费专项资金为本书的出版提供资助。在此,对支持本书出版的各位专家学者及企事业单位致以衷心的感谢。

  由于编者水平有限,时间仓促,书中难免存在缺憾及不足之处,恳请读者给予批评指正,以便后续不断完善。

作者

2023 年 3 月

目 录

上 篇

第一章 绪论 ··· 3

- 1.1 三维一体化设计 ··· 3
  - 1.1.1 三维软件平台 ··· 3
  - 1.1.2 三维一体化 ··· 4
  - 1.1.3 三维一体化的实现方式 ··· 6
- 1.2 设计软件平台 ··· 10
  - 1.2.1 PIAS 平台及功能 ··· 10
  - 1.2.2 CADMATIC 平台及功能 ··· 13
  - 1.2.3 Mars2000 简介 ··· 15
  - 1.2.4 3D – Beam 软件 ··· 16
  - 1.2.5 Patran/MSC Nastran 简介 ··· 16
- 思考题 ··· 18

第二章 总体设计 ··· 19

- 2.1 主尺度定义和型线设计 ··· 19
  - 2.1.1 设计输入与输出 ··· 20
  - 2.1.2 船型参数定义 ··· 20
  - 2.1.3 船体曲面定义 ··· 25
  - 2.1.4 船体型线变换 ··· 29
- 2.2 分舱设计 ··· 29
  - 2.2.1 设计目标 ··· 30
  - 2.2.2 Layout 界面 ··· 31

		2.2.3 分舱建模	34
		2.2.4 舱室属性定义	49
	2.3	静水力计算	50
		2.3.1 静水力表输出	51
		2.3.2 稳性横截曲线	52
		2.3.3 邦戎曲线表	54
		2.3.4 载重水尺图(表)	55
		2.3.5 风倾力计算表	55
		2.3.6 最小许用初稳性高曲线(表)	57
	2.4	完整稳性及总纵强度计算	60
		2.4.1 空船重量	60
		2.4.2 典型装载工况定义	61
		2.4.3 装载状态的浮态要求	65
		2.4.4 完整稳性衡准及评估方法	65
		2.4.5 总纵强度要求	72
		2.4.6 完整稳性及总纵强度计算结果校核	72
		2.4.7 单货舱进水强度计算	74
		2.4.8 谷物稳性计算	76
	2.5	破舱稳性计算	77
		2.5.1 开口定义	77
		2.5.2 ICLL 破损计算	77
		2.5.3 SOLAS 底部破损计算	90
	2.6	总体相关的其他计算	99
		2.6.1 阻力估算和螺旋桨性能估算	99
		2.6.2 倾斜试验和船舶下水计算	100
		2.6.3 主要设备选型	100
	思考题		102

第三章 结构设计 … 103

	3.1	结构规范计算	103
		3.1.1 输入 Mars2000 的 Basic Ship Data	103
		3.1.2 创建 Mars2000 横剖面	107
		3.1.3 用 Mars2000 校核横剖面	116
	3.2	结构三维建模与模型应用	120
		3.2.1 建模之前的准备工作	121

  3.2.2 创建纵向板架 ………………………………………………………… 123
  3.2.3 创建横向板架 ………………………………………………………… 125
  3.2.4 创建槽型舱壁 ………………………………………………………… 127
  3.2.5 创建筋与开孔 ………………………………………………………… 130
  3.2.6 创建板缝与肘板 ……………………………………………………… 132
  3.2.7 三维模型重量统计 …………………………………………………… 135
  3.2.8 导出规范计算剖面 …………………………………………………… 136
  3.2.9 导出有限元模型 ……………………………………………………… 137
  3.2.10 导入 CADMATIC Outfitting ……………………………………… 137
  3.2.11 导出三维送审模型 ………………………………………………… 138
 3.3 梁系计算 ……………………………………………………………………… 139
  3.3.1 梁系模型创建 ………………………………………………………… 139
  3.3.2 梁系载荷和边界约束施加 …………………………………………… 140
  3.3.3 梁系计算及结果评估 ………………………………………………… 141
 3.4 舱段有限元计算 ……………………………………………………………… 142
  3.4.1 有限元模型创建 ……………………………………………………… 142
  3.4.2 有限元载荷和边界约束施加及工况创建 …………………………… 147
  3.4.3 有限元计算求解、应力读取和强度评估 …………………………… 153
思考题 ……………………………………………………………………………… 156

下 篇

第四章 轮机及电气设计 ……………………………………………………… 159

 4.1 机电设备选型 ………………………………………………………………… 159
  4.1.1 主机选型 ……………………………………………………………… 159
  4.1.2 发电机组选型 ………………………………………………………… 160
  4.1.3 蒸汽锅炉选型 ………………………………………………………… 161
  4.1.4 其他主要设备选型 …………………………………………………… 163
 4.2 管路系统原理图设计 ………………………………………………………… 164
  4.2.1 海水冷却系统 ………………………………………………………… 164
  4.2.2 机舱压缩空气系统 …………………………………………………… 166
  4.2.3 生活污水处理系统 …………………………………………………… 168
 4.3 机舱布置 ……………………………………………………………………… 170
  4.3.1 机舱平台的划分原则 ………………………………………………… 170

  4.3.2 机舱设备、舱柜、房间布置原则 …………………………… 171
  4.3.3 机舱通道布置 …………………………………………………… 174
 4.4 电气设计 …………………………………………………………………… 174
  4.4.1 电力一次二次系统 ……………………………………………… 174
  4.4.2 电力负荷计算 …………………………………………………… 177
  4.4.3 内部通信及报警系统 …………………………………………… 180
  4.4.4 照明系统及布置 ………………………………………………… 180
  4.4.5 火灾报警系统 …………………………………………………… 181
 4.5 机电设计各阶段 …………………………………………………………… 181
  4.5.1 传统设计各阶段 ………………………………………………… 181
  4.5.2 三维一体化设计各阶段 ………………………………………… 182
 思考题 ……………………………………………………………………………… 183

第五章 机电舾三维设计 ……………………………………………………… 184

 5.1 原理图的设计出图 ………………………………………………………… 184
  5.1.1 典型原理图设计思路 …………………………………………… 184
  5.1.2 原理图设备小样模板制作 ……………………………………… 187
  5.1.3 二三维校验机制 ………………………………………………… 192
 5.2 建模与模型库管理 ………………………………………………………… 203
  5.2.1 模型库管理 ……………………………………………………… 203
  5.2.2 设备建模 ………………………………………………………… 205
  5.2.3 参数化建模 ……………………………………………………… 205
 5.3 轮机典型区域模型布置 …………………………………………………… 226
  5.3.1 概述 ……………………………………………………………… 226
  5.3.2 设备及管系布置 ………………………………………………… 227
  5.3.3 管布置 …………………………………………………………… 236
  5.3.4 铁舾件布置 ……………………………………………………… 245
 5.4 电气典型区域模型布置 …………………………………………………… 254
  5.4.1 概述 ……………………………………………………………… 254
  5.4.2 典型舱室电气设备布置 ………………………………………… 254
  5.4.3 电缆托架布置 …………………………………………………… 258
  5.4.4 电缆布线模块 …………………………………………………… 261
 5.5 舾装典型区域模型布置 …………………………………………………… 267
  5.5.1 舱室布置 ………………………………………………………… 267
  5.5.2 通道布置 ………………………………………………………… 273

  5.5.3　锚系泊布置 …………………………………………………………… 275
  5.5.4　其他设备布置 …………………………………………………………… 277
 5.6　安装图与布置图设计出图 ………………………………………………………… 280
  5.6.1　典型安装图设计思路 …………………………………………………… 280
  5.6.2　典型布置图设计思路 …………………………………………………… 282
  5.6.3　PM‑Docu 设计出图典型案例 …………………………………………… 284

附　录

附录一　总布置图 ……………………………………………………………………… 295
附录二　侧风面积 ……………………………………………………………………… 296
附录三　舱容图 ………………………………………………………………………… 297
附录四　内壳折角线图 ………………………………………………………………… 298
附录五　破损控制图 …………………………………………………………………… 299
附录六　空船重量分布表 ……………………………………………………………… 300
附录七　许用弯矩剪力表 ……………………………………………………………… 301
附录八　典型横剖面图 ………………………………………………………………… 302
参考文献 ………………………………………………………………………………… 303

上 篇

第一章 绪 论

本书以 10 万吨级散货船项目为案例,按照三维一体化设计方法,完成计算机辅助船舶总体、结构及机电舾设计。

三维一体化设计包括三个方面的内容,首先是全三维化,其次是三维一体化,最后是三维一体化的实现方式。

传统设计模式,采用二维绘图软件进行基本设计和详细设计,生产设计使用三维软件。全三维化设计模式,则是在基本设计、详细设计、生产设计等设计阶段都使用三维设计,各阶段之间通过三维模型进行信息传递。三维模型是信息(设计数据)的载体,在设计的各个阶段,不断对同一个模型进行更新和完善。全三维化是三维一体化的基础,其关键就是设计平台的选用。

三维一体化,主要包括专业协同一体化、各阶段设计一体化、多平台一体化、模型与数据一体化。三维一体化的实现方式,是由设计过程中的标准化、数字化、信息化及自动化程度决定的。

本章将结合 10 万吨级散货船项目案例,介绍三维一体化设计的内容及实现路径。

1.1 三维一体化设计

1.1.1 三维软件平台

目前比较主流的船舶设计类三维软件平台主要有 CADMATIC、NAPA、CATIA、AVEVA,还有国内的东欣 SPD 等。三维设计平台的选择主要从以下六个方面考虑:

1. 数据模型轻量化

由于船舶设计是庞大而复杂的系统工程,数据模型是否轻量化直接影响传递效率,还会影响到服务器和工作站的配置和负载。

2. 设计工作效率

设计工作效率取决于软件的智能化程度,包括参数化建模、存储的拓扑关系等。所谓"牵一发而动全身",即修改主构件尺寸,与之有拓扑关系的其他构件均应随之精准修改。

3. 模型精细化程度

模型的精细化程度,可以从虚实对比、干涉检查等方面判断设计结果的优劣。

4. 适配能力

适配能力主要是指软件平台与设计标准、设计流程等因素的融合能力。

5. 拓展能力

拓展能力是指软件平台通过二次开发,可进行功能拓展的能力。

6. 经济效益

经济效益主要是指软件的购买成本和维护费用,与使用此软件所能产生的效益之间的性价比关系。

1.1.2 三维一体化

目前,多数船舶 CAD/CAM 在船舶初步(基本)设计、详细设计和生产设计阶段,是不连续、分阶段、独立进行的,每个阶段之间通过图纸进行数据和信息传递。然而,在不同设计阶段,以及在同一阶段的各个专业之间,存在着人为因素导致的衔接问题,比如某一阶段的设计是否正确地理解和贯彻上一阶段的设计方案,或者某一阶段的修改是否已经在后续阶段中全面、准确和有效地得到执行,再或者某个专业能否及时发现其他并行专业不恰当的设计所造成的隐患等。另外,为保证本阶段、本专业设计的可靠性,各个设计环节存在无序增加设计余量的现象,各个环节的余量层层叠加,就带来不必要的资源浪费,如重复建模或反复修改。这些问题的解决,最好的办法是各阶段、各专业的设计工作都能够在统一的虚拟三维空间进行,以便于最有效地沟通和协调。

三维一体化的设计模式,采用统一平台、统一模型进行数据和信息传递。采用这种设计模式,可实时显示三维模型,使得设计环境直观、设计方案精确易读、设计工作更加有序,也有利于设计管理,如设计方案的评判、设计校核的评审、精细化管理的推进、专业分工的辨别等。另外,设计模式的革新,也可提高工作效率、缩短设计周期。例如,在详细设计阶段对各部分生成设计共性化内容进行统一细化,将工序前移,大幅缩短总的设计周期,并且提高设计准确性和同一性,有利于降低成本和提升质量。

三维一体化包括四个方面的内容。

1. 专业协同一体化

专业协同一体化,是指多专业横向协同,其核心是对专业内容深度理解。例如布置图设计实践,机电舾专业在详细设计阶段,不仅完成设备标准件的建模,同时还包括原理图的设计和出图;结构模型不断细化的同时,完成设备模型、管系、电缆等布置,最终形成布置图。

2. 各阶段设计一体化

各阶段设计一体化,是指从基本设计、详细设计到生产设计,以及船舶运营管理多阶段的纵向协同,其核心是同一模型。例如在基本设计阶段,运用 PIAS 软件中 Hulldef 模块和 Fairway 模块完成型线设计。然后,将生成的船体曲面导入 Layout 模块做模型的进一步细化,完成分舱设计、静水力计算、完整及破舱稳性计算等。同时,将船体曲面导入 Fairway 模块,做船体曲面的光顺及外板展开,将生产设计阶段的相关工序前移。

3. 多平台一体化

多平台一体化是指 CAD、CAE、CAM 等多平台协同,其核心是数据格式标准化或者接口标准化。例如在 PIAS 平台中,生成的船体曲面可以直接从 Fairway 模块中导出实体,如图 1.1.1 所示。将该实体的 IGES、XML 文件导入 NAPA STEEL 或者 CADMATIC,细化结构模型。

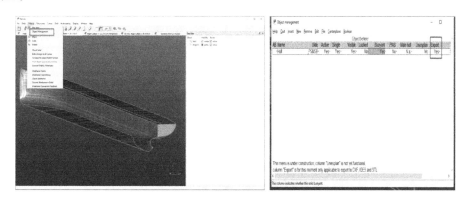

图 1.1.1 Fairway 导出实体的设置及界面

在 CADMATIC 平台中,可读取 PIAS 软件 Fairway 模块中的外板曲面数据,以及 Layout 模块中的分舱数据,并在此基础上做模型细化,将 XML 格式文件导入 BV 船级社的 Mars 软件,进行规范计算及校审,如图 1.1.2 所示。

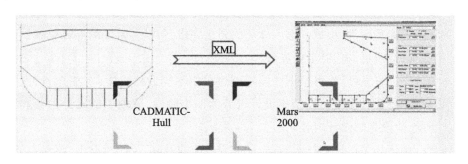

图 1.1.2 多平台导入导出数据

4. 模型与数据一体化

模型与数据一体化,是指将各环节最终数据、信息录入并存储在三维模型中进行集中管理,使同一模型实现多方共建、共享、统一、通用,为实现大数据、智能设计和智能制造提供基础,也被称为面向对象的数据集约化管理。数据集约化管理的例子不胜枚举。例如,上海船舶设计院可以将一条船的数据以 SIMDeX 文件格式存储,SIMDeX 的系统中心负责解析任何数据格式。SIMDeX WebApi 提供对外接口,可以实现船东、船级社下载模型文件进行审图,船厂也可以上传模型。其中的模型文件可导入 CADMATIC 数据库,设备商也可以上传设备小样等。SIMDeX 实体可以通过 OIM 数据持久存储在数据库中,为整个大数据进行服务。通过这套系统可以实现数据库与实体船舶模型的统一管理,为多方协同提供基础。

再如,CADMATIC 公司的 eShare 软件可解决信息孤岛和信息互联的问题,将相关联的设计、制造、管理文档等信息在三维模型中整合,运用高级拓扑关系使不同平台之间实现数据同步、彼此之间互相调用。目前,基于 eShare 平台,可以将企业之间、企业内部各个部门之间、各个专业之间,或人与人之间所有相关信息进行整合。任何人做的任何修改,其他相关的单位都能够得到及时的信息更新。

CADMATIC 软件的数据集约化程度较高,其数据库分为标准库和项目库,标准库是对所有项目进行共享,项目库是当前项目独有,但子框架类似。标准库中主要有原理图、标准件定义、设备模型、结构件模型、参数化模型、出图配置、导出配置、脚本、菜单图标 UI 等。CADMATIC 的模块属性功能,是面向对象中的类定义。通过类定义入口可以找到对应的类,再定义对象的字段,这个字段是 CADMATIC 中的对象属性。设备库中每一个模型就相当于对应的类的实例,在项目中实际布置好的模型,除了包含自身的属性,同时还包含模型库中对象的实例,这是面向对象的组织框架,和面向对象的编程具有类似的思想,可为数据提取提供便利。比如,在机电舾设计中,将原理图中的阀门和三维模型中的阀门进行 ID 关联,使用统一数据,以便实现二维、三维设计的统一,还可以基于对象的属性实现图纸上的标注,面向对象可以使数据的管理和操作变得更加容易。

三维一体化设计是整个船舶发展的必然趋势。

1.1.3　三维一体化的实现方式

本书涉及的船型案例,根据三维一体化的要求完成,包括各阶段的计算机辅助的总体设计、结构设计,以及机、电、舾专业设计。

基本设计又称方案设计,可根据合同签订过程中不同设计阶段(如概念设计、报价设计、合同设计等)提供技术支持。基本设计可分为两个阶段,阶段 1 的设计内容和流程如图 1.1.3 所示,阶段 2 的设计内容如图 1.1.4 所示。

总体设计确认相关指标和技术数据,比如服务航速及其工况、续航力、燃料总舱容等,也涉及主要的机电设备选型。这些性能、技术参数和主要设备选型不能轻易修改,所以在设计前期需要总体、轮机、电气等多个专业协调一致,达成共识。

国内总体设计选用 NAPA 软件居多,本书采用 PIAS 三维软件来实现。总体设计根据母型船数据,对目标船舶的载重吨、服务航速、装载工况等技术指标进行评估,确定设计船所需要的合同最大持续运行功率(CMCR)和转速范围,机电专业根据柴油机厂家提供的功率转速参数匹配相应的机型。

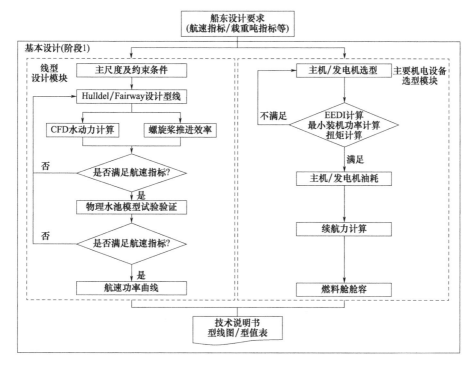

图 1.1.3　方案设计框图

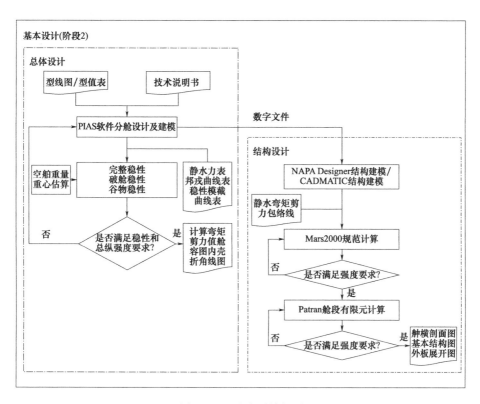

图 1.1.4　基本设计框图

详细设计阶段即为送审设计,如图 1.1.5 所示。总体设计完成分舱设计及建模,校核稳性及强度;结构设计根据静水弯矩建立包络图,完成规范计算,并选用 NAPA Designer 建模,将模型导入 Patran 进行有限元计算。

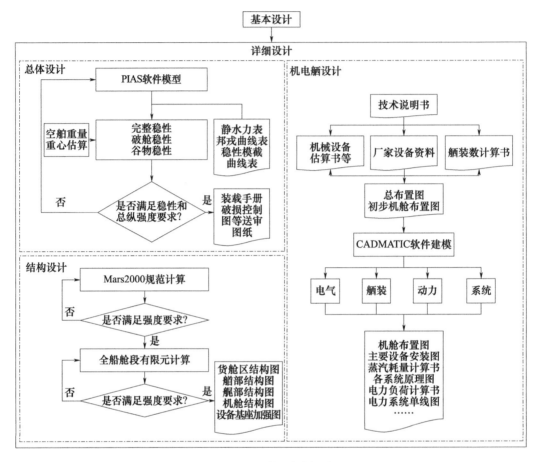

图 1.1.5　详细设计框图

生产设计即为生产准备的设计阶段,如图 1.1.6 所示。本书选用 CADMATIC Hull 平台,既可满足船体的设计要求,与 PIAS 总体建模无缝链接,又能作为 CADMATIC Outfitting 设计背景,满足整个机、电、舾一体化设计,以达到从基本设计、详细设计到生产设计的一体化设计要求。

生产设计阶段首先需输出分段施工图及零件表,包括胎架图、外板二次划线图等,前移舾装件、工装及焊材统计等工序;舾装专业包括订货或预制托盘表,如外舾预制件托盘表、机装的机器设备托盘表、电装的电气设备集配托盘表、主干区域电缆托盘表等。其次,输出分段板材、型材加工图,舾装件制作图及托盘表。最后,输出批量套料、舾装件安装图及托盘表。

1. 总体设计

运用 PIAS 软件,完成主尺度定义、型线设计、分舱设计、静水力计算、完整稳性、破舱

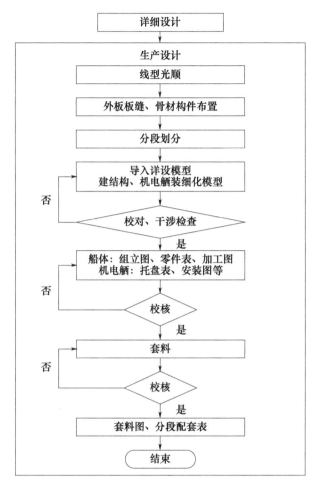

图 1.1.6 生产设计框图

稳性以及谷物稳性校核等总体设计内容。

设计模型的线型生成 iges 格式文件,导入 CADMATIC 软件;内部分舱通过 HilTop 进行参数化定义,导入 CADMATIC 进行模型细化。

2. 结构设计

运用 NAPA Designer 进行结构的基础建模。该模型可用于:

(1)导出 iges 格式文件,将几何信息导入 MSC Patran/Nastran 等有限元软件中,进行结构有限元计算。传统设计模式下,有限元计算需要按照设计图纸进行结构建模(通常占据了 60% 以上的工作量)后再进行计算。NAPA Designer 三维几何模型可直接转化为全船有限元模型,实现从设计模型到计算模型的转换,将大幅缩短有限元计算的周期,提高设计效率。

(2)导入 Mars2000 做规范计算。如果不满足要求,可直接在 NAPA STEEL 平台中修改模型,并用于结构详细设计的出图。

(3)导入 CADMATIC Outfitting 作为机电舾专业设计背景,进行设备布置,细化生成信息并进行干涉检查。

3. 机、电、舾设计

机、电、舾各专业在 CADMATIC Outfitting 平台完成建模后,主要完成三项任务。

(1)导入 CFD 软件中进行数字模拟分析。

(2)进行详细设计的出图。

(3)使用 CADMATIC Outfitting 对详细设计的模型进行细化和设计,最终形成生产设计图纸。

1.2　设计软件平台

本节介绍实例教程中用到的三维一体化设计软件平台。

1.2.1　PIAS 平台及功能

船舶性能计算是船舶总体设计必不可少的重要环节,其内容包括船舶的静水力数据、分舱、舱容及测深数据、完整稳性、破损稳性、装载工况及快速性、操纵性等方面。本书选用 PIAS 软件作为总体三维一体化设计平台,完成相关内容。

PIAS 是荷兰 SARC 公司开发的船舶性能软件,可用于型线和内部分舱设计,以及完整稳性、(概率)破损稳性、总纵强度、阻力和推进等计算和评估。从初始的设计图纸到最终的交付设计,数据共享流畅,无需插件,有助于设计和技术数据的管理。

PIAS 可以处理单体船和多体船,包括折线、球鼻艏、一个或多个螺旋桨通道、升高甲板、龙骨或其他非对称船体形式。除了船舶之外,PIAS 还可以对浮船坞、浮箱、海洋钻井平台及其他漂浮建筑物等进行定义和计算。其几何建模方法独特,可视化及操作界面友好。

PIAS 的计算得到了各主要船级社的认可,其计算执行过程符合 IMO 的 SOLAS 和 MARPOL 等国际公约的要求。图 1.2.1 为 PIAS 的主界面。

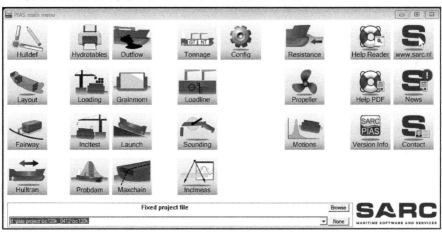

图 1.2.1　PIAS 主界面

PIAS 的主要模块及性能如下：

1. Hydrotables 模块

该模块进行静水力计算，包括：

（1）提供船舶正浮、横倾、纵倾下的静水力数据。

（2）稳性横截曲线（交叉曲线）。

（3）邦戎曲线。

（4）吨位计算、载重量表格、载重刻度图。

（5）根据范德汉姆（Van Der Ham）方法计算的纵倾图。

（6）舱容表，包括液位、体积、重量、测深、利用率、重心位置，以及自由液面惯性矩等。

2. Loading 模块（完整稳性）

该模块用于完整稳性的计算和评估，包括：

（1）船舶静水浮态、纵倾、稳性和平衡的计算评估。

（2）船舶在静水中横倾、纵倾工况下的横倾力矩、恢复力矩曲线和数据表。

（3）完整稳性规范（IS Code）中的气象衡准。

（4）根据选定的衡准对稳性进行详细检查，得出是否满足相关衡准的结论。

（5）根据舱室加注状态，打印加注曲线和表格。

（6）基于 30 多个关于完整稳性的国际规范，计算最大许用重心高度（VCG_{max}）表。

3. Loading 模块（总纵强度）

该模块可进行总纵强度计算，包括：

（1）基于完整稳性计算的相同装载工况，计算剪力和弯矩。

（2）根据沿船长方向变化的横截惯性矩，计算船舶中垂和中拱状态。

（3）校核船体是否满足最大许用剪力和弯矩要求。

（4）船体变形。

4. Loading 模块（破损稳性）

对于确定模式的破损稳性的计算，破损情况需要预定义，即通过选择一个或数个已定义的舱室发生破损。根据适用的法规要求，每个舱室的海水渗入率是单独进行设置的，可用的功能如下：

（1）浸没长度曲线。

（2）可浸没性和破损稳性，用于确定破损状态下的纵倾、横倾和残余稳性，包括：

①应用完整稳性计算相同的装载工况。

②稳性计算的内容包括渗入船内的海水量、从船体舱室内外溢的液体量、舱室的破损情况等。

③破损稳性的计算包括进水的中间过程，可按标准的阶段划分（25%、50%、75%），或更复杂的情况，即将海水通过外部或内部开孔渗透的情况纳入考虑。

(3)根据各种破损稳性衡准(油轮、化学品船和气体运输船等),计算破损工况下的最大许用重心高度表。

(4)破损稳性的计算还包括基于斯德哥尔摩协议的甲板上水工况,适用于滚装船舶。

5. Probdam 模块

PIAS 软件为概率法破损稳性计算提供单独的计算模块,支持的法规包括 IMO Res. A. 265、SOLAS 1992、SOLAS 2009、DR – 67 和 DR – 68(用于干舷减小的装载式挖泥船)。除了以标准和近似(基于区域)方式执行计算的选项外,PIAS 还提供了基于舱室的真实形状的更精确的计算程序。

该模块有以下特点:

(1)破舱边界方案自动生成,省时省力。

(2)可以分析更多的破损方案,从而优化破舱边界方案。

(3)通过调整 VCG 限界线的选项,获得指数 A 与所需指数 R 完全相等的方案。

6. 稳性相关的特定计算及其他模块

(1)Grainmaon 模块(谷物稳性模块),根据《国际散装运输谷物安全运输规则》计算谷物稳性。

(2)Incltest 模块(倾斜试验模块),针对新造船舶和部分改装后的船舶,必须提交倾斜试验(或空船称重试验)报告用于船级社送审的要求,该模块可用于试验记录、结果计算和试验报告的生成。

(3)Sounding 模块(液舱测深表计算模块),根据测深系统测深管数据,建立模型、生成各种液舱测深表。

(4)Loadline 模块,用于干舷计算,生成计算报告。

(5)Maxchain 模块(锚链计算模块),根据挪威海事局 2007 相关标准和法国船级社 2014 规范,计算抛锚船的最大允许锚链拉力。

(6)Outflow 模块(溢油模块),根据 MARPOL 2007,进行燃油溢流计算。

(7)Launch 模块(船舶下水计算),对船台上建造的船舶,进行纵向下水计算。

7. 快速性预报

PIAS 软件提供多种阻力、推进及操纵性预报的 Resistance 模块(阻力计算模块)、Propeller 模块(螺旋桨计算模块)和 Motions 模块(船舶运动模拟模块)。目前水动力预报多采用 CFD 方法。不过 PIAS 软件提供的阻力预报方法是回归公式方法,螺旋桨计算模块采用的也是图谱法进行螺旋桨设计,这些方式方法目前已经很少在实际中使用。对相似船型数据和建模进行推算,具有参考作用。

8. 建模

(1)船体定义。船体形式的定义,可通过 Hulldef 模块及 Fairway 模块,运用多种不同的方式实现。而且,Fairway 模块可使用交互式设计模块进行线型光顺。

（2）内部几何结构。PIAS 的内部几何结构由舱壁、外板、甲板等组成,可通过 Hulldef 模块及 Layout 模块,定义其舱室形状及拓扑关系。

1.2.2　CADMATIC 平台及功能

1. 船体模块

CADMATIC 船体模块是一个集成三维软件系统,它为三维基本结构设计和详细设计、生产信息及管理、外板放样和套料提供解决方案。CADMATIC 软件界面如图 1.2.2 所示。

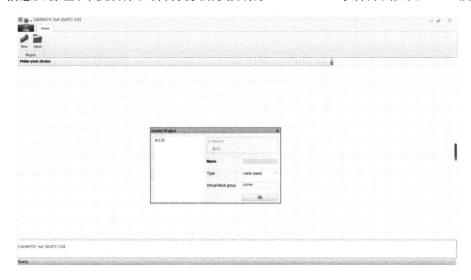

图 1.2.2　CADMATIC 界面

船体结构建模功能,在创建甲板、舱壁、扶强材、外板型材、桁材、折边板/面板、肘板等结构件时,存储具有拓扑性,使得建模过程快速、便捷。

（1）结构件之间以及与船体线型相关联的构件可以实现快速便捷的修改。

（2）具有拓扑关系构件的修改,其他相关联的结构件也会相应地自动修改。

（3）基于规则定制的项目信息,例如自动根据制定的规范要求准则选择正确的肘板尺寸(是否添加折边板)等。

（4）支持多样检索和存储结构模型,例如船体结构的三维建模过程,显示管系和舾装件等船体库中信息。

（5）参数化定义船厂标准和许多自动机制,例如零件和板架编号、标记线、标准肘板的选择,零件编码等。船体结构模块所使用的项目库由适应不同船厂标准的穿越孔、端切形式、型材类型、肘板、开孔以及其他结构实体集合组成,除了相关船厂标准,项目库中还包括软件设置和项目的特定参数的存储和维护。除了三维建模外,船体结构模块还包含完整的二维绘图功能,以便进一步完善三维模型剖面,创建详图以及生成任何形式的图纸。

船体制图出图功能,可以生成大部分的结构图纸,各种送审图、结构图、分段图、生产图纸等。图纸与三维模型相关联,并且自动更新修改内容,从而提供图纸与模型的高度一致性。

船体二维数据库,存储检索二维符号,专用的二维绘图功能可创建和维护出图功能,如总布置、施工方案、安全计划、人孔和门布置以及二维住宿图纸。自动列表生成器,在图纸上编辑数据库驱动界面并添加自定义符号,同时也可以自动生成零件清单及列表。

船体结构模块嵌入生产准备工具以添加生产信息,如焊接信息、零件清单、重量重心、型材列表、型材套料、型材草图、外板型材弯曲信息、套料零件的几何形状等。内置的报告生成器从三维模型中提取所需要的各种生产信息。报表格式从三维模型中控制查询各种生产和流程数据。结合船体施工准备管理器,生成三维组立图或者二维/三维组立图。

船体施工准备管理器,可以自动检测组装件、下级组装件、板架和零件编号。构件被自动分配到对应的板架上,分段组立图可以由软件自动确定,结构组立图层次通过拖放即可改变构架,任意定义到 16 级,便于搭载船体分段组装,且具有三维装配动画演示功能。

板缝和分段缝功能,在视图里将定义的线条投影到船体外壳,通过船体线型数据库插值得到板缝和分段缝。其中复制、粘贴和移动功能,支持外板视图的编辑。外板视图功能可将指定船舶区域(空间)生成视图。将接缝和分段缝以及现有的船体结构,如甲板、桁材、肋骨等,编辑生成艉视图、侧视图、俯视图以及空间视图,并且进行二维外板出图。外板展开功能可计入延展/收缩量,将双曲外板无余量展开为平面板。在船体线型数据库中添加板缝和分段缝,可按照冷弯或者水火弯板进行外板放样;内部结构(包括位置编号)如肋骨以及桁材等船体线型均投影到外板;全部外板和内部船体结构的数据存储在同一三维船体模型中,并生成列表,处理后用于套料。

胎架功能可自动创建胎架信息,并计算胎架支柱的最佳位置,可生成胎架图(表),带有支柱高度、标记线及外板编码信息;也可自定义参数,如支柱间距、移动和旋转胎架平面。

板材套料模块具有创建/修改零件的几何形状、余料处理、自动创建切割路径并生成切割代码功能。

2. 舾装模块

CADMATIC Outfitting 是一款集成的、数据库驱动的舾装设计软件,可进行管道、暖通空调、电缆托架以及电气的三维布置,并自动创建生产和安装信息。

Diagram 模块可绘制管路原理图、仪表流程图与电气单线图;二、三维模型拓扑链接,可自动生成各种管道和仪表原理图,设备、管道及阀门等清单;可修改与管理各种原理图,包括智能符号、工艺规模、版本控制、自定义报表格式以及高级数据库管理等;可支持二维原理图与三维模型之间的转换。

元件管理器可以创建各种设备元件的模型,如泵、罐、换热器等,还可创建参数化的设备元件模型,新的尺寸可以轻松加入元件库里,也可以轻松从其他 CAD 系统导入三维模型,并直接加入设备元件库。

舾装详细设计套件包括创建3D模型的建模功能和设备布置、管路布置、暖通、电缆托架、舱室、功能模块模板。此外,详细设计套件还包含生产设计的全部模块:SPOOL图和ISO图、风管管段图、支吊架设计、电气设计、与船体模块的集成等。

CADMATIC HVAC模块可规则驱动设计、自动生成HVAC管段制造图及材料清单等。自定义风管走向设计,可自动选择组件,如有碰撞,在线碰撞检查会立即报错,如修改规格,三维模型则同步更新成修改后的风管规格,而走向不变;风管小票图可以生成带尺寸标注的风管小票图,上面有所有必需的生产信息与材料清单;风管元件包括风管直段、预制风管及标准部件等;规格包含风管元件的材料定义。根据规格与风管元件设计规则,系统可自动选择正确的元件,包括风管部件与弯曲半径。

支吊架设计模块可进行管线、风管和电缆桥架的支吊架建模,输入支吊架的位置编码,可自动生成支吊架尺寸标注并出图。

电缆敷设模块具有全自动布线功能,为电缆选择最佳布线路径,计算切割长度,检查电缆槽的填充率及电缆槽间的碰撞;根据三维模型的电缆通道与贯通件创建动态节点网络;利用节点网络为连接设备的电缆寻找最佳路径;定义电缆,包含电缆IDs、电缆类型、电缆连接点的起始设备、终止设备;电缆创建后,在"not routed"的电缆清单中显示。

1.2.3 Mars2000简介

Mars2000是BV船级社船舶结构计算规范校核的专用软件,如图1.2.3所示。根据BV规范和HCSR规范要求,校核横剖面和横舱壁的结构强度,具体包括船体梁强度、板和骨材的强度,涵盖屈服、屈曲、疲劳、扭转强度等,但不用于肋板、横梁、纵桁之类的强构件计算。Mars2000的优点是界面直观、方便易用。

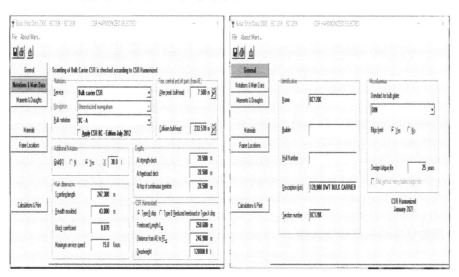

图1.2.3 Mars2000主界面

BSD基本数据模块,包含所有横剖面、横舱壁、扭转模型共有的船舶基本数据,可计算船舶的运动参数以及加速度等。

Edit 建模模块,可输入任意位置的横剖面以及横舱壁。横剖面由几部分组成,包括参与船体梁强度的纵向结构、横向构件、分舱等。

Rule 结果校核模块,可以根据 BV 钢质船舶入级规范以及 HCSR 规范要求来校核横剖面和横舱壁结构,内容包括船体梁的强度、纵向连续构件的尺度(船体板和纵骨)、横向普通构件的尺度;可以计算大开口船舶的扭转强度,并进行计算结果的叠加。

1.2.4 3D–Beam 软件

本教程中梁系计算采用的软件为 DNV 船级社的 3D–Beam,如图 1.2.4 所示。该软件是 DNV 船级社自主开发的一款空间梁系计算软件,可以创建复杂的三维空间梁系,并且提供了丰富的型材库,支持多种梁截面形状。软件的主界面及各板块功能如图 1.2.5 所示。

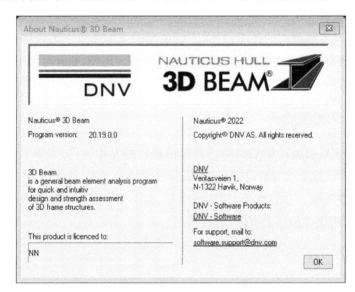

图 1.2.4 梁系计算软件 3D–Beam 启动界面

1.2.5 Patran/MSC Nastran 简介

Patran/MSC Nastran 具有结构静/动强度、非线性分析、设计优化等功能,具备一定的声学分析功能。Actran 为 MSC 旗下专业的声学分析软件。Cradle CFD 为 MSC 旗下专业的流体动力学分析软件。

1. 结构强度和振动分析软件

在船体设计及验证过程中具备以下功能:

(1)船体静强度分析。

(2)船体结构模态频率计算。

(3)船体在受到稳态激励或瞬态激励甚至冲击激励时,船体结构的动强度以及剩余

图 1.2.5　梁系计算软件 3D – Beam 主界面

强度计算。

（4）船体变形较大，或带有其他非线性因素（如间隙、接触等）的动力学分析。

（5）船体结构各项参数的灵敏度分析，为设计优化奠定基础。

本书中舱段有限元计算采用 Patran 软件进行模型前处理和后处理，MSC Nastran 进行求解。Patran 软件是集几何访问、有限元建模、分析求解及数据可视化于一体的并行框架式有限元前后处理及分析仿真系统，最早由美国国家航空航天局（NASA）倡导开发，广泛应用于船舶、航空航天、汽车等工业领域，其主界面及功能如图 1.2.6 所示。Patran 软件并未限定物理量的单位，需要用户对采用的长度、力、时间、质量等参量的单位制进行控制。

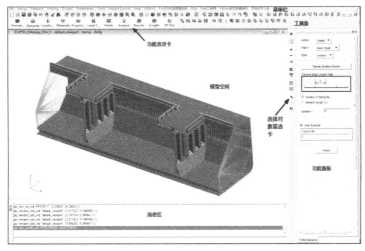

图 1.2.6　Patran 软件主界面及功能

2. 声学仿真软件

声学仿真模块用于解决船舶振动噪声、流致噪声，以及水下声传播问题；解决超大规模、全耦合的振动噪声耦合仿真问题；计算结构辐射的声压、声强、声功率等，并可定量描述结构件的声辐射能力。

3. 流体仿真软件

用于指导螺旋桨性能优化设计，模拟其处于非均匀流场中的空泡、振动、噪声及剥蚀等现象，模拟系船设备的拉力影响、整船浮力状态分析等，支持超大规模计算。

1. 如何评估三维设计软件的优越性？
2. 简述三维一体化的内容及含义。
3. 简述三维一体化设计流程与传统设计流程的异同。
4. 简述三维一体化数字样船的功能。
5. 列举一款总体性能计算的软件，并说明其功能。
6. 列举一款三维建模的工具，并说明其功能。
7. 列举一款有限元计算的软件，并说明其功能。

第二章 总体设计

船舶总体设计解决的是船舶设计中的综合性能和整体布置等全局性问题,是其他专业设计和局部设计的基础和纽带。

本章将依据主教材第五章"计算机辅助船舶总体设计"的内容,以上海船舶研究设计院实际工程项目为参考,介绍软件的使用,进行船舶主尺度定义、型线建模、快速性估算、分舱布置建模、装载方案与稳性计算以及方案优化等,并结合实船案例,介绍使用 PIAS 商业软件完成散货船总体设计的方法。

工程设计案例选取的是 10 万吨级散货船,见图 2.0.1。该船属于肥大型船舶,直艏及方艉船型,单机单桨推进,设计航速为 15kn,主要运输以煤、铁矿石、谷物、纸浆等为主的大宗货物。该船主船体采用单舷侧双层底结构,设有连续主甲板,7 个货舱,在主甲板设有大开口舱口和舱盖,货舱之间设有槽型横舱壁和上、下壁墩,每个货舱周边设有顶边舱和底边舱作为压载水舱。驾驶室、船员生活舱室和机舱均设在船体尾部,首部设有艏楼。

图 2.0.1　10 万吨级散货船

2.1　主尺度定义和型线设计

船舶主尺度是描述船舶几何特征的最基本的参数,主尺度的定义将为型线设计、分舱设计等建模工作提供尺度限界。同时,船舶主尺度也是最重要的参数,其对稳性、货舱舱容、水动力特性、主机功率确定,以及船舶的经济性,都有决定性作用。另外,船舶主尺度也为船舶的港口航道适用性、相关规范计算及舾装选型等工作提供依据。型线设计是对船体外板形状较为精细的描述,是建立船体三维模型和后续装载计算与稳性分析工作的前提。主尺度确定之后,型线设计与之后的舱室划分设计相结合形成总体专业乃至整个船舶设计的基础。本节将结合 10 万吨级散货船实际主尺度及型线数据,介绍 PIAS 软件完成主尺度定义和型线设定的操作方法。

在PIAS软件中可以通过两个途径——Hulldef模块和Fairway模块来定义主尺度和设计型线,从而生成船体外板表面。Hulldef模块的操作方式是通过输入一系列船体横剖面型值数据和附体数据,生成船体型线模型。其计算方法由这些横剖面型值数据的积分以及纵向积分形成。这种方法主要用于已有型线设计的船型,以及通过母型船的型线进行型线变换的船型设计。这种通过母型船设计进行变换而获得型线的方式高效、稳妥、可控性强,是型线设计最为常用的方式。

Fairway模块是从中纵剖线、舯横剖线、平边线、平底线、甲板边线等开始,通过输入各种特征曲线,由简到繁、由疏到密地生成型线,主要用于从无到有的型线设计。船体外表面是以NURBS曲线、Conns曲面分片组合而成,通过调整节点位置光顺外板,所以更适合一些个性化强的设计或者全新船舶设计。

船体形状是根据横截面定义的,但如果船体是使用Fairway设计的,则可以使用完整的表面模型,将其可视化并导出。在PIAS软件中这两个模块生成的型线数据格式不同,但能够互相转换。

本案例采用Hulldef模块,对10万吨级散货船进行主尺度定义和型线设计,生成船体外形,再导入Fairway模块,进行船型曲面的光顺。

2.1.1 设计输入与输出

根据案例船型10万吨级散货船的主尺度数据和型值表,先在Hulldef模块中定义,最后导入Fairway模块生成三维船体型表面并光顺。

1. 设计输入

案例船型型线图、型值表和总布置图。

2. 设计输出

(1)定义的主尺度。

(2)生成的船体曲面。

2.1.2 船型参数定义

根据案例船型的主尺度和设计输入图纸(见附录一),定义船体外型。

进入Hulldef的主菜单,如图2.1.1所示。与Windows平台上的其他软件相似,在Hulldef窗口的左上方分布的是船体定义的不同功能,包括主尺度、船型信息、船舶附体、线型、侧风面积等。PIAS为每个功能提供对应的编辑窗口,根据散货船的特点,在其界面下定义各船型参数。

1. 船体主尺度和限界

在"Main dimension&allowance for shell and appendages"模块中,定义主尺度及主要参数,如图2.1.2所示。各参数说明如表2.1.1所示。

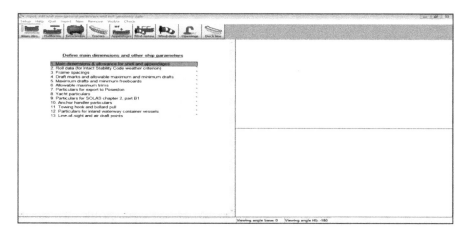

图 2.1.1　主尺度及其他船舶参数定义界面

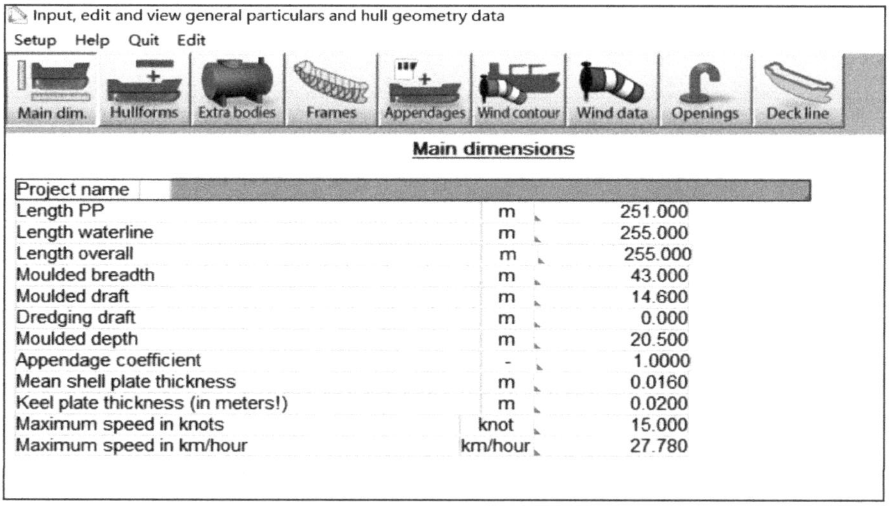

图 2.1.2　主尺度及其他船舶参数定义界面

表 2.1.1　主尺度定义参数说明

序列	主尺度名称	主尺度说明
1	Length PP	垂线间长
2	Length waterline	水线长
3	Length overall	总长
4	Moulded breadth	型宽
5	Moulded draft	吃水，船舯(垂线间长中央处)处的型吃水
6	Moulded depth	型深，干舷甲板边线距基线最小的高度
7	Dredging draft	疏浚吃水，干舷降低的吃水，适用于挖泥船
8	Appendage coefficient	附体系数，船体外板和附体的倍增系数

续表

序列	主尺度名称	主尺度说明
9	Mean shell plate thickness	平均外板厚度,用于计算考虑外板板厚的排水体积,以米为单位
10	Keel plate thickness	龙骨板厚度(m)
11	Maximum speed in knots	最大航速(kn)
12	Maximum speed in km/hour	最大航速(km/h)

需要注意的是,附体系数通常介于 1.005~1.010 之间,其输入值受船舶附体的尺寸和外板厚度的影响。如果外板厚度已做定义并计入考虑,则附体系数可不考虑外板厚度。

2. 坐标系定义

为便于主尺度及船型定义,设定原点坐标为艉垂线(AP)、中心线(CL)及基线(BL)的交点。船舶上的直角坐标系系统如表 2.1.2 所示。

表 2.1.2 $Oxyz$ 直角坐标系

序列	明细	正值	负值	备注
1	X	向艏	向艉	定义 LCG、LCB 等 X 方向的参数
2	Y	右舷	左舷	定义 TCG 等 Y 方向的参数
3	Z	向上	向下	定义 VCG、KM 等 Z 方向的参数
4	纵倾(TRIM)	艏倾	艉倾	纵倾为艏艉吃水差
5	横倾(HEEL)	右舷	左舷	横倾角为横倾后水线面与正浮水线面的交角

注:TCG 为重心横向坐标;LCG 为重心纵向坐标;VCG 为重心垂向坐标;LCB 为浮心纵向坐标。

3. 横摇相关数据

在"Roll data"模块中定义横摇相关的舭部圆弧和舭龙骨数据,将用于完整稳性气象衡准的相关计算,见表 2.1.3。

表 2.1.3 横摇数据说明

序列	横摇数据名称	横摇数据说明
1	Type of midship section: Round or sharp bilge	船舯剖面类型:圆舭或尖舭舭部
2	Projected area of (bilge-)keels: Total area in m²	(影响船体横摇的)左右舷舭龙骨的面积之和(m²)

这些参数用于根据完整稳性规范 IS CODE 2008 计算横摇角度。

4. 肋距

"Frame spacings"菜单定义肋位分布,输入肋距及肋距变化时的肋位号。本案例定义如图 2.1.3 所示。

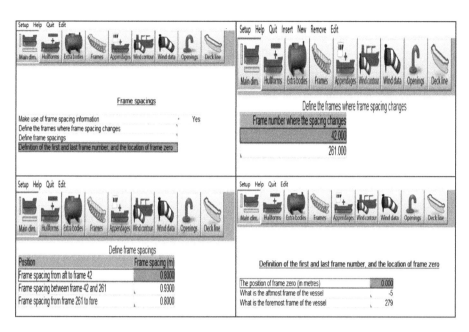

图 2.1.3　肋位及间距定义

5. 吃水标志和许用的最大最小吃水

"Draft marks and allowable maximum and minimum drafts"菜单定义吃水标记的位置、计算和检查吃水的位置,最多可定义 20 个位置,每个位置需要给出表 2.1.4 中的各项定义。

表 2.1.4　吃水标志线及吃水检查位置定义

序列	标志名称		输出说明
1	Draft mark		"Yes"表示此位置为吃水标记。如果选择"No",则表示必须检查吃水的任何其他位置
2	Check		指示是否必须对此位置的吃水进行最小或最大允许吃水校核。如果是,可以进一步详细说明:
		Tmax global	根据装载模块中设置的最大值校核标记处平均吃水深度。最大吃水是一种吃水类型而不是具体的吃水值,例如夏季吃水或冬季北大西洋吃水,可在装载模块中设置
		Tmax – local	指该标记处的吃水与该标记给出的本地最大值进行比较
		Tmin – local	指该标记处的吃水与该标记给出的本地最小值进行比较
3	Tmin and Tmax		本地吃水校核的最大值和最小值
4	T ps/sb mean		该选项指示是否需要计算、检查和打印左右舷侧平均吃水
5	Print paper		"是"或"否",表示该标记是否应包含在装载计算的输出中
6	Print screen		该选项指示是否应在装载计算 GUI 的屏幕上打印此标记
7	Plot		该选项指示是否应在装载计算 GUI 中绘制标记线

在完整稳性计算中，各个航行装载状态都需满足螺旋桨盘面浸没的校核要求，在此设定满足这一要求的最小吃水值以便校核。案例船型 10 万吨级散货船的螺旋桨位置如图 2. 1. 4所示。

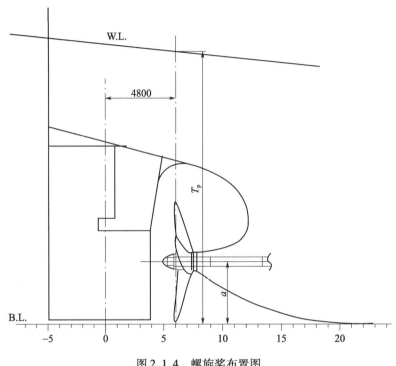

图 2. 1. 4　螺旋桨布置图

本案例船型的桨盘面距艉垂线 4. 8m，螺旋桨轴线高 a 为 4. 15m，螺旋桨直径为 8. 2m。当桨盘面处的吃水 T_p 大于 8. 25m 时，便满足完全浸没的要求。PIAS 中螺旋桨桨盘面处最小吃水定义如图 2. 1. 5 所示。

Name	Draft mark	Check	Tmin	Tmax	T ps/sb mean	Print paper	Print screen	Plot
propeller immersion	No	Tmin local	8.250	-	Yes	Yes	Yes	No
propeller immersion (heavy ballast)	No	Tmin local	9.070	-	Yes	Yes	Yes	No

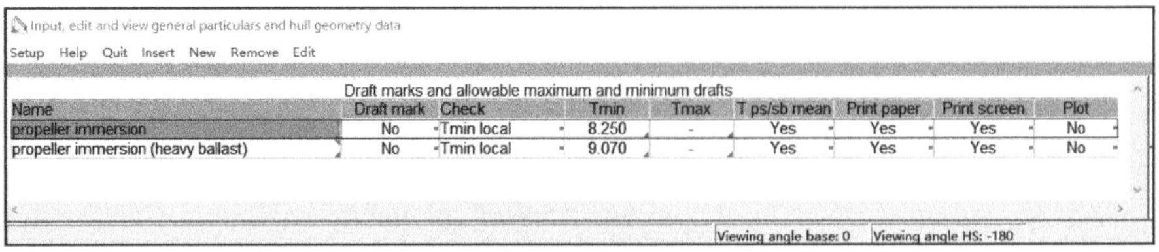

图 2. 1. 5　螺旋桨盘面处最小吃水定义

双击名称，将显示用于定义线段的菜单，给出线段的文本描述（Propeller）。参考高度通常是龙骨的下缘，即为龙骨板厚度，负值，以 m 为单位，并指定标记是位于 PS、SB 还是两侧。双击线段名称给出坐标表，如图 2. 1. 6 所示。

6. 最大吃水和最小干舷

“Maximum drafts and minimum freeboards”菜单定义最大吃水。最大吃水可理解为结构吃水，为检查装载时的最大吃水。

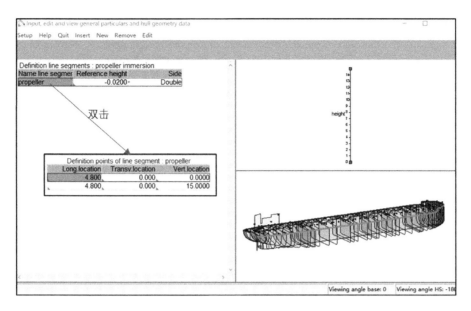

图 2.1.6　螺旋桨桨盘面线段定义

7. 允许的最大纵倾

"Allowable maximum trims"菜单定义船首或船尾的最大吃水差,即定义纵倾。这个定义与概率破舱稳性有关,某些船舶需要控制纵倾在一定范围内,其将在完整稳性计算中校核,计算结果在有限的纵倾范围内有效。在 PIAS 中尾倾为负,因此船尾允许的最大纵倾定义为 X m,最小纵倾为 $-X$ m。

2.1.3　船体曲面定义

Hulldef 模块使用横截曲线进行建模,曲线可以是肋骨线、坐标集或型值表等形式。同时,可通过键入型值、折角点和甲板高度等,手动定义已有的船体线型。

(1)选择工具条第一项"Maindim.",双击"Main dimension & allowance for shell and appendages",进行主尺度定义。

(2)选择工具条第二项"Hullforms",如图 2.1.7 所示。

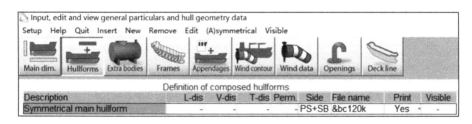

图 2.1.7　Hullform 定义界面

(3)选择"Frames",使用 54 个剖面定义主船体模型,其中 17 个剖面定义为双重剖面,共 71 个剖面,部分剖面定义如图 2.1.8 所示。

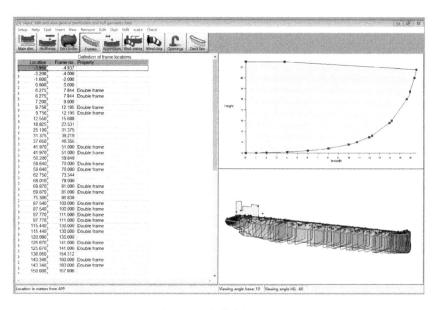

图 2.1.8　船体剖面定义

为了提高船舶静水力和完整稳性的计算精度,需要足够数量的剖面来定义船体。必要剖面数量取决于船体外型的复杂性,复杂的外型需要更多的剖面来充分定义船体,尤其是纵向不连续及横剖面发生突变的断面。本案例船的剖面选择,包括从船首到船尾的过渡以及舱口围板的前后两侧等。

在纵向不连续及横剖面发生突变的位置,必须使用两个重合的剖面来定义船型。本案例在以下剖面位置(距艉垂线距离)插入双重剖面(Doubleframe)定义,计有 6.275m、9.756m、41.97m、59.64m、69.87m、87.54m、97.77m、115.44m、125.67m、143.34m、153.57m、171.24m、180.54m、198.21m、211.23m、228.9m、232.62m。

Hulldef 模块定义船型剖面时,右舷起始点从底部中心线处开始,按逆时针方向,沿着船体向上延伸至甲板,终点截止在甲板边线处。然后在甲板边线处设置折点(Knuckle),在甲板折点处设置附体起始点,延续到剖面在甲板的中心线处终止,与镜像自动生成的左舷形成闭合横向框架。图 2.1.9 所示为剖面 -3.95m 处的定义。左图为定义数据,右图为实时显示。据此可依次定义其他剖面。

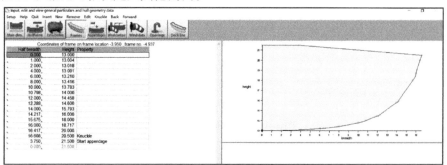

图 2.1.9　艉封板剖面定义

(4)选择“Appendages”定义附体,如甲板梁拱、舱口围等,如图 2.1.10 所示。这些附体的定义实时显示在船舶的三维视图中。

Type appendage	Aft side	Fore side
Flat deck	-	-
Rectangular appendage	41.970	59.640
Rectangular appendage	69.870	87.540
Rectangular appendage	97.770	115.440
Rectangular appendage	125.670	143.340
Rectangular appendage	153.570	171.240
Rectangular appendage	180.540	198.210
Rectangular appendage	211.230	228.900

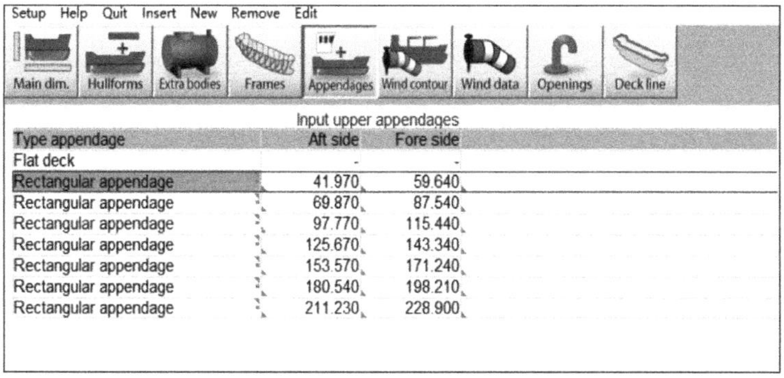

图 2.1.10　附体定义

本案例船已经在各个剖面定义了甲板梁拱,在此,可添加舱口围等附体,如图 2.1.11 所示。

Type appendage	Rectangular appendage
Description	7Hatch
Aft location appendage	41.970
Forward location appendage	59.640
Half breadth	9.500
Height	23.100

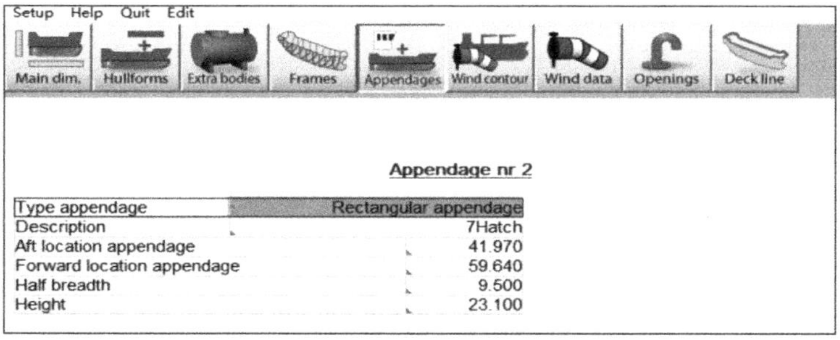

图 2.1.11　7#货舱舱口围定义

在附体的开头和结尾使用双重剖面。按甲板边线值定义编辑甲板线,如图 2.1.12 所示。

Distance from APP	Distance to CL (SB)	Distance from base
-3.950	0.000	21.500
-3.950	3.790	21.500
-3.950	16.608	20.776
0.000	17.580	20.721
6.275	18.922	20.645
12.550	19.832	20.584
18.825	20.613	20.550
25.100	21.165	20.518
31.375	21.474	20.501
37.650	21.500	20.500
50.200	21.500	20.500
62.750	21.500	20.500
75.300	21.500	20.500
87.850	21.500	20.500
100.400	21.500	20.500
112.950	21.500	20.500
125.500	21.500	20.500
138.050	21.500	20.500
150.600	21.500	20.500
163.150	21.500	20.500
175.700	21.500	20.500
188.250	21.500	20.500
200.800	21.500	20.500
213.350	21.430	20.504
219.625	20.997	20.528
225.900	20.006	20.584
232.620	18.114	20.592
232.620	18.589	23.876
238.450	15.960	23.997
244.725	10.916	24.039
247.000	7.856	24.065
249.000	3.395	24.100
249.500	0.000	24.100

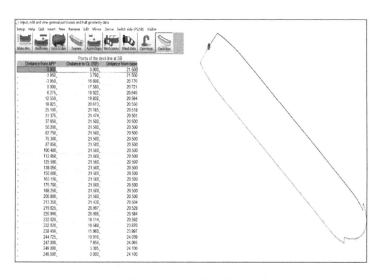

图 2.1.12　甲板边线定义

最终定义出船体模型,如图 2.1.13 所示。

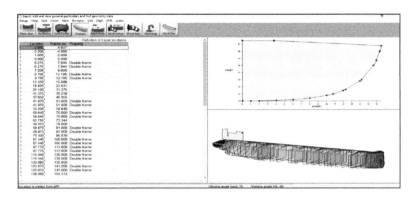

图 2.1.13　船体三维模型

(5)侧迎风面定义时,根据附录二,从总布置图中读取轮廓线值,编辑风廓线,如图 2.1.14 所示。完整的侧迎风面应包括水上和水下部分的面积,最后一个点应与起始点重合,以保证定义为一个封闭的轮廓面。

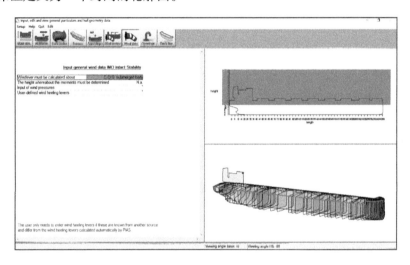

图 2.1.14　风倾面积定义

(6)风压值。稳性计算规则 IS CODE 2008 中有计算风倾侧力矩要求,相关内容详见 2.4.4 节,此处仅进行船体侧向受风面积轮廓、风压设定等。

选择一个足够的高度极限,例如 1000m,以确保定义的风压可以作用于整个轮廓面。IS CODE 2008 规定散货船型的风压数据为 51.4 kg/m^2,如图 2.1.15 所示。

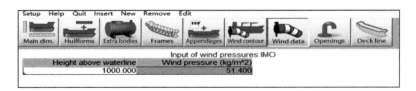

图 2.1.15　风压值定义

2.1.4 船体型线变换

通过 PIAS 软件的 Hulltran 模块可以进行船体型线变换,即通过更改母型船的参数,如长度、宽度、吃水、方形系数、浮心纵坐标、舯横剖面系数和平行中体的长度等,变换得到所需的新型线模型。

Hulltran 模块可以进行以下形式的船型变换:
(1)按需求比例缩放船体的长度、宽度或型深。
(2)增减船体平行中体的长度。
(3)改变方形系数(C_b)。
(4)调整浮心的纵向位置(L_{cb})。
(5)改变舯横剖面系数(C_m)。

当然,通过船体型线变换只能够从大框架形式上获得所需要的新型线,对于新型线的一些细节要求,还需要对具体数据进行修改。

将 Hulldef 模块中定义的船体曲面导入 Fairway 中,可进行船体曲面光顺及外板展开,如图 2.1.16 所示。随后打开工程数据库文件夹,删除". fwy"后缀,进入 Fairway 模块即可读取同一模型信息,完成光顺及外板展开。

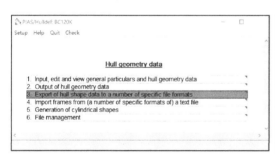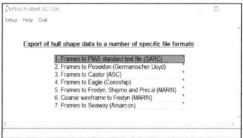

图 2.1.16　Hulldef 导入 Fairway 的设置界面

2.2　分舱设计

分舱设计也称舱室划分,是总体专业船体建模的另一重要部分。由于船舶内部各种舱室的功能、属性和位置不同,对于舱室划分建模的设计工作,需完成船体内部空间的布置及属性定义,并根据船舶总体设计不同阶段而不断完善,如表 2.2.1 所示。

表 2.2.1　船舶舱室设计的三个阶段

项目	基本设计	详细设计	实船完工文件
设计输出	初步总布置图、舯横剖面简图	舱容图、正浮舱容表	测深舱容表、完工舱容图(表)

续表

项目	基本设计	详细设计	实船完工文件
设计内容	初步建立船体分舱框架模型	建立由船体结构围成的所有舱室,舱室划分模型基本确定。初步设立稳性相关开口类型和位置	根据实船测量数据,调整和确定相关管路和开口位置,完成最终版本的舱室划分模型
设计目标	检验舱容、装载状态和稳性等是否能够符合设计思想要求	确定舱室模型;能够提供准确的舱容数据;能够用于同阶段装载状态和稳性相关送审文件的编制	完成各类液舱的测深舱容表;用于完成舱容图和正浮舱容表等完工版文件;以上文件都要与实船相符,作为随船文件使用

各设计阶段输出的舱容数据,可为各阶段提供设计依据,尤其是为装载和稳性校核提供计算基础。在详细设计基础上,完善工艺和舱室的结构加强、内装、管系布置等,根据生产设计及时更新图纸。

对于油船、散货船和集装箱船这三种主要的货船形式,由于货品和装载方式的不同,货舱形状和结构设计形式有很大不同。例如,散货船装载散装固体货物,典型的货舱区设计包括双层底、大开口舱口围板、槽型横舱壁及上下壁墩等多种结构形式,同时因为其压载舱和机舱内各油水舱是液舱形式,使得散货船的分舱建模工作涉及的建模方法最为全面。

本节将根据参考船型相关设计输入图纸(见附录一),完成10万吨级散货船分舱建模,精度可以满足详细设计的要求。

2.2.1 设计目标

1. 设计输入

(1)总布置图。
(2)舱容图。
(3)内壳折角线图。
(4)Hulldef模块中生成的船体曲面模型。

2. 设计内容

舱室分舱建模:原则上,所有参与装载和涉及稳性校核的舱室或独立空间都需要进行分舱建模。包括:

(1)艏、艉部由结构围成的、可封闭的独立舱室或空间,如艏尖舱、艉尖舱、淡水舱、舵机室、尾轴冷却水舱、水手长仓库、艏部油漆库、空舱等。

(2)货舱区的各个货舱、压载舱和其他各种舱室,如空舱、燃油舱、底管隧道等。

(3)机舱区各种以船体结构板所围成的油水舱,如燃油舱、柴油舱、滑油舱、淡水舱,含油水舱、油渣舱、污水舱等液舱,及扣除这些液舱所剩余的机舱空间。通常情况下,对于油船、散货船和集装箱船等,在舱室划分建模之后,由船体外板和主甲板(包括艏艉部上升甲板)所围成的空间之内,不应该存在建模之外的空间,也不应该存在舱室模型重叠或冲突等情况。

舱室属性设置:

(1)分类、构件系数、渗透率、货物密度、测深管位置、开口位置。

(2)与计算相关的设置,比如完整稳性、破损稳性的校核需要用到的开口位置等。

(3)PIAS 计算参数设置。

2.2.2 Layout 界面

Layout 是记录、管理和使用船舶内部几何结构的 PIAS 模块,其交互界面如图 2.2.1 所示。内部结构可以由舱壁、甲板、舱室和其他空间组成。Layout 还能够实时给出其他数据,如特定舱室体积、重量,或测深管等。

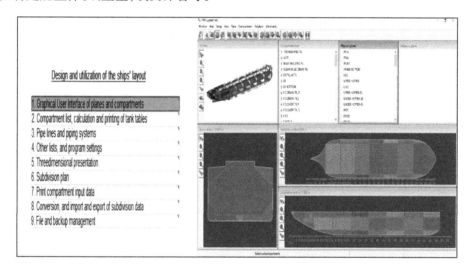

图 2.2.1 Layout GUI 界面

Layout GUI 是分舱布置模块。船体曲面定义完成后,所有的舱室边界均可以进行输入定义。在此过程中,对定义的几何内部结构与船体外壳交线变化,实时地显示在屏幕上,使得舱室形状所见即所得。以下将详细介绍其界面内各菜单内容。

1. 设置

Selection Mode 可以选择 5 种模式中的一种,如图 2.2.2 所示。

(1)Plane 概念:Plane 是空间内可在任意位置上定义平面的指令。可以有角度,但不能弯曲或扭曲,有三种不同的定义方法。

物理平面(Physical plane),是一个可以限制的平面,可以是子舱之间的分隔。通常,物理平面可以用来做舱壁和甲板。

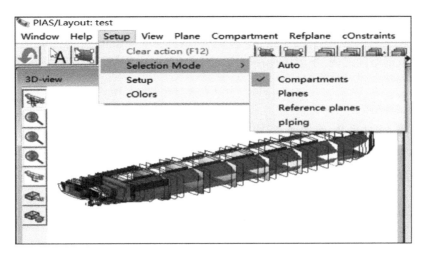

图 2.2.2 建模方式

参照平面(Reference plane),是将实体的大小进行投影的平面,但其使用不是强制性的。

正交平面(Orthogonal plane),可以是横向平面、水平面或纵向平面。

平面的定义:在位置输入后,需要确定所选择区域的边界,该边界由"绿点"控制。无须输入绿点坐标,其是该平面与其他平面的交点。这种平面定义方式称为运用拓扑关系的平面定义,当与之相交的平面位置改变时,这个平面边界也会随之改变。

(2) Compartment 概念:舱室是船上一个封闭的、水密的空间,由一个或多个子舱组成。湿舱、干舱、货舱、机舱的建模方式没有区别。

子舱(Subcompartment)是舱室的"逻辑"构件,没有实际物理意义,引入这个概念只是便于定义一个复杂的舱室。子舱可以是正的,也可以是负的。正值表示子舱的形状被添加到其他舱室中,负值表示它被舱室扣除。

子舱可以由平面围成。定义若干平面,平面间生成空间类型的子舱,6 个物理平面也能生成空间子舱。这种类型的舱室定义,虽然方法不同,但都是独一无二的,且它们之间不能重叠。如果舱室用坐标定义,使用参考平面则可以重叠。

2. Plane 功能

Plane 的下拉菜单有 9 个功能模块,如图 2.2.3 所示。

(1)【Sort】:使用此功能,"Physical planes"树状视图中的舱室将被排序。这可以根据 4 个标准来完成,即名称、位置、类型和缩写。使用"撤消"命令,则恢复原排序。

但对于 Physical planes,更改平面的顺序将改变几何模型,因此,该功能并不适用。

(2)【New】:通过该功能将弹出定义平面几何图形的对话框,从而添加一个新的平面。定义平面可覆盖整个船舶(从船尾到船首、左舷到右舷,或从底部到顶部)。随后出现一个带有"绿点"的弹出窗口,通过"绿点"选择平面边界。

(3)【Insert】:使用此功能可以在指定的子舱内添加一个平面,之后,仍然可以通过

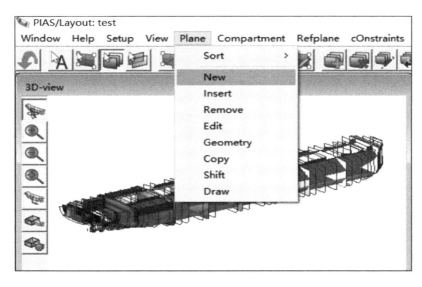

图 2.2.3　Plane 模块

"绿点"选择平面边界。

（4）【Remove】：使用此功能可以删除平面。平面删除后，会使保留的子舱失去边界，从而导致变化的连锁反应。需根据舱室列表进行合舱。

（5）【Edit】：通过该功能修改物理平面的输入信息，包括命名、坐标位置、板厚等属性。

（6）【Geometry】：通过此功能修改物理平面的几何边界，在弹出带有平面形状的窗口，通过"绿点"改变边界。

（7）【Copy】：通过此功能选择需要复制的平面，出现复制平面的弹出窗口，其中已填充复制的参数。更改窗口中的名称和位置，按下"确定"按钮，复制的平面将添加到模型中。

3. Compartment 功能

该菜单选项分为两组，水平分界线上方的菜单选项为舱室树状视图显示与排序，线下方的菜单选项为修改舱室而设置，如图 2.2.4 所示。

（1）【Compartments Tree view】：舱室树包含各舱室，每个舱室下都有子舱。使用此命令可以同时折叠和展开所有舱室和子舱。

（2）【Sort】：使用此命令将在树状视图中对舱室进行排序，即按照舱室名称或位置进行排序。

（3）【Newcompart】：舱室树中添加一个新的舱室，可从舱室树的窗口看到添加舱室。

（4）【newSubcompart】：此命令为在选定的舱室下方增加一个新的子舱。

（5）【Cut】：剪切一个舱室或子舱。在舱室树中，可检查此操作，其与【Delete】键的作用完全相同。

（6）【Paste】：粘贴一个舱室或子舱，然后将该对象放置在选定的舱室或子舱之后。

（7）【Undocut】：撤销舱室和子舱的剪切。

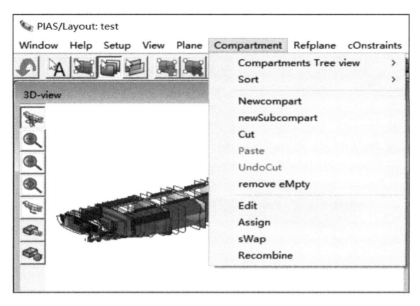

图 2.2.4　Compartment 模块

(8)【remove eMpty】:移除所有空舱。拖动多个舱室后,会出现没有子舱的舱室,使用此功能即可移除空舱。

(9)【Edit】:通过此功能,用户可以进入舱室的详细窗口进行数据编辑。

(10)【Assign】:在平面之间生成与之关联的舱室和空间。舱室与平面之间能够保持关联性,当添加新平面时,将为其生成新的舱室,其名称和其他属性可稍后进行调整。

但是,如果使用【Cut】或【Delete】键移除了一个舱室,则该空间仍然被占用,但不再与舱室关联,只有退出 Layout 模块,才能彻底删除。再进入 Layout 模块,通过【Assign】功能,在删除的空间内添加一个与边界平面相关联的新舱室。新的舱室仍然有默认参数,如名称和比重,以便编辑修改。

(11)【sWap】:当添加一个穿过舱室的平面时,该舱室被分为两部分,而原始舱室的特征被指定给一个空间,并且为第二个空间创建一个新的舱室,必须详细地填充其特征参数。

(12)【Recombine】:子舱隶属于各舱室下,其组织结构完全取决于设计者,特别是在添加新平面后,会创建新空间,每个空间都分配给一个新的子舱,分配到各新舱室下,如果要更改,可以通过在"舱室树视图"窗口中拖动来实现。通过【Recombine】,可以在二维窗口实现合舱重组。

2.2.3　分舱建模

舱壁和甲板的位置和边界可交互式输入,这些平面将船体划分成不同的空间体,且实时显示。采用该方法,单个用户即可以定义一组舱室,并设置属性。由于各种几何结构和舱室均是基于拓扑的关系,便于高效修改。

1. 主要区域分舱

使用附录三的图纸,在 Layout 中进行艏部、艉部、底舱以及 7 个货舱区的分舱,分舱明细见表 2.2.2。

分舱命名的规则是,舱室定义为名称、Tank、舷侧(左舷或右舷)等。

舱室边界定义时,纵向边界表示船长方向以肋位为基本单位;横向边界表示船宽方向距中心线的距离,左舷为负、右舷为正;垂向边界表示型深方向距基线的距离。舱容参考值是 PIAS 及 NAPA 计算结果,以 m^3 为单位。

表 2.2.2 分舱明细表

序号	区域划分	纵向边界	垂向边界	备注
1	艉部	−5m ~ FR14	HULL ~ UPPER DECK	
2	机舱	FR14 ~ FR42/44	HULL ~ UPPER DECK	机舱前舱壁从 FR42 开始倾斜,至 FR44 结束
3	货舱	FR42/FR44 ~ FR261	INNER BOTTOM ~ UPPER DECK	
4	艏部	FR261 ~ F. P.	HULL ~ UPPER DECK	
5	双层底区域	FR14 ~ FR261	2.535m/2.35m	双层底从 FR16 到 FR38 的高度为 2.535m,其余为 2.35m

为了实现以上分舱,需要创建若干剖面,明细如表 2.2.3 所示。

表 2.2.3 剖面明细表

序号	剖面	纵向边界	垂向边界	备注
1	FR14 横剖面	FR14		
2	FR261 横剖面	FR261		
3	INNER BOTTOM	FR14 ~ FR261	Z = base ~ 2.35m	
4	FR42 横剖面	FR42		
5	FR42/FR44 斜剖面	FR42 ~ FR44	Z = 2.35 ~ 14.8m	

各个剖面创建时,应遵照拓扑关系原理,设定剖面之间的主从逻辑,即由大到小、由主要构件到次要构件的顺序来进行创建。

(1)艏艉横舱壁建模:选择【plane】→【new】,弹出建模交互界面如图 2.2.5 所示。

【Name】输入"FR14",选择【Transversebulkhead】;在【Absolutemeasurement】→【frame】处输入"14",选择【OK】,弹出边界选择界面,通过绿点定义剖面边界后,即可生成 FR14 处横剖面,如图 2.2.6 所示。以同样的方法,可生成 FR261 剖面。

(2)双层底建模:选择【plane】→【new】,弹出建模交互界面如图 2.2.7 所示。

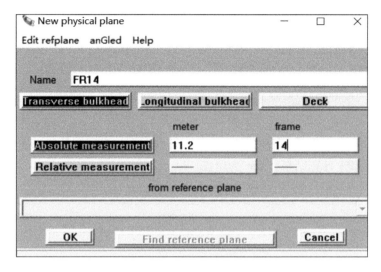

图2.2.5　FR14横舱壁剖面定义

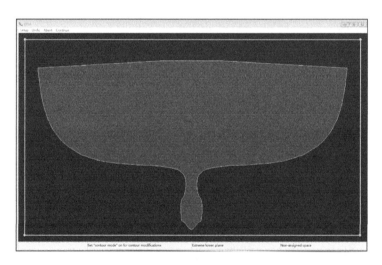

图2.2.6　FR14横舱壁边界定义

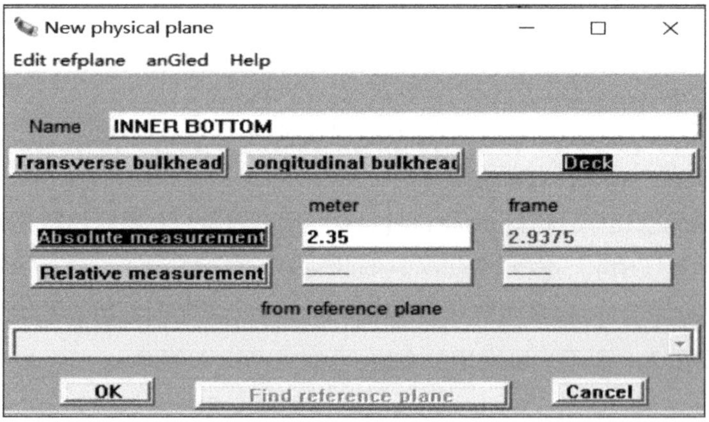

图2.2.7　双层底剖面定义

【Name】输入“INNERBOTTOM”，选择【Deck】，在【Absolutemeasurement】→【meter】处输入“2.35”，选择【OK】，弹出边界选择界面，如图 2.2.8 所示。

Setup Undo Abort Continue
CONTOUR MODE
Extreme SB plane
Non-assigned space

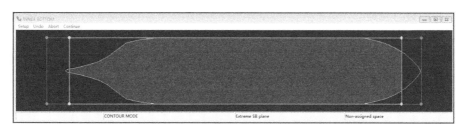

图 2.2.8　水平面边界选择界面

通过绿点定义剖面边界后，即可生成内底平面。

(3)机舱的纵向边界从 FR14 延伸至机舱前壁。机舱前壁的创建分三段完成，即 FR42、FR44 横舱壁，以及 FR42/FR44 斜舱壁。最终将物理平面割裂的空间进行合舱后形成机舱舱室。

FR42、FR44 可依据 FR14 横舱壁的建模方法创建。

FR42/FR44 斜剖面建模，选择【plane】→【new】→【angled】，弹出建模界面如图 2.2.9 所示。

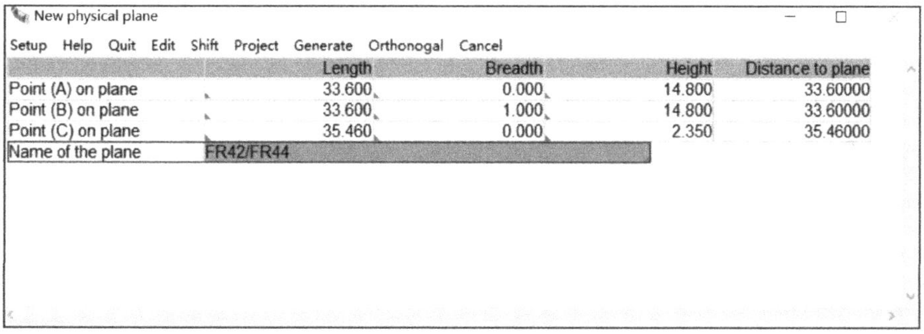

New physical plane
Setup Help Quit Edit Shift Project Generate Orthonogal Cancel
Length Breadth Height Distance to plane
Point (A) on plane 33.600 0.000 14.800 33.60000
Point (B) on plane 33.600 1.000 14.800 33.60000
Point (C) on plane 35.460 0.000 2.350 35.46000
Name of the plane FR42/FR44

图 2.2.9　plane 定义斜剖面

依照图示输入坐标值，选择【Generate】，弹出边界选择界面，如图 2.2.10 所示。

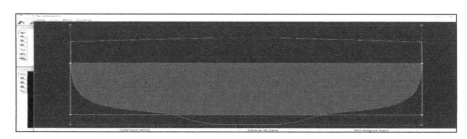

图 2.2.10　边界选择界面

选择【Continue】，生成新的分舱图。

(4)合舱：选择【Compartment】→【Recombine】，在三视图中，激活“longitudinal section”

侧视图,将7舱三角区域,即由FR42/FR44斜剖面、内底面及FR42横剖面围成的三角区,拖入"ER"舱室,即可完成合舱,如图2.2.11所示。在此过程中,需选择舱室表达清晰的视图,激活后进行合舱。

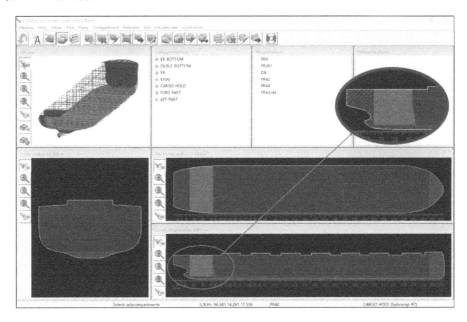

图2.2.11 主要舱室分布

2. 货舱区分舱

货舱区域分成7个货舱、左右舷对称分布的压载舱、燃油舱、洗涤水舱、污水舱,以及管隧通道。

(1)货舱区横舱壁建模:货舱区纵向边界(横舱壁)如表2.2.4所示。舱容值为最终设计结果,供读者参考。

表2.2.4 货舱区分舱明细

序号	舱名	纵向边界	舱容(PIAS)
1	NO.7 Cargo Hold	FR42/44 ~ FR75	18871.50
2	NO.6 Cargo Hold	FR75 ~ FR105	19885.28
3	NO.5 Cargo Hold	FR105 ~ FR135	19019.36
4	NO.4 Cargo Hold	FR135 ~ FR165	18151.95
5	NO.3 Cargo Hold	FR165 ~ FR195	19017.69
6	NO.2 Cargo Hold	FR195 ~ FR228	21767.98
7	NO.1 Cargo Hold	FR228 ~ FR261	18706.85
合计			135420.6

为完成7个货舱的建模,需依次完成FR75、FR105、FR135、FR165、FR195、FR228和

FR261 横舱壁的创建。完成以上横舱壁创建后,即可将船体沿纵向分成 10 个舱室,如图 2.2.12 所示。

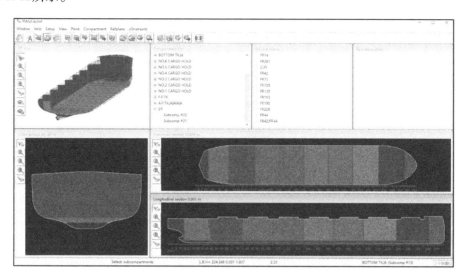

图 2.2.12 货舱区分舱图

(2)货舱区压载舱分舱:货舱区的压载舱纵向边界如表 2.2.5 所示。

表 2.2.5 货舱区的压载舱

序号	舱名	纵向边界	舱容(PIAS)
1	NO.1 W.B.TK.P	FR228 ~ FR261	3092.03
2	NO.1 W.B.TK.S	FR228 ~ FR261	3092.01
3	NO.2 W.B.TK.P	FR195 ~ FR228	3225.70
4	NO.2 W.B.TK.S	FR195 ~ FR228	3225.70
5	NO.3 W.B.TK.P	FR165 ~ FR195	2934.24
6	NO.3 W.B.TK.S	FR165 ~ FR195	2934.24
7	NO.4 W.B.TK.P	FR135 ~ FR165	2934.24
8	NO.4 W.B.TK.S	FR135 ~ FR165	2934.24
9	NO.5 W.B.TK.P	FR105 ~ FR135	2934.22
10	NO.5 W.B.TK.S	FR105 ~ FR135	2934.22
11	NO.6 W.B.TK.P	FR75 ~ FR105	2892.92
12	NO.6 W.B.TK.S	FR75 ~ FR105	2892.92
13	NO.7 W.B.TK.P	FR43 ~ FR75	1599.11
14	NO.7 W.B.TK.S	FR43 ~ FR75	1599.11
15	PIPE TUNNEL	FR30 ~ FR231	—

要实现以上分舱,需要创建若干物理平面,右舷平面明细见表 2.2.6,左舷为对称结构,复制右舷平面,修改位置,即可得到相应平面。

表 2.2.6 右舷平面明细

序号	平面名称	纵向边界	横向边界	垂向边界
1	L9.5 纵舱壁	FR42/44 ~ FR228	$Y = 9.5$	内底 ~ 主甲板
2	Upper Hopper – SB	FR42/44 ~ FR228	L9.5 ~ Hull	$Z = 20.5m ~ 13.572$
3	FR233 横剖面	FR233	– Hull ~ Hull	内底 ~ 主甲板
4	FR228/FR233 纵舱壁	FR228 ~ FR233	L8.25 ~ L9.5	内底 ~ 主甲板
5	Upper Hopper – F1SB	FR228 ~ FR233	L9.5/L8.25 ~ Hull	$Z = 20.5m ~ 13.572$
6	L8.25 纵舱壁	FR233 ~ FR261	$Y = 8.25$	内底 ~ 主甲板
7	Upper Hopper – F2 SB	FR233 ~ FR261	$Y = 8.25$ ~ 舷侧外板 Hull	$Z = 20.5m ~ 13.572$
8	FR44/FR66 – 50(45°)下斜内壳	FR44 ~ FR66 – 50	$Y = 5.327/15.51$ ~ 舷侧外板 Hull	内底 ~ 舷侧外板 Hull
9	FR44/FR66 – 50(26°)下斜内壳	FR44 ~ FR66 – 50	$Y = 7.92$ ~ 舷侧外板 Hull	FR44/FR66 – 50(45°)下斜内壳 ~ 舷侧外板 Hull
10	FR66 – 50/ FR243 + 50(45°)下斜内壳	FR66 – 50 ~ FR243 + 50	$Y = 15.51$ ~ 舷侧外板 Hull	内底 ~ 舷侧外板 Hull
11	FR243 + 50/FR261(45°)下斜内壳	FR243 + 50 ~ FR261	$Y = 15.51/8$ ~ 舷侧外板 Hull	内底 ~ 舷侧外板 Hull

①FR42/44 ~ FR228 左右舷 L9.5 纵剖面建模。

选择【plane】→【new】,弹出建模交互界面如图 2.2.13 所示。

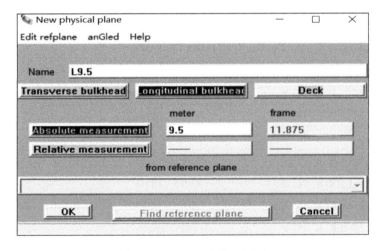

图 2.2.13 plane 定义纵剖面

【Name】输入"L9.5",选择【Longitudinal bulkhead】,在【Absolute measurement】处输入"9.5",选择【OK】,即可生成 L9.5 纵剖面,如图 2.2.14 所示。其将 Tank2 至 Tank7 的 6 个货舱区隔离出压载舱,如图 2.2.15 所示。依据右舷建模方法完成左舷 L9.5 纵剖面建模,其将 No.2 CARGO HOLD 到 No.7 CARGO HOLD 的 6 个货舱区沿船宽方向分割成三部分,如图 2.2.15 所示。

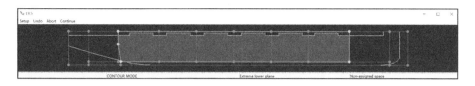

图 2.2.14　L9.5 纵剖面

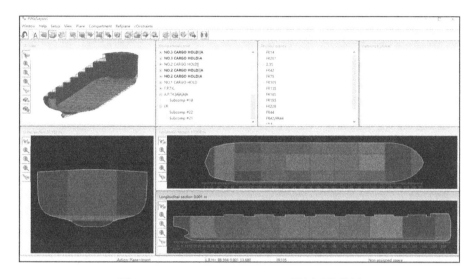

图 2.2.15　FR42/44～FR228L9.5 纵剖面分舱图

② FR42/44～FR228 右舷 Upper Hopper 斜剖面建模。

选择【plane】→【new】→【angled】,弹出建模界面如图 2.2.16 所示。

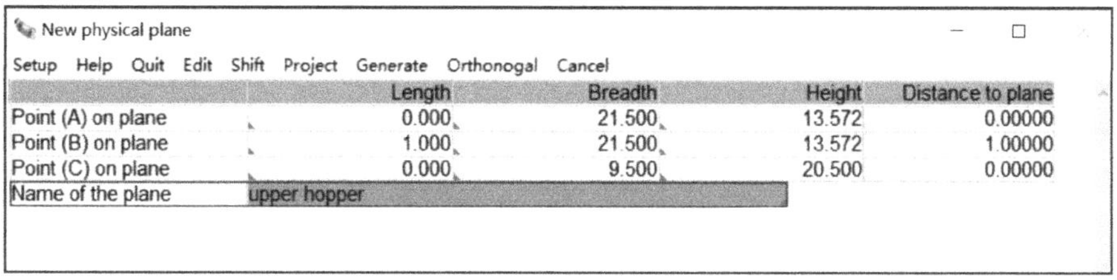

图 2.2.16　右舷 Upper Hopper 斜面定义

依照图示输入坐标值,选择【Generate】,弹出边界选择界面,如图 2.2.17 所示。

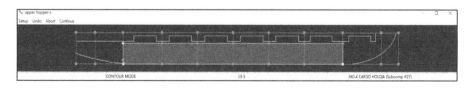

图 2.2.17　右舷 Upper Hopper 斜剖面边界选择界面

选择【Continue】,生成新的分舱图,如图 2.2.18 所示。

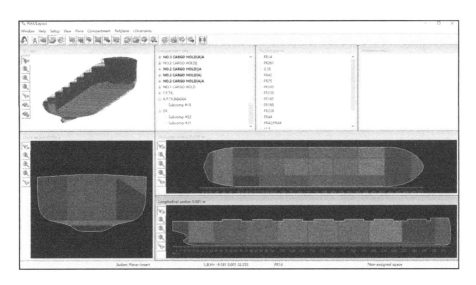

图 2.2.18　右舷 Upper Hopper 斜剖面分舱图

③FR42/44~FR228 左舷 Upper Hopper 斜剖面建模。

选择【plane】→【copy】,弹出对话框,如图 2.2.19 所示。

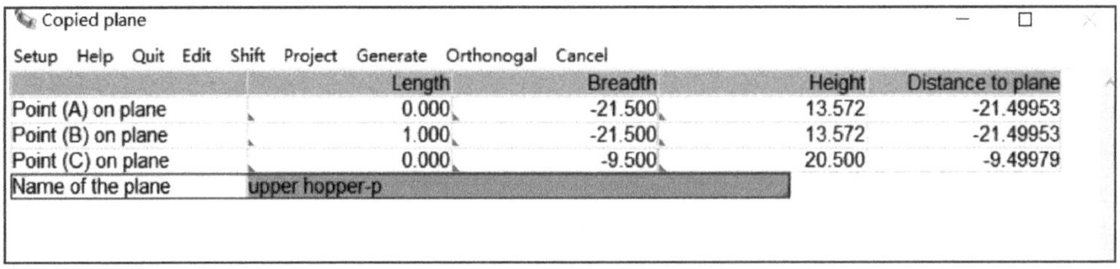

图 2.2.19　左舷 Upper Hopper 斜剖面定义

依照图示输入坐标值,选择【Generate】,弹出边界选择界面,如图 2.2.20 所示。

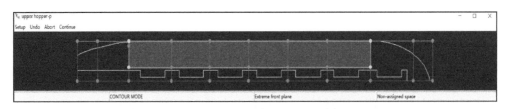

图 2.2.20　左舷 Upper Hopper 斜剖面边界选择界面

选择【Compartment】→【Recombine】,在三视图中,激活每个货舱区的横剖面视图,将由 L9.5 分割成的左右两个分舱,拖入中间货舱即可完成合舱,合舱后结果如图 2.2.21 所示。

④ NO.1 压载舱建模。

首先创建 FR33 横剖面、L8.25 纵剖面以及右舷 L9.5~L8.25 斜舱壁。

其次,创建右舷 FR228/FR233 的斜舱壁。其定义如图 2.2.22 所示。

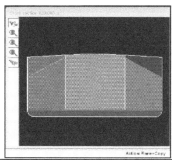

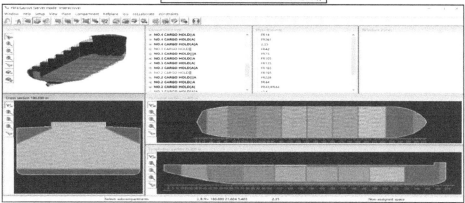

图 2.2.21　6 个货舱区上压载舱分舱图

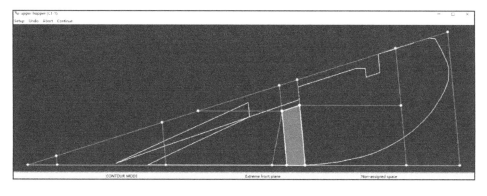

图 2.2.22　右舷 FR228/FR233 的斜舱壁定义

依照图示输入坐标值,选择【Generate】,弹出边界选择界面,如图 2.2.23 所示。

图 2.2.23　右舷 FR228/FR233 的斜舱壁选择边界

选择【Continue】,生成分舱图,如图 2.2.24 所示。

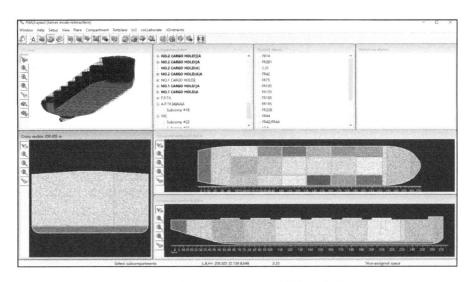

图 2.2.24　右舷 FR228/FR233 的斜舱壁分舱图

以同样的方法,创建左舷的 FR228/FR233 的斜舱壁。

再次创建 FR233~FR261 的纵舱壁,定义界面如图 2.2.25 所示。

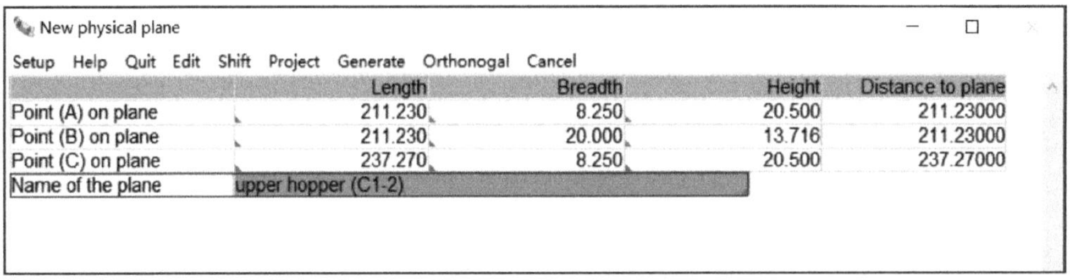

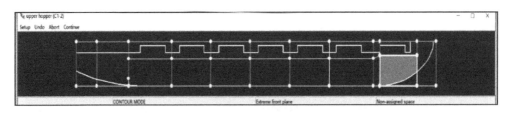

图 2.2.25　FR233~FR261 的纵舱壁定义

依照图示输入坐标值,选择【Generate】,弹出边界选择界面,如图 2.2.26 所示。

图 2.2.26　FR233~FR261 的纵舱壁选择边界

选择【Continue】,生成新的分舱图。

最后,以同样的方法,创建左舷的 FR228/FR233 的斜舱壁和 FR233~FR261 的纵舱壁。生成新的分舱布置,如图 2.2.27 所示,为合舱前后分舱图。

Lower Hopper 斜舱壁的创建、压载舱合舱以及 PIPE TUNNEL 的创建,读者可根据附录四自行练习。

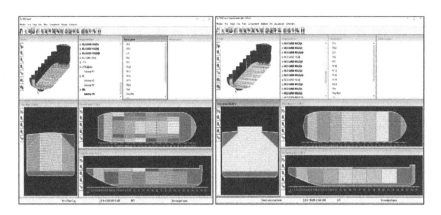

图 2.2.27 Upper Hopprer 分舱图

货舱区压载舱的最终分舱布置如图 2.2.28 所示。

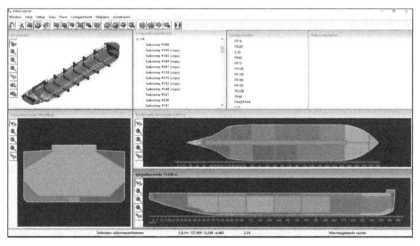

图 2.2.28 压载舱分舱布置图

3. 机舱分舱

机舱区的舱室分布如表 2.2.7 所示。

表 2.2.7 机舱区舱室分布表

序号	区域	舱名	纵向边界	横向边界	垂向边界	舱容(PIAS)
1	底舱	S/T L. O. SUMP TK.	FR14 ~ FR16	全宽	HULL ~ 2.335	2.62
2		CLEAN BILGE DRAIN TK.	F16 ~ FR22	全宽	HULL ~ 2.535	29.03
3		M/E L. O. SUMP TK.	FR23 ~ FR34	$B = 1.53 \sim -1.53$	$Z = 0.75 \sim 1.838$	28.71
4		SLUDGE TK.	FR37 ~ FR41	$B = 2.475 \sim -2.475$	HULL ~ 2.535	36.21
5		BILGE HOLDING TK.	FR37 ~ FR44	$B = -2.475 \sim$ HULL	HULL ~ 2.535	39.60
6		F. O. OVERF. TK.	FR37 ~ FR44	$B = 2.475 \sim$ HULL	HULL ~ 2.535	39.60
7		F. O. DRAIN TK.	FR30 ~ FR37	$B = 2.475 \sim$ HULL	HULL ~ 2.535	19.32
8		L. O. DRAIN TK.	FR30 ~ FR37	$B = -2.475 \sim$ HULL	HULL ~ 2.535	19.32

续表

序号	区域	舱名	纵向边界	横向边界	垂向边界	舱容(PIAS)
9	机舱下平台 (10.65m)	No. 2 CYL OIL STOR. TK.	FR14～FR20	$B = 4.56～3.04$	$Z = 10.65～13.6$	29.67
10		No. 1 CYL OIL STOR. TK.	FR14～FR20	$B = 1.52～3.04$	$Z = 10.65～13.6$	29.67
11		M/E L. O. SETTL TK.	FR14～FR20	$B = 1.52～-0.76$	$Z = 10.65～13.6$	31.64
12		M/E L. O. STOR TK.	FR14～FR20	$B = -3.04～-0.76$	$Z = 10.65～13.6$	31.64
13		G/E L. O. STOR. TK.	FR14～FR17	$B = -4.56～-3.04$	$Z = 10.65～13.6$	10.55
14		G/E L. O. SETTL. TK.	FR17～FR20	$B = -4.56～-3.04$	$Z = 10.65～13.6$	10.55
15		L. O. PURIFIER SLUDGE TK.	FR22～FR28	$B = 10.36～12.94$	$Z = 9.85～10.65$	9.71
16		H. F. O. PURIFIER SLUDGE TK.	FR28～FR35	$B = 10.36～12.94$	$Z = 9.85～10.65$	11.33
17		No. 2 H. F. O. STOR TK.	FR22～FR42/FR44	$B = 14.66～19.82$	$Z = 11.25～19.8$	417.76
18		M. G. O. STOR TK.	FR22～FR41	$B = -19.82～-14.66$	$Z = 11.25～19.8$	499.10
19		SEWAGE HOLDING TK.	FR22～FR27	$B = -10.36～HULL$	$HULL～10.65$	75.61
20	机舱上平台 (14.8m)	No. 2 H. F. O. SETTL. TK.	FR22～FR25	$B = 14.66～18.66/19.82$	$Z = 14.80～19.8$	47.33
21		No. 2 H. F. O. SERV. TK.	FR25～FR28	$B = 14.66～19.82/18.66$	$Z = 14.80～19.8$	49.36
22		No. 1 H. F. O. SERV. TK.	FR28～FR31	$B = 14.66～19.82/18.66$	$Z = 14.80～19.8$	51.97
23		No. 1 H. F. O. SETTL. TK.	FR31～FR34	$B = 14.66～19.82/18.66$	$Z = 14.80～19.8$	54.28
24		M. G. O SERV. TK.	FR22～FR27	$B = -18.66～-14.66$	$Z = 14.80～19.8$	81.76

机舱的分舱建模可依据附录三,按照货舱区压载舱分舱的方法依次完成。以"M/E L. O. SUMP TK."舱室为例,采用坐标定义的方法完成建模。

【Compartment】→【New compartment】,进入【Compartment tree】,双击"New compartment",选择【subcompart】→【New】,在右侧【Subcompartment】选项卡中,【Shape type】选择"With coordinates",【Shape complexity】选择"Simple block(6 orthogonal planes)",出现的对话框如图 2.2.29 所示。以图所示键入该子舱 6 个正交的边界面对应的坐标后,选择【Quit】即保存新创建的舱室。

在【Compartment tree】中,将新建舱室的名称更改成"M/E L. O. SUMP TK."。双击其子舱,选择【Subcompart】→【Copy】→【Quit】,退出。

双击"ER"→【New】→【Paste】,并将"sign"修改成"Negative",以将其舱容从机舱扣除,避免舱室重叠。

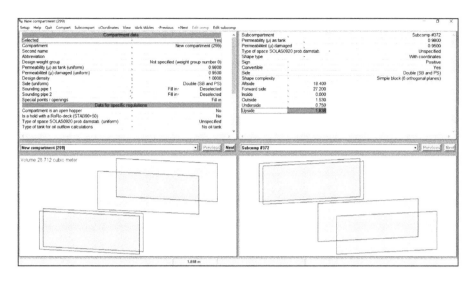

图 2.2.29 坐标建舱界面

4. 艏部分舱

艏部区的舱室如表 2.2.8 所示。

表 2.2.8 艏部区舱室分布表

序号	舱名	纵向边界	横向边界	垂向边界	舱容(PIAS)
1	F. P. TK.	FR261 ~ F. P.	– HULL ~ HULL	HULL – 7	1407.1
2	FORE VIOD	FR261 ~ F. P.	– HULL ~ HULL	7 ~ UPPER DECK	—
3	LOG&SOUNDING	FR261 ~ FR264	$B = 0.82 \sim -0.82$	HULL ~ 2.35	—
4	EMER. F. P. RM.	FR261 ~ FR263	$B = 1.64 \sim -1.64$	2.35 ~ 7	—

5. 艉部分舱

艉部区的舱室如表 2.2.9 所示。

表 2.2.9 艉部区舱室分布表

序号	舱名	纵向边界	横向边界	垂向边界	舱容(PIAS)
1	S/T COOL. W. TK.	FR8 – 100	全宽	6.8m 以下	—
2	A. P. TK	FR – 5 ~ FR14	全宽	6.8m ~ 14.8m	1552.303
3	F. W. TK(P)	FR – 1 ~ FR5	$B = -$ HULL ~ -8.12	14.8 ~ UPPER DECK	261.310
4	F. W. TK(S)	FR – 1 ~ FR5	$B = 8.12 \sim$ HULL	14.8 ~ UPPER DECK	214.890
5	STEERING GEAR ROOM	艉封板 ~ FR5	$B = -8.12 \sim 8.12$	14.8 ~ UPPER DECK	—
6	ROPE STOR. RM	艉封板 ~ FR – 1	– HULL ~ – 8.12	14.8 ~ UPPER DECK	—
7	STORE RM	艉封板 ~ FR – 1	$B = 8.12 \sim$ HULL	14.8 ~ UPPER DECK	—
8	DISTILL. W. TK.	FR2 ~ FR5	$B = 8.12 \sim 11.22$	14.8 ~ UPPER DECK	46.419

艏部及艉部的分舱建模,可仿效以上方法依序创建。

读者可自行练习槽型舱壁的建模。最终全船舱室划分如图 2.2.30 所示。

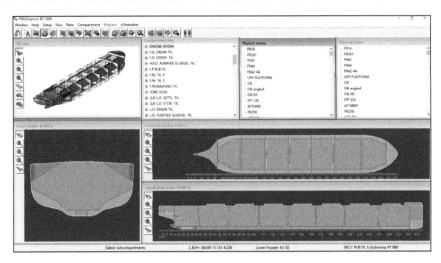

图 2.2.30　全船分舱布置图

6. 舱室名称定义

选择"Compartment tree"窗口,进行舱室名称的定义,如图 2.2.31 所示。

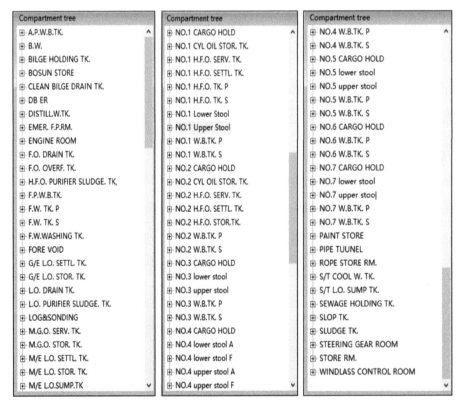

图 2.2.31　舱室名称定义

2.2.4　舱室属性定义

1. 舱室种类分组

将所有舱室属性分成 10 类，并进行定义。

在“Layout”中，双击“other lists, and program setting ”，再双击进入“Definition of weight groups”，如图 2.2.32 所示。

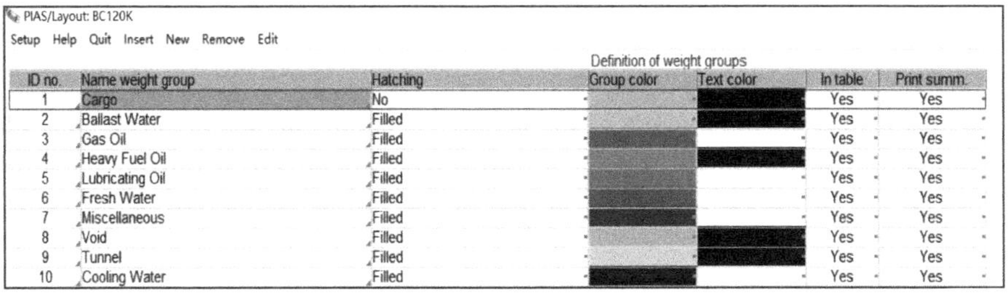

PIAS/Layout: BC120K

Setup Help Quit Insert New Remove Edit

Definition of weight groups

ID no.	Name weight group	Hatching	Group color	Text color	In table	Print summ.
1	Cargo	No			Yes	Yes
2	Ballast Water	Filled			Yes	Yes
3	Gas Oil	Filled			Yes	Yes
4	Heavy Fuel Oil	Filled			Yes	Yes
5	Lubricating Oil	Filled			Yes	Yes
6	Fresh Water	Filled			Yes	Yes
7	Miscellaneous	Filled			Yes	Yes
8	Void	Filled			Yes	Yes
9	Tunnel	Filled			Yes	Yes
10	Cooling Water	Filled			Yes	Yes

图 2.2.32　权重组定义

2. 舱室属性

根据舱室分类，再双击“GUI”，按照表 2.2.10 所示，依次完善舱室信息。

表 2.2.10　舱室属性表

序号	分类	有效舱容率	渗透率	货物密度
1	CARGO HOLD	0.995	0.85	1
2	BALLAST WATER	0.98	0.95	1.025
3	GAS OIL	0.98	0.95	0.85
4	HAVEY FUEL OIL	0.98	0.95	0.99
5	LUBRICATING OIL	0.98	0.95	0.9
6	FRESH WATER	0.98	0.95	1
7	MISCELLANEOUS	0.98	0.95	1
8	VOID	0.98	0.95	1
9	TUNNEL	0.98	0.95	1
10	COOLING WATER	0.98	0.95	1

上述表格依据舱容表进行分类，根据规范定义各分类的参数值。其中有效舱容率是剔除舱内构件的容积使用率。渗透率是指破舱时，进水体积占舱容的比率。

舱室属性定义的测深管位置，包括测深管距尾端舱壁的纵向距离、测深管底距舱底高度或测深管口距舱底高度。对于装有液体的舱室，例如压载舱、燃油舱等，PIAS 可根据测深管的读数，计算出对应的测深舱容表。测深舱容表一般作为完工文件提交船东使用，其内容包括船舶在各种纵倾和横倾时，各测深尺读数对应的舱容。测深读数有两种形式：一种为测深值(SOUNDING)，指以测深管底端为零点沿测深管到液面的长度，读数越大，舱容越大；另一种为空高值(ULLAGE)，指以测深管管口沿测深管到液面的长度，读数越大，舱容越小，如图2.2.33所示。

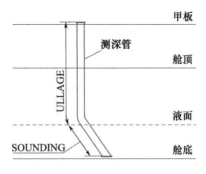

图 2.2.33　测深读数形式

3. 无保护开口

计算完整稳性时，需进行无保护开口（非水密）位置定义，如图2.2.34所示。

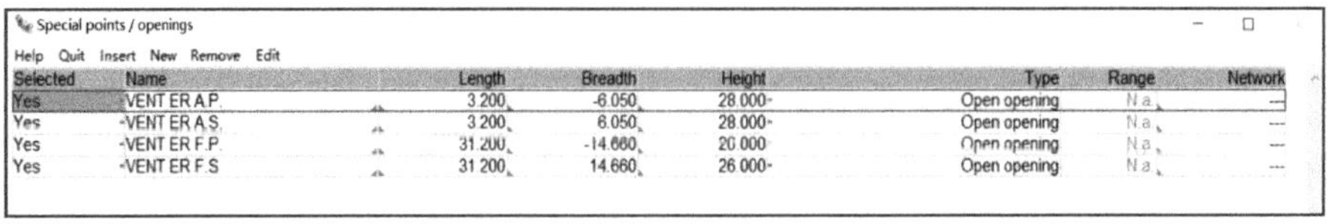

图 2.2.34　无保护开口定义

其他风雨密开口位置根据附录五破损控制图，将在破舱稳性计算时进行定义。

船体型表面建模和舱室划分是船体建模的内、外两个部分，两者结合确定了船体模型，为各种装载状态的稳性计算和总纵强度校核提供了计算模型。两部分建模工作的小节如表2.2.11所示。

表 2.2.11　建模工作汇总表

建模内容	主尺度和型线	舱室划分
建模表达	描述船体外表面，借此可以获得浮力数据。同时，也形成舱室划分的外板边界部分	描述船体的内部分隔、各舱室功用和相互关联。提供各种倾斜和装载情况下的舱容、舱容形心、自由液面等数据
代表文件	型线图和型值表	舱容图
输出文件	静水力表、邦戎曲线、稳性横截曲线表	通过液位数据换算舱容的舱容表
建模附带内容	受风力矩模型	与稳性相关的各舱开口位置
共同目的	联合构建完整的船体模型，为后续的装载、稳性计算及总纵强度校核提供计算模型	

2.3　静水力计算

船舶所受浮力是船舶外板各处表面所受到外部液体压力的合力。为方便研究，定义一系列静水力参数,每个静水力参数反映船体型线的某一方面特性。一旦船体型线确定,所有的静水力参数也随即确定。船舶漂浮于水面是浮力和重力相平衡的结果,静水力计算也可为船舶浮态、稳性和总纵强度等计算提供数据支持。

PIAS 中的 Hydrotables 是静水力计算模块,用于输出各种静水力参数图表和其他功能类似的数据,包括静水力数据表、稳性横截曲线数据表、邦戎曲线数据表、风倾力距表、最小许用初稳性高曲线数据表、可浸长度表等。

2.3.1 静水力表输出

Hydrotables 模块中,利用纵向计算法,输入吃水的起始值、终止值、步长值及特殊需求的附加水线等参数,同时设置横倾及多个纵倾值,即可输出静水力表。例如,10 万吨级散货船吃水初值为 1m,步长是 0.05m,终止值为 17m,取 20.5m(型深)和 17.425m(0.85 型深)作为特殊需求进行附加输入设置。纵倾范围 -4~1.5m,步长为 0.5m,如图 2.3.1 所示。

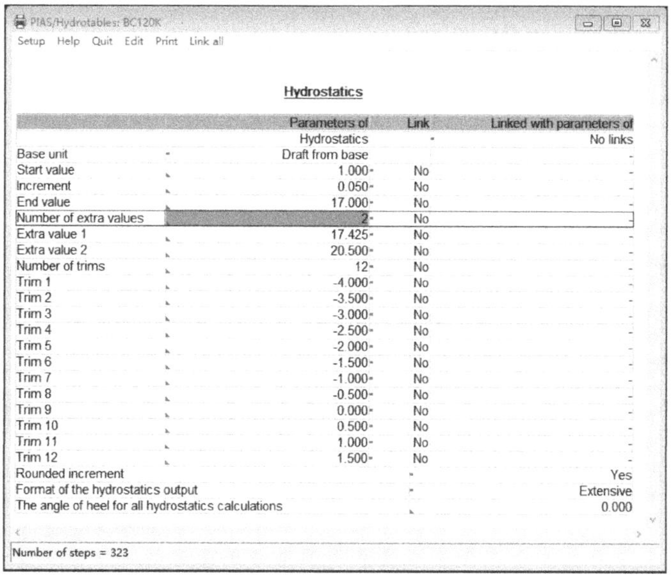

图 2.3.1　静水力计算定义

Hydrotables 模块中静水力表的输出格式包括短格式、长格式和超长格式三种,可以根据需要选择。

短格式输出参数包括:排水体积,带附体的排水体积,排水重量,浮心的纵向位置、横向位置和垂向位置,每厘米吃水吨数(TPC),每厘米纵倾力矩(MTC),横向初稳心高,如图 2.3.2(a)所示。

长格式输出增加参数若干,包括水线面的面积、漂心纵向位置和惯性矩,纵向初稳心高和方形系数(C_b)等,如图 2.3.2(b)所示。

超长格式输出还包括船体外板湿面积、中横剖面系数(C_m)、水线面系数(C_{wp})、垂向棱形系数(C_{vp})、水线面系数等参数,如图 2.3.2(c)所示。

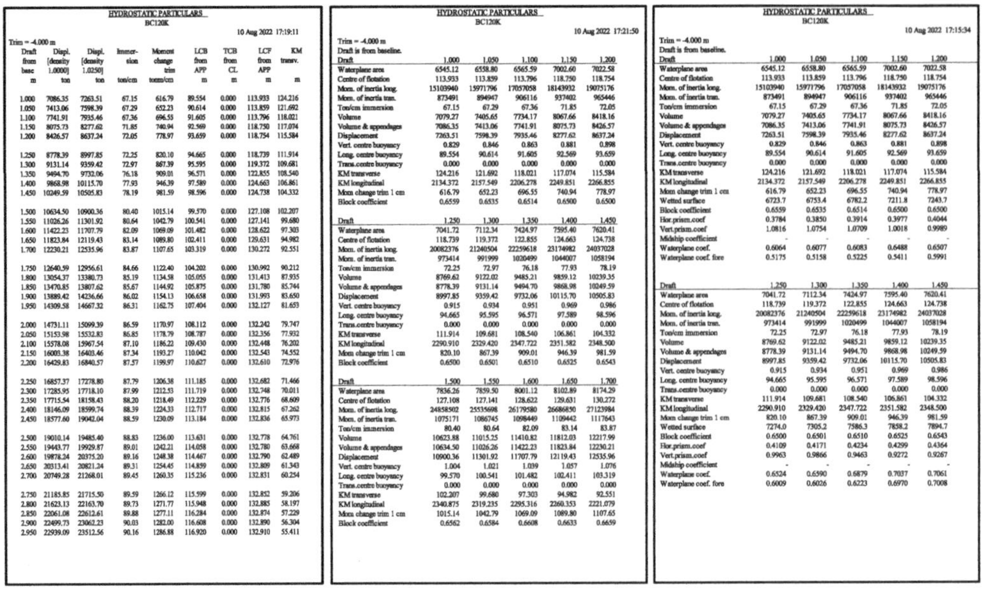

(a) 短格式　　(b) 长格式　　(c) 超长格式

图 2.3.2　静水力表

2.3.2　稳性横截曲线

稳性横截曲线表(图)又称交叉曲线表(图),提供不同浮态下的复原力臂(KN)数据。输出稳性横截曲线表(图)的设置包括吃水(或排水量)的起始值、最终值、步长值及特殊需求的输入值,以及多个纵倾的设置,其数据与静水力数据实时链接,如图 2.3.3 所示。

	Parameters of Cross curve tables	Link	Linked with parameters of Hydrostatics
Base unit	Draft from base		
Start value	1.000	Yes	1.000
Increment	0.050	Yes	0.050
End value	17.000	Yes	17.000
Number of extra values	2	Yes	2
Extra value 1	17.425	Yes	17.425
Extra value 2	20.500	Yes	20.500
Number of trims	12	Yes	12
Trim 1	-4.000	Yes	-4.000
Trim 2	-3.500	Yes	-3.500
Trim 3	-3.000	Yes	-3.000
Trim 4	-2.500	Yes	-2.500
Trim 5	-2.000	Yes	-2.000
Trim 6	-1.500	Yes	-1.500
Trim 7	-1.000	Yes	-1.000
Trim 8	-0.500	Yes	-0.500
Trim 9	0.000	Yes	0.000
Trim 10	0.500	Yes	0.500
Trim 11	1.000	Yes	1.000
Trim 12	1.500	Yes	1.500
Rounded increment			Yes
Format of the crosscurve tables			Short
Additional table which indicates the flooding through openings			Yes

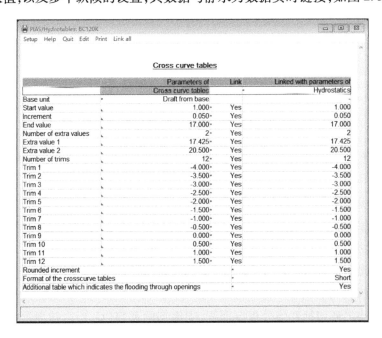

图 2.3.3　稳性横截曲线表计算定义

Hydrotables 模块中交叉曲线表(图)的输出格式也可选择短格式和长格式。

短格式是以吃水(和排水量)为自变量,列出所设置横倾角所对应的复原力臂值。软件程序默认的横倾角为 0°、2°、5°、10°、15°、20°、25°、30°、35°、40°、50°、60°。部分输出结果如图 2.3.4(a)所示。

长格式输出中除了复原力臂值外,还包括浮心的三维坐标值。部分输出结果如图 2.3.4(b)所示。

(a) 短格式

CROSS CURVES
BC120K
10 Aug 2022 17:45:47

Initial trim = -4.000 m
Draft is from baseline.
The trim is modified to meet constant LCB.
Calculation for inclination to SB
In the table below the KN sin(φ) values are printed (m).

T[φ=0] m	Displ. ton	Angle of inclination in degrees						
		0.00	5.00	10.00	12.00	15.00	20.00	25.00
1.000	7264	0.000	8.315	11.625	12.429	13.375	14.500	15.260
1.050	7598	0.000	8.236	11.577	12.386	13.334	14.463	15.224
1.100	7935	0.000	8.152	11.525	12.338	13.290	14.423	15.187
1.150	8278	0.000	8.065	11.470	12.288	13.243	14.383	15.149
1.200	8637	0.000	7.982	11.419	12.242	13.200	14.347	15.115
1.250	8998	0.000	7.895	11.363	12.191	13.154	14.307	15.078
1.300	9359	0.000	7.804	11.303	12.137	13.104	14.264	15.040
1.350	9732	0.000	7.713	11.243	12.084	13.056	14.223	15.003
1.400	10116	0.000	7.622	11.184	12.030	13.008	14.182	14.966
1.450	10506	0.000	7.530	11.122	11.974	12.959	14.141	14.929
1.500	10900	0.000	7.436	11.057	11.915	12.910	14.099	14.892
1.550	11302	0.000	7.342	10.991	11.855	12.858	14.055	14.855
1.600	11708	0.000	7.246	10.923	11.794	12.805	14.011	14.816
1.650	12119	0.000	7.149	10.852	11.731	12.750	13.965	14.778
1.700	12536	0.000	7.050	10.781	11.667	12.695	13.918	14.738
1.750	12957	0.000	6.951	10.707	11.601	12.639	13.871	14.698
1.800	13381	0.000	6.851	10.631	11.534	12.581	13.823	14.657
1.850	13808	0.000	6.751	10.554	11.465	12.522	13.774	14.616
1.900	14237	0.000	6.651	10.475	11.395	12.462	13.724	14.575
1.950	14667	0.000	6.550	10.395	11.324	12.400	13.673	14.533
2.000	15099	0.000	6.450	10.314	11.251	12.338	13.621	14.491
2.050	15533	0.000	6.351	10.231	11.179	12.275	13.569	14.448
2.100	15968	0.000	6.252	10.148	11.105	12.211	13.517	14.405
2.150	16404	0.000	6.154	10.065	11.031	12.147	13.464	14.361
2.200	16841	0.000	6.057	9.980	10.956	12.083	13.411	14.318
2.250	17279	0.000	5.961	9.896	10.881	12.018	13.357	14.274
2.300	17718	0.000	5.866	9.811	10.806	11.952	13.304	14.231
2.350	18159	0.000	5.773	9.725	10.731	11.887	13.250	14.187
2.400	18600	0.000	5.681	9.640	10.655	11.821	13.196	14.143
2.450	19042	0.000	5.590	9.555	10.580	11.756	13.142	14.100
2.500	19485	0.000	5.502	9.470	10.504	11.690	13.089	14.056
2.550	19930	0.000	5.414	9.386	10.428	11.624	13.035	14.012
2.600	20375	0.000	5.329	9.301	10.352	11.558	12.982	13.969
2.650	20821	0.000	5.245	9.217	10.277	11.492	12.928	13.925
2.700	21268	0.000	5.163	9.133	10.201	11.427	12.875	13.882
2.750	21716	0.000	5.082	9.049	10.126	11.361	12.822	13.839
2.800	22164	0.000	5.004	8.966	10.050	11.296	12.770	13.796
2.850	22613	0.000	4.927	8.883	9.975	11.230	12.717	13.753

(b) 长格式

CROSS CURVES
BC120K
10 Aug 2022 18:03:19

Initial trim = -4.000 m
Draft is from baseline.
The trim is modified to meet constant LCB.
Calculation for inclination to SB, 0.00 degrees.

Volume	T[φ=0]	T[φ=0.00]	LCB	TCB	VCB	KN sin(φ)
7079.28	1.000	1.000	89.554	0.000	0.829	0.000
7405.66	1.050	1.050	90.614	0.000	0.846	0.000
7734.18	1.100	1.100	91.605	0.000	0.863	0.000
8067.67	1.150	1.150	92.569	0.000	0.881	0.000
8418.15	1.200	1.200	93.659	0.000	0.898	0.000
8769.62	1.250	1.250	94.665	0.000	0.915	0.000
9122.02	1.300	1.300	95.595	0.000	0.934	0.000
9485.21	1.350	1.350	96.571	0.000	0.951	0.000
9859.14	1.400	1.400	97.589	0.000	0.969	0.000
10239.36	1.450	1.450	98.596	0.000	0.986	0.000
10623.88	1.500	1.500	99.570	0.000	1.004	0.000
11015.25	1.550	1.550	100.541	0.000	1.021	0.000
11410.82	1.600	1.600	101.482	0.000	1.039	0.000
11812.03	1.650	1.650	102.411	0.000	1.057	0.000
12217.99	1.700	1.700	103.319	0.000	1.076	0.000
12627.96	1.750	1.750	104.202	0.000	1.094	0.000
13041.33	1.800	1.800	105.055	0.000	1.113	0.000
13457.40	1.850	1.850	105.875	0.000	1.132	0.000
13875.55	1.900	1.900	106.658	0.000	1.151	0.000
14295.29	1.950	1.950	107.404	0.000	1.171	0.000
14716.40	2.000	2.000	108.112	0.000	1.191	0.000
15138.92	2.050	2.050	108.787	0.000	1.211	0.000
15562.52	2.100	2.100	109.430	0.000	1.232	0.000
15987.29	2.150	2.150	110.042	0.000	1.252	0.000
16413.48	2.200	2.200	110.627	0.000	1.274	0.000
16840.59	2.250	2.250	111.185	0.000	1.295	0.000
17268.68	2.300	2.300	111.719	0.000	1.316	0.000
17697.84	2.350	2.350	112.229	0.000	1.338	0.000
18127.96	2.400	2.400	112.717	0.000	1.360	0.000
18559.04	2.450	2.450	113.184	0.000	1.382	0.000
18991.22	2.500	2.500	113.630	0.000	1.404	0.000
19424.34	2.550	2.550	114.058	0.000	1.426	0.000
19858.43	2.600	2.600	114.466	0.000	1.449	0.000
20293.14	2.650	2.650	114.859	0.000	1.472	0.000
20728.63	2.700	2.700	115.236	0.000	1.495	0.000
21164.80	2.750	2.750	115.599	0.000	1.518	0.000
21601.56	2.800	2.800	115.948	0.000	1.541	0.000
22039.04	2.850	2.850	116.284	0.000	1.564	0.000
22477.37	2.900	2.900	116.608	0.000	1.587	0.000
22916.17	2.950	2.950	116.920	0.000	1.610	0.000
23355.78	3.000	3.000	117.221	0.000	1.634	0.000
23796.00	3.050	3.050	117.512	0.000	1.657	0.000
24236.90	3.100	3.100	117.792	0.000	1.681	0.000
24678.48	3.150	3.150	118.063	0.000	1.705	0.000
25120.77	3.200	3.200	118.324	0.000	1.729	0.000
25563.87	3.250	3.250	118.576	0.000	1.752	0.000
26007.58	3.300	3.300	118.819	0.000	1.776	0.000

图 2.3.4 稳性横截曲线表

对于散货船,稳性横截曲线表需增加横倾角为 12°的数据,以供谷物稳性校核。增加横倾角设置的操作方法如下:

选择菜单栏中【Setup】→【ProjectSetup】→"Angles of inclination for stability calculations",在显示表格中点击"Insert"进行增添。

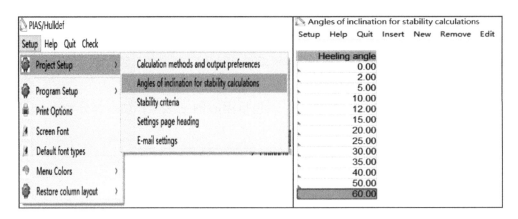

图 2.3.5　稳性计算横倾角设置

2.3.3　邦戎曲线表

邦戎(数据)曲线是一系列船体横剖面面积的数据(曲线)组,这些数据(曲线)组按各个横剖面所在船体的纵向位置排列,每组数据(曲线)显示的是不同水线下对应横截面面积数据(曲线)和面积形心垂向高度数据(曲线)。通过一系列截面面积数据,可以推导出船体水下体积的相关数据。实际上,邦戎数据(曲线)反映的是横剖面面积和船体体积之间的积分的关系。

PIAS 软件 Hydrotables 模块输出的邦戎数据(曲线)表,即对于 Hulldef 模块中定义的所有横剖面,输出该横剖面不同吃水对应的水下面积,以及该面积形心垂向坐标(VCG)。在 Hydrotables 模块中,输出邦戎数据(曲线)表的设置包括水线的起始值、最终值、步长值及定义特殊需求的附加水线,如图 2.3.6 所示。邦戎数据(曲线)计算的定义界面如图 2.3.7 所示。

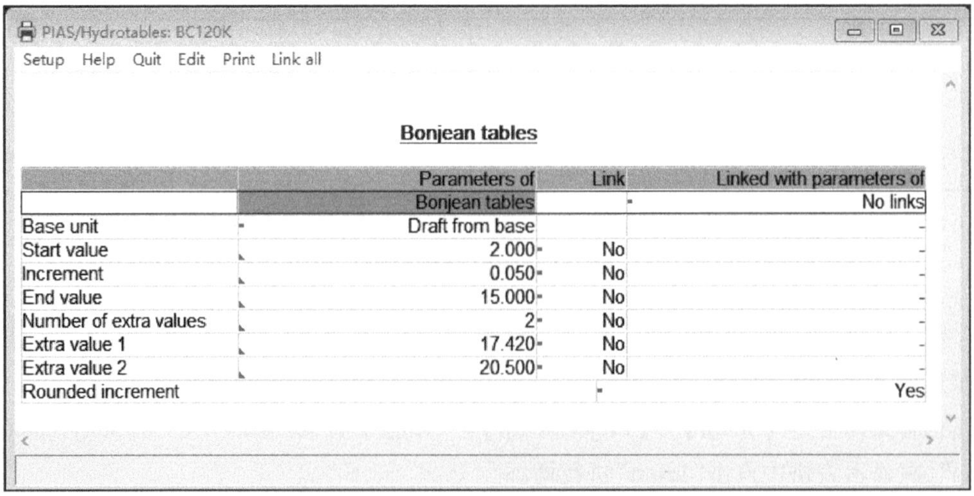

图 2.3.6　邦戎数据(曲线)计算定义

BONJEANDATA
BC120K

10 Aug 2022 18:16:55

The ship is symmetrical
Height is from baseline.
The calculation has been made with a mean shell plate thickness of 0.0160 m

Areas and centres of gravity of frame -3.950 m.

Height	Area	VCG	Height	Area	VCG
13.000	0.040	12.996	13.050	0.312	13.023
13.100	0.711	13.053	13.150	1.204	13.083
13.200	1.776	13.113	13.250	2.417	13.143
13.300	3.115	13.172	13.350	3.860	13.202
13.400	4.642	13.231	13.450	5.457	13.260
13.500	6.303	13.289	13.550	7.177	13.318
13.600	8.079	13.346	13.650	9.007	13.375
13.700	9.960	13.404	13.750	10.939	13.433
13.800	11.943	13.461	13.850	12.972	13.490
13.900	14.022	13.519	13.950	15.087	13.548
14.000	16.164	13.576	14.050	17.255	13.605
14.100	18.357	13.633	14.150	19.473	13.661
14.200	20.601	13.689	14.250	21.741	13.717
14.300	22.894	13.745	14.350	24.061	13.773
14.400	25.241	13.802	14.450	26.437	13.830
14.500	27.652	13.858	14.550	28.874	13.886
14.600	30.102	13.914	14.650	31.337	13.942
14.700	32.579	13.970	14.750	33.827	13.998
14.800	35.082	14.026	14.850	36.345	14.054
14.900	37.614	14.081	14.950	38.890	14.109
15.000	40.173	14.137	17.420	109.225	15.468
20.500	208.110	17.136			

Areas and centres of gravity of frame -3.200 m.

Height	Area	VCG	Height	Area	VCG
12.850	0.131	12.839	12.900	0.549	12.867
12.950	1.075	12.896	13.000	1.681	12.925
13.050	2.351	12.953	13.100	3.079	12.982
13.150	3.854	13.011	13.200	4.670	13.040
13.250	5.523	13.068	13.300	6.409	13.097
13.350	7.325	13.125	13.400	8.269	13.154
13.450	9.238	13.182	13.500	10.231	13.211
13.550	11.247	13.239	13.600	12.284	13.268
13.650	13.340	13.296	13.700	14.414	13.324
13.750	15.506	13.352	13.800	16.614	13.381
13.850	17.738	13.409	13.900	18.876	13.437
13.950	20.028	13.465	14.000	21.193	13.493
14.050	22.371	13.521	14.100	23.561	13.549
14.150	24.762	13.577	14.200	25.974	13.605
14.250	27.197	13.633	14.300	28.430	13.661
14.350	29.672	13.688	14.400	30.924	13.716
14.450	32.186	13.744	14.500	33.456	13.772
14.550	34.735	13.799	14.600	36.023	13.827
14.650	37.319	13.855	14.700	38.622	13.883
14.750	39.934	13.910	14.800	41.253	13.938
14.850	42.579	13.966	14.900	43.913	13.993
14.950	45.253	14.021	15.000	46.600	14.048
17.420	117.807	15.372	20.500	218.099	17.030

(a)

BONJEANDATA
BC120K

10 Aug 2022 18:16:55

The ship is symmetrical
Height is from baseline.
The calculation has been made with a mean shell plate thickness of 0.0160 m

Areas and centres of gravity of frame -1.600 m.

Height	Area	VCG	Height	Area	VCG
12.450	0.039	12.450	12.500	0.484	12.474
12.550	1.068	12.503	12.600	1.737	12.531
12.650	2.472	12.559	12.700	3.263	12.587
12.750	4.100	12.615	12.800	4.979	12.644
12.850	5.895	12.672	12.900	6.844	12.700
12.950	7.822	12.728	13.000	8.828	12.756
13.050	9.859	12.784	13.100	10.915	12.812
13.150	11.992	12.841	13.200	13.089	12.869
13.250	14.205	12.897	13.300	15.338	12.925
13.350	16.488	12.953	13.400	17.653	12.980
13.450	18.833	13.008	13.500	20.027	13.036
13.550	21.233	13.064	13.600	22.452	13.092
13.650	23.682	13.119	13.700	24.924	13.147
13.750	26.177	13.175	13.800	27.440	13.202
13.850	28.713	13.230	13.900	29.996	13.257
13.950	31.288	13.285	14.000	32.589	13.313
14.050	33.898	13.340	14.100	35.217	13.368
14.150	36.543	13.395	14.200	37.877	13.423
14.250	39.219	13.450	14.300	40.569	13.478
14.350	41.926	13.505	14.400	43.290	13.532
14.450	44.661	13.560	14.500	46.039	13.587
14.550	47.424	13.615	14.600	48.815	13.642
14.650	50.213	13.669	14.700	51.616	13.697
14.750	53.026	13.724	14.800	54.442	13.751
14.850	55.864	13.779	14.900	57.291	13.806
14.950	58.724	13.833	15.000	60.162	13.861
17.420	134.790	15.174	20.500	237.940	16.822

Areas and centres of gravity of frame 0.000 m.

Height	Area	VCG	Height	Area	VCG
12.050	0.018	12.054	12.100	0.403	12.076
12.150	1.006	12.106	12.200	1.705	12.135
12.250	2.478	12.163	12.300	3.309	12.191
12.350	4.191	12.219	12.400	5.115	12.247
12.450	6.077	12.276	12.500	7.073	12.304
12.550	8.098	12.332	12.600	9.151	12.360
12.650	10.228	12.388	12.700	11.328	12.416
12.750	12.449	12.444	12.800	13.590	12.471
12.850	14.748	12.499	12.900	15.923	12.527
12.950	17.113	12.555	13.000	18.319	12.582
13.050	19.539	12.610	13.100	20.773	12.637
13.150	22.018	12.665	13.200	23.276	12.693
13.250	24.546	12.720	13.300	25.826	12.748
13.350	27.118	12.775	13.400	28.419	12.803
13.450	29.731	12.830	13.500	31.052	12.858
13.550	32.382	12.885	13.600	33.722	12.912
13.650	35.070	12.940	13.700	36.427	12.967
13.750	37.792	12.995	13.800	39.165	13.022

(b)

图 2.3.7 邦戎数据(曲线)表(部分结果)

2.3.4 载重水尺图(表)

编制载重水尺图(表)是为了补充完工阶段的舱容图的设绘,满足完工装载手册的需要,以及为船员提供一种粗略但简捷的各吃水下载重量估算的途径,包括某吃水下的排水量、不同密度水中的载重量、每厘米吃水吨数、每厘米纵倾力矩、干舷值等。PIAS 软件提供了水尺图和相关数据表的输出,如图 2.3.8 所示。

2.3.5 风倾力计算表

根据在 Hulldef 模块中定义的侧向受风面积,Layout 模块提供各个吃水下风倾力矩和船体回复力矩的数据表,风倾力计算定义见图 2.3.9。数据包括不同吃水对应的排水量、回复力臂、回复力矩、侧向受风面积和风倾力臂,以便为气象衡准的稳性校核提供数据支持,输出结果如图 2.3.10 所示。

需要说明的是，在 Hulldef 模块中的"Wind Data"菜单选项中，进行风压数据的选择、输入和相关输出。根据 IMO 气象衡准，对于常规船型风压数值应选择为常数 51.4kg/m²（504Pa），在 Hydrotables 模块中直接引用。

DEADWEIGHT TABLE
BC120K

10 Aug 2022 18:33:55

Trim = 0.000 m

	In water density = 1.0250					Draft	In water density = 1.000			
	Frbrd m	Immersion ton/cm	Mct tonm	Displ. ton	Deadwght ton	base m	Deadwght ton	Displ. ton	Immersion ton/cm	Frbrd m
Trop.fresh						15.235	123747.77	143173.38	103.48	5.303
Fresh						14.927	120562.95	139988.55	103.35	5.611
Tropical	5.638	105.93	2051.79	143202.23	123776.63	14.900				
Summer	5.942	105.82	2043.89	139983.73	120558.13	14.596				
Winter	6.246	105.68	2038.18	136768.83	117343.23	14.292				
Winter N.A.	6.242	105.69	2038.34	136811.08	117385.48	14.296				
	6.038	105.81	2041.63	138968.09	119542.49	14.500	116153.02	135578.63	103.23	6.038
	6.538	105.56	2028.18	133684.45	114258.85	14.000	110998.26	130423.86	102.98	6.538
	7.038	105.28	2010.09	128412.95	108987.35	13.500	105855.33	125280.93	102.71	7.038
	7.538	104.84	1977.54	123159.22	103733.62	13.000	100729.73	120155.34	102.28	7.538
	8.038	103.64	1934.05	117943.73	98518.13	12.500	95641.45	115067.05	101.11	8.038
	8.538	103.07	1883.23	112759.22	93333.62	12.000	90583.40	110009.00	100.56	8.538
	9.038	102.78	1869.78	107614.30	88188.70	11.500	85563.97	104989.57	100.27	9.038
	9.538	102.45	1849.52	102482.91	83057.31	11.000	80557.73	99983.34	99.95	9.538
	10.038	101.87	1794.59	97372.15	77946.55	10.500	75571.62	94997.22	99.39	10.038
	10.538	100.66	1754.05	92315.15	72889.55	10.000	70637.96	90063.56	98.21	10.538
	11.038	100.25	1721.04	87291.07	67865.47	9.500	65736.42	85162.02	97.81	11.038
	11.538	99.45	1686.56	82299.11	62873.51	9.000	60866.21	80291.81	97.02	11.538
	12.038	98.70	1642.07	77342.59	57916.99	8.500	56030.59	75456.19	96.29	12.038
	12.538	98.03	1615.40	72425.19	52999.59	8.000	51233.12	70658.72	95.64	12.538
	13.038	97.37	1585.97	67541.40	48115.80	7.500	46468.45	65894.05	95.00	13.038
	13.538	96.62	1542.76	62690.44	43264.84	7.000	41735.80	61161.40	94.26	13.538
	14.038	95.90	1511.62	57879.71	38454.12	6.500	37042.41	56468.02	93.56	14.038
	14.538	95.14	1481.03	53102.57	33676.97	6.000	32381.79	51807.39	92.82	14.538
	15.038	94.28	1444.16	48366.44	28940.84	5.500	27761.17	47186.77	91.98	15.038
	15.538	93.51	1412.92	43672.68	24247.08	5.000	23181.89	42607.49	91.23	15.538
	16.038	92.67	1381.69	39018.09	19592.49	4.500	18640.83	38066.43	90.41	16.038
	16.538	91.84	1347.12	34406.05	14980.45	4.000	14141.28	33566.87	89.60	16.538
	17.038	90.84	1311.18	29840.29	10414.69	3.500	9686.88	29112.48	88.62	17.038
	17.538	89.74	1270.85	25325.71	5900.11	3.000	5282.41	24708.01	87.55	17.538
	18.038	88.63	1228.50	20867.04	1441.44	2.500	932.48	20358.08	86.47	18.038
Lightship	18.201	88.28	1214.60	19425.96	0.36	2.337				

图 2.3.8 载重水尺图

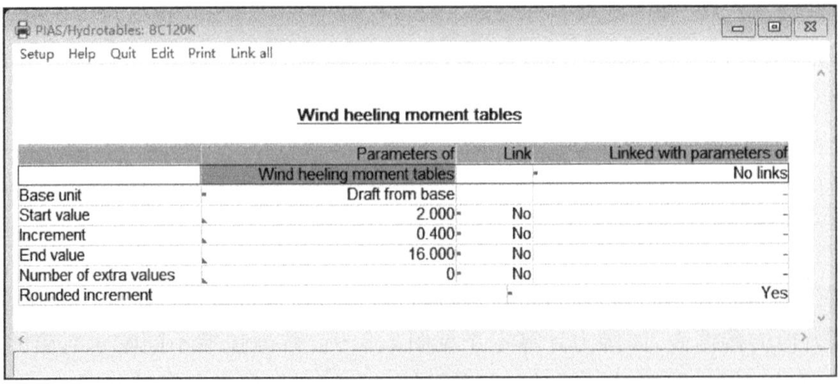

图 2.3.9 风倾力计算定义

```
                    CALCULATION OF WINDMOMENT
                              BC120K
                                                    10 Aug 2022  18:39:17

Wind data: IMO Intact Stability          Contour: ship without deckload

  Draft      Displacement     Moment      Heel.lev.      Area        Wind lev.
   m             kg            kgm           m           m²              m

  2.000       16464189       3902305       0.237       5743.562       13.218
  2.400       19981932       3837746       0.192       5646.810       13.222
  2.800       23535637       3773178       0.160       5549.711       13.227
  3.200       27124887       3708592       0.137       5452.292       13.233
  3.600       30749588       3643991       0.119       5354.586       13.240
  4.000       34406047       3579459       0.104       5256.755       13.248
  4.400       38092313       3515013       0.092       5158.876       13.256
  4.800       41806078       3450658       0.083       5060.996       13.265
  5.200       45545559       3386721       0.074       4963.683       13.274
  5.600       49310098       3323066       0.067       4866.832       13.284
  6.000       53102570       3259489       0.061       4770.165       13.294
  6.400       56921262       3195945       0.056       4673.620       13.304
  6.800       60762090       3132382       0.052       4577.115       13.314
  7.200       64626859       3068779       0.047       4480.608       13.325
  7.600       68515516       3005127       0.044       4384.075       13.336
  8.000       72425188       2941429       0.041       4287.508       13.347
  8.400       76356641       2877650       0.038       4190.848       13.359
  8.800       80312133       2813793       0.035       4094.082       13.371
  9.200       84290844       2749859       0.033       3997.201       13.384
  9.600       88294016       2685803       0.030       3900.126       13.398
 10.000       92315148       2621597       0.028       3802.796       13.412
 10.400       96354586       2557179       0.027       3705.096       13.428
 10.800      100435336       2492469       0.025       3606.875       13.444
 11.200      104533578       2427430       0.023       3508.047       13.462
 11.600      108642352       2362095       0.022       3408.624       13.482
 12.000      112759219       2296478       0.020       3308.603       13.504
 12.400      116903484       2230578       0.019       3207.958       13.528
 12.800      121067000       2164385       0.018       3106.645       13.554
 13.200      125257523       2097970       0.017       3004.749       13.584
 13.600      129466133       2031656       0.016       2902.768       13.617
 14.000      133684453       1965486       0.015       2800.789       13.653
 14.400      137910516       1899447       0.014       2698.809       13.693
 14.800      142143141       1833528       0.013       2596.829       13.737
 15.200      146381609       1767718       0.012       2494.849       13.785
 15.600      150625391       1702010       0.011       2392.868       13.838
 16.000      154873984       1636402       0.011       2290.899       13.897

Pressure 51.40 kg/m²

Draft is from baseline.
Moment is calculated relative to the center of projected area underwater body.
```

图 2.3.10　风倾力计算表

2.3.6　最小许用初稳性高曲线(表)

对于不同吃水,有满足完整稳性和破舱稳性要求的最小许用初稳性高度,是对各项稳性衡准进行反向计算,取各项结果的并集而得到的。通过输出最小许用初稳性高曲线图(表),可以定性地核对实际船舶装载状态的稳性是否满足要求,这种判断方式非常便捷实用。

1. 稳性衡准设定

完整稳性衡准根据"Standard stability criteria according to IS Code 2008, Part A, ch. 2",具体的稳性衡准要求以及在 PIAS 中的设置,见 2.4.4 节中的详细介绍。

满足破舱稳性计算的最小初稳性高(GM)曲线如图 2.3.11 所示,该曲线作为完整稳性衡准的内容。

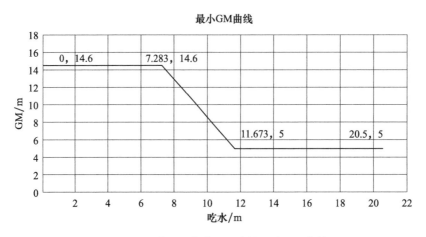

图 2.3.11　满足破舱稳性要求的最小 GM 曲线

2. PIAS 中衡准设置

在 PIAS 中设置衡准的操作方法:选择菜单栏中【Setup】→【ProjectSetup】→"Stability criteria",选择"Standard stability criteria according to IS Code 2008, Part A, ch. 2",在显示的对话框表格最后一行点击"new",增添"'Damage Stability SOLAS 2009",衡准类型选择"External table of maximum allowable VCG'",如图 2.3.12 所示。衡准参数设定如图 2.3.13所示,其中"Setting"中选择 GM 值作为输入数据,每个纵倾下均输入图 2.3.11 中的最小 GM 曲线值。

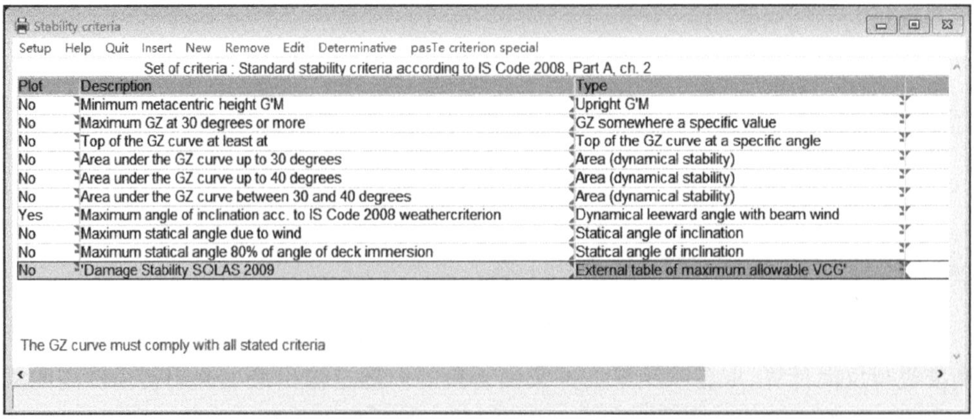

图 2.3.12　新建满足破舱稳性的最小 GM 衡准

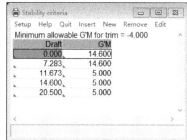

图 2.3.13 衡准参数设定

3. 输出结果

许用最小初稳性高曲线表和曲线图的计算定义见图 2.3.14 和图 2.3.15。以艉倾 4m 为例,输出结果如图 2.3.16 所示。

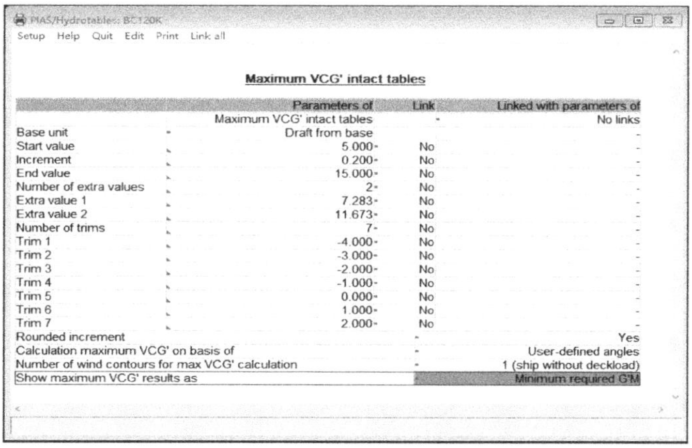

图 2.3.14 许用最小初稳性高曲线表计算定义

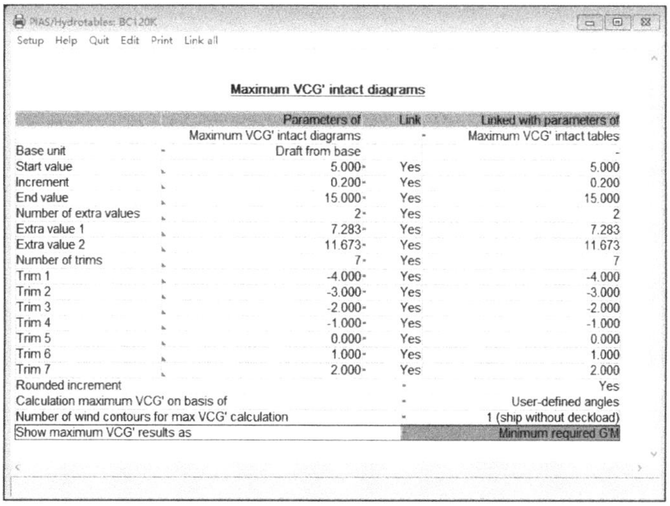

图 2.3.15 许用最小初稳性高曲线图计算定义

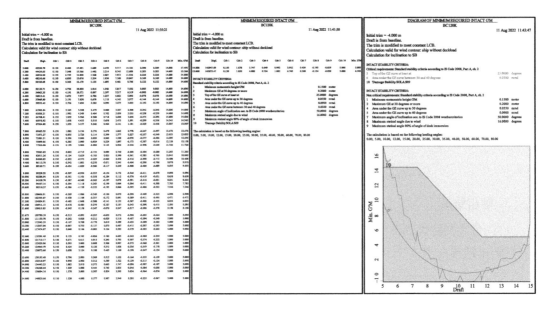

图 2.3.16　许用最小初稳性高曲线表/图（艉倾为 4m 时）

2.4　完整稳性及总纵强度计算

船舶载重量、完整稳性和总纵强度特性都是评价船舶优劣的重要指标。无论在营销活动中的船型推介，还是实船下水及之后的装配阶段的施工配合，乃至完工阶段随船设计文件的编写，都需要总体专业设计人员进行多种多样的装载状态、完整稳性和总纵强度计算。而在新船型研发论证中，也需要以大量的相关计算结果为依据，分析、调整和优化船型设计。凭借软件工具能够快速准确地进行相关计算，是总体专业设计人员的一项基本技能。

本节根据规范，选择多种典型装载工况，在静水力计算的基础上，完成船舶载重量、完整稳性和总纵强度计算。依据相关衡准，进行视角点、螺旋桨浸没、弯矩、剪力及动稳性等方面的校核。

2.4.1　空船重量

排水量是空船重量与载重量之和。空船重量是指船舶本身的重量，包括船体钢料、舾装设施、机电设备、必备的工具备件；载重量大致包括人员及其个人物品、货物、燃料、润滑油、淡水、消耗给养、压载水，及船上其他的不属于空船重量的载荷。

在设计初始阶段，根据船型的主尺度、总布置、分舱及其他相关信息，进行船舶重量和重心位置的估算。在之后各阶段设计中都要核算空船重量估计值并实时更新，最终在临近完工的倾斜试验中，确认实船的空船重量和重心数据。

在 PIAS 软件使用时，空船重量分组定义后，在【Loading】中双击"Loading conditions"

进入,单击【New】新建空船重量工况,如图 2.4.1 所示。

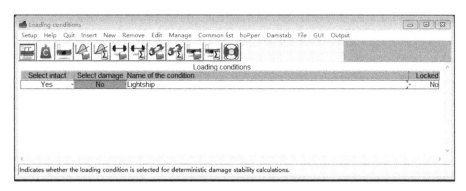

图 2.4.1　空船重量工况

选择【Common list】菜单,【New】→【Type】选择"empty ship"进行空船重量各个分项定义,包括重量(weight)、重心的垂向坐标(VCG)、纵向坐标(LCG)和横向坐标(TCG),以及重量的纵向分布范围。所有分项重量和重心的汇总结果可实时计算显示在表单首行,如图 2.4.2 所示。

Setup Help Quit Insert New Remove Edit manaGe imPort Output

Weight items of the common list

No	Name	Type	Weight	VCG	LCG	TCG	FSM	FSM type	Weight group	%	Density	Volume	Aft	Fore
	- Light ship		19422.891	12.900	112.476	0.000	0.000						-3.950	251.000
1	-5	empty ship	31.450	12.900	-3.775	0.000	0.000		-				-3.950	-3.600
2	-4	empty ship	60.090	12.900	-3.200	0.000	0.000		-				-3.600	-2.800
3	-3	empty ship	61.160	12.900	-2.400	0.000	0.000		-				-2.800	-2.000
4	-2	empty ship	62.230	12.900	-1.600	0.000	0.000		-				-2.000	-1.200
5	-1	empty ship	63.300	12.900	-0.800	0.000	0.000		-				-1.200	-0.400
6	0	empty ship	65.450	12.900	0.000	0.000	0.000		-				-0.400	0.400
7	1	empty ship	67.600	12.900	0.800	0.000	0.000		-				0.400	1.200
8	2	empty ship	68.670	12.900	1.600	0.000	0.000		-				1.200	2.000
9	3	empty ship	69.740	12.900	2.400	0.000	0.000		-				2.000	2.800
10	4	empty ship	70.800	12.900	3.200	0.000	0.000		-				2.800	3.600
11	5	empty ship	71.870	12.900	4.000	0.000	0.000		-				3.600	4.400
12	6	empty ship	72.940	12.900	4.800	0.000	0.000		-				4.400	5.200
13	7	empty ship	74.010	12.900	5.600	0.000	0.000		-				5.200	6.000
14	8	empty ship	75.080	12.900	6.400	0.000	0.000		-				6.000	6.800
15	9	empty ship	76.150	12.900	7.200	0.000	0.000		-				6.800	7.600
16	10	empty ship	77.220	12.900	8.000	0.000	0.000		-				7.600	8.400
17	11	empty ship	78.290	12.900	8.800	0.000	0.000		-				8.400	9.200
18	12	empty ship	79.360	12.900	9.600	0.000	0.000		-				9.200	10.000
19	13	empty ship	93.430	12.900	10.400	0.000	0.000		-				10.000	10.800
20	14	empty ship	195.410	12.900	11.200	0.000	0.000		-				10.800	11.600
21	15	empty ship	114.420	12.900	12.000	0.000	0.000		-				11.600	12.400
22	16	empty ship	101.200	12.900	12.800	0.000	0.000		-				12.400	13.200
23	17	empty ship	100.970	12.900	13.600	0.000	0.000		-				13.200	14.000
24	18	empty ship	100.750	12.900	14.400	0.000	0.000		-				14.000	14.800
25	19	empty ship	100.530	12.900	15.200	0.000	0.000		-				14.800	15.600
26	20	empty ship	100.310	12.900	16.000	0.000	0.000		-				15.600	16.400
27	21	empty ship	100.090	12.900	16.800	0.000	0.000		-				16.400	17.200
28	22	empty ship	99.860	12.900	17.600	0.000	0.000		-				17.200	18.000
29	23	empty ship	99.640	12.900	18.400	0.000	0.000		-				18.000	18.800
30	24	empty ship	99.420	12.900	19.200	0.000	0.000		-				18.800	19.600
31	25	empty ship	99.200	12.900	20.000	0.000	0.000		-				19.600	20.400
32	26	empty ship	98.970	12.900	20.800	0.000	0.000		-				20.400	21.200
33	27	empty ship	98.750	12.900	21.600	0.000	0.000		-				21.200	22.000
34	28	empty ship	98.530	12.900	22.400	0.000	0.000		-				22.000	22.800
35	29	empty ship	98.310	12.900	23.200	0.000	0.000		-				22.800	23.600
36	30	empty ship	102.940	12.900	24.000	0.000	0.000		-				23.600	24.400
37	31	empty ship	107.480	12.900	24.800	0.000	0.000		-				24.400	25.200
38	32	empty ship	107.110	12.900	25.600	0.000	0.000		-				25.200	26.000
39	33	empty ship	106.750	12.900	26.400	0.000	0.000		-				26.000	26.800
40	34	empty ship	106.380	12.900	27.200	0.000	0.000		-				26.800	27.600

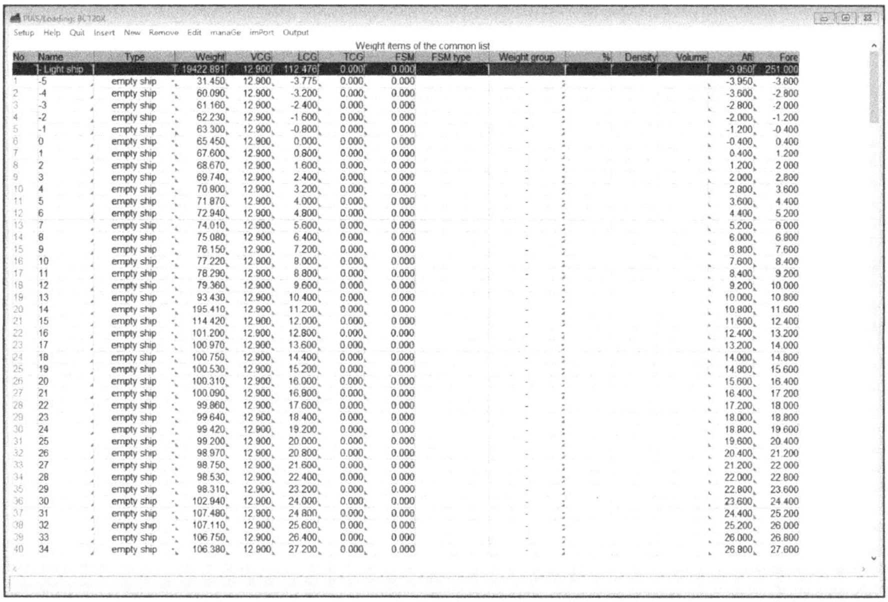

图 2.4.2　空船重量重心分布表(部分)

2.4.2　典型装载工况定义

静力学计算输出船舶正浮状态的排水体积、浮心坐标、水线面面积、横稳心高和纵稳心高以及水线面系数等。为确保船舶出港、到港以及中途状态下满足稳性及强度的要求,需合理配载典型装载工况以便校核。PIAS 软件根据统一算法,在静力学计算的基础上,即纵倾角、横倾角均为零的情况下,继续计算纵倾从 -4m 到 2m 的各浮态下的输出值。

根据《散货船和油船共同结构规范》(CSR)中的要求，典型装载工况是出港和到港状态的燃料、淡水和备品数量的设计载货和压载工况，用于计算静水弯矩和静水剪力。由于燃料、淡水等的消耗，会使某一典型装载工况的航行中途阶段出现不利于安全的状况，则除了出港和到港工况计算外，还需要设计和计算航行中途阶段的调整工况。比如，装载航行途中任一压载水舱进行注入或排出，需要额外补充调整前后的两个工况进行计算。

配载工况的具体要求如下：

(1) 出港和到港工况的燃油及其他消耗品数量按照如下要求进行设置。

① 出港工况基于燃油舱不小于95%装满度（通常设定为98%装满），其他消耗备品100%装满。

② 到港工况基于燃油、淡水和消耗备品10%装满度。

③ 短途出港工况基于适量的燃油、淡水和消耗备品，如果船东没有特殊指明，工程上通常采用50%的装满度。

(2) 作为《散货船和油船共同结构规范》所规定的 BC-A 型散货船，完整稳性和总纵强度计算至少包括以下典型的装载工况：

① 港内工况。

a. 到港正浮进坞工况。

b. 到港螺旋桨检修工况，螺旋桨中心线至少高于螺旋桨处水线 $D_P/4$，其中 D_P 为螺旋桨直径。

② 压载工况的出港、中途和到港。

a. 正常压载工况，压载舱可为满载、部分装载，任一可装载压载水的货舱应为空舱。螺旋桨完全浸没，船舶应为艉倾且纵倾不超过 $0.015L_{LL}$（L_{LL} 为载重线船长，具体定义参见《散货船和油船共同结构规范》）。

b. 重压载工况，即所有压载舱满舱，可装载压载水的货舱压满。船舶为艉倾且纵倾不超过 $0.015L_{LL}$。船首型吃水不小于 $0.03L_{LL}$ 和 8m 中的小者。

③ 装货工况的出港、到港以及短途出港、到港。

a. 结构吃水时的均质装载工况，所有货舱（包括舱口）货物密度相同且100%满载，所有压载舱为空舱。

b. 结构吃水时的均质装载工况，货物密度为 3.0t/m³，所有货舱装载率（货物质量/货舱舱容）相同，所有压载舱为空舱。

c. 结构吃水时的隔舱装载工况，至少一个载货工况有指定空舱组（如10万吨散货船，第2、4、6舱为指定空舱组），货物密度为 3.0t/m³，所有货舱装载率（货物质量/货舱舱容）相同，所有压载舱为空舱。

④ 仅用于总纵强度评估的附加压载工况。

a. 所有压载舱均100%满载工况。

b. 所有压载舱均100%满载，且一个设计可在海上装载压载水的货舱100%满载。

(3)PIAS工况设定。

依据配载工况的具体要求,装载工况的调整主要是根据运输状态及船舶浮态的要求,调整相应的液舱或货舱装载,并设定密度及计算自由液面修正。后两项直接在软件中设置相应值得到,而装载需人为设定各舱室装载率。运输状态包括出港(At DEP.)、中途(At Mid)、到港(At ARR),根据不同情况,其油水装载率如表2.4.1所示。

表2.4.1　油水装载率表

序号	工况	Gas Oil M.G.O.	Heavy Fuel Oil H.F.O.	Lubricating Oil LUB.O.	Fresh Water F.W.	Miscellaneous MISC.	Cooling Water COOL.W.
1	At DEP.	98	98	98	100	0	100
2	At Mid	50	50	95	50	50	100
3	At ARR.	10	10	85	10	100	100

根据规范要求及参照案例船型的《完整稳性和总纵强度计算书》,做出16种配载工况,压载水和货舱装载率见表2.4.2,仅供参考。将其与表2.4.1各项装载率进行排列组合,以完成配载。

表2.4.2　压载水和货舱装载率表

序号	装载工况		FPT	NO.1	NO.2	NO.3	NO.4	NO.5	NO.6	NO.7	APT
1	Normal Ballast Condition,	WBT	100	100	100	100	100	100	100	100	100
		CH	—	0	0	0	0	0	0	0	—
2	Normal Ballast Condition, before Ballast	WBT	100	100	100	100	100	100	100	100	0
		CH	—	0	0	0	0	0	0	0	—
3	Normal Ballast Condition, after Ballast	WBT	100	100	100	100	100	100	100	100	100
		CH	—	0	0	0	0	0	0	0	—
4	Heavy Ballast Condition	WBT	100	100	100	100	100	100	100	100	100
		CH	—	0	0	100	0	0	0	0	—
5	Light Homog. Cargo 0.8624t/m³, $T=14.6$m before ballast	WBT	0	0	0	0	0	0	0	0	0
		CH	—	100	100	100	100	100	100	100	—
6	Heavy Homog. Cargo 3t/m³, $T=14.6$m	WBT	0	0	0	0	0	0	0	0	0
		CH	—	28.7	28.7	28.7	28.7	28.7	28.7	28.7	—
7	Alternate Ove SF = 21ft³/Lt, $T=14.6$m	WBT	0	0	0	0	0	0	0	0	0
		CH	—	90.3	0	90.3	0	90.3	0	90.3	—
8	Alternate Cargo 3t/m³, $T=14.6$m	WBT	0	0	0	0	0	0	0	0	0
		CH	—	51.5	0	51.5	0	51.5	0	51.5	—
9	Multi-port 1 for Homog. Cargo 0.8732 t/m³	WBT	0	0	100	0	100	0	0	0	0
		CH	—	100	0	100	0	100	100	100	—

续表

序号	装载工况		FPT	NO.1	NO.2	NO.3	NO.4	NO.5	NO.6	NO.7	APT
10	Multi-port 2 for Homog. Cargo 0.8732 t/m³	WBT	0	0	0	0	0	0	0	0	0
		CH	—	100	100	100	100	100	100	100	—
11	Light Homog. Cargo 0.8605t/m³, $T=14.6m$ Short Voyage	WBT	0	0	0	0	0	0	0	0	100
		CH	—	100	100	100	100	100	100	100	—
12	Heavy Homog. Cargo 3t/m³, $T=14.6m$ Short Voyage	WBT	0	0	0	0	0	0	0	0	100
		CH	.	28.7	28.7	28.7	28.7	28.7	28.7	28.7	—
13	Alternate Homog. Cargo 1.5403t/m³, $T=14.6m$ Short Voyage	WBT	0	0	0	0	0	0	0	0	100
		CH	—	100	0	100	0	100	0	100	—
14	Alternate Cargo 3t/m³, $T=14.6m$ Short Voyage	WBT	0	0	0	0	0	0	0	0	100
		CH	—	51.3	0	51.3	0	51.3	0	51.3	—
15	Docking Condition with 10% Bunker	WBT	0	57.2	100	0	0	0	0	0	0
		CH	—	0	0	0	0	0	0	0	—
16	Propeller Afloat Repair Condition	WBT	100	100	100	100	0	0	0	0	0
		CH	—	0	0	0	0	0	0	0	—

注：WBT 为压载水舱；CH 为货舱。

在"Loading conditions"中创建上述典型装载工况如图 2.4.3 所示。双击工况的名称，完成装满度(%)、自由液面(FSM)以及密度的设置，以配载不同装载工况。

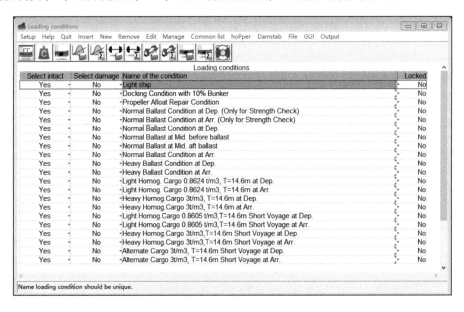

图 2.4.3 典型装载工况

以 Normal Ballast Condition at Dep. 工况为例，对压载舱、燃油舱、滑油舱、淡水舱等不同分组项目进行配载。工况设置如图 2.4.4 所示。

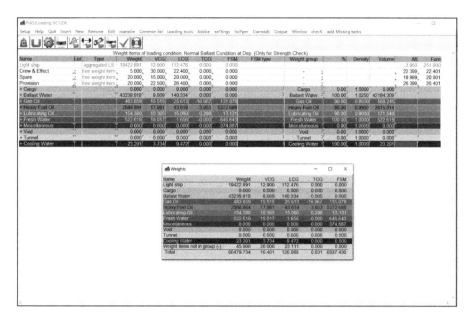

图 2.4.4 工况设置

2.4.3 装载状态的浮态要求

对于本案例船型,典型的装载状态的浮态需要满足最小艏吃水、盲区和螺旋桨浸没等相关要求,主要包括以下几点:

1. 最小艏吃水

实际运营状态的载况艏吃水,要高于由船体结构设计专业提供的艏吃水下限要求。

2. 盲区要求

航行状态下,船舶盲区小于 500 m 或 2 倍船长(取小者)。

3. 螺旋桨要求

用于正常航运的装载状态,螺旋桨都需要 100% 浸没。

2.4.4 完整稳性衡准及评估方法

对于本案例船型,在"Loading"中,双击"Loading project settings and tools",选择"Definition and selection of stability requirements"并双击进入程序,选择"standard"→"Intact stability",进行完整稳性衡准的设定。在"Seagoing2017"中,选定衡准名称"Standard stability criteria according to IS Code 2008, Part A, ch. 2",在弹出窗口设定风压值,此处选择"IMO Intact Stability",如有特殊需要,可自定义风压数值。衡准如图 2.4.5 所示。

1. 完整稳性衡准及估算方法说明

IMO 规定的一般稳性衡准对照复原力臂曲线(图 2.4.6),包括以下 6 条:

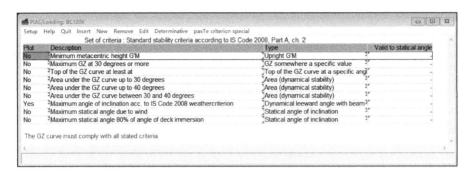

图 2.4.5 完整稳性衡准

(1)GM0.15:最小初稳性高(G_0M)不小于 0.15m。

(2)GZ0.2:横倾角等于或大于 30°的复原力臂(GZ)最大值不小于 0.2m。

(3)MAXGZ25:最大的复原力臂值(GZ_{max})对应的横倾角(θ_{max})不小于 25°。

(4)AREA30:稳性曲线在 0°~30°下的面积(A_1)不小于 0.055m·rad。

(5)AREA40:横倾角 40°或者进水角(当进水角小于 40°)时,面积(A_1+A_2)不小于 0.09m·rad。

(6)AREA3040:横倾角在 30°~40°的面积(A_2),或者 30°与进水角(当进水角小于 40°)时的面积(A_2),不小于 0.03m·rad。

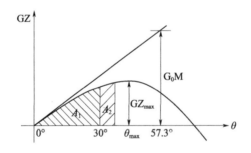

图 2.4.6 复原力臂曲线

以"Normal Ballast Condition at Dep."工况为例,2008IS CODE 稳性横准计算算例如表 2.4.3 所示。

表 2.4.3 IMO 稳性衡准计算算例(2008IS CODE)

工况:Normal Ballast Condition at Dep.						
Displacement = 66479.219 t KM = 25.445						
KG′ = 10.499m GM(≥0.15m) = 14.945						
	θ	0°	10°	20°	30°	40°
	$\sin\theta$	0.0000	0.1736	0.3420	0.5000	0.6428
(1)	KN(m)	0	4.457	8.880	12.146	14.175
(2)	KG′sinθ	0	1.823	3.591	5.250	6.749

续表

(3)	GZ = (1) − (2)	0	2.634	5.289	6.897	7.426
(4)	Coeff.	1	3	3	1	—
(5)	(3)×(4)	0	7.903	15.868	6.897	
(6)	Coeff.	1	4	2	4	1
(7)	(3)×(6)	0	10.537	10.579	27.587	7.426

(8)	Σ(5) = 30.668			(10)	(8)×π/48 = 2.007
(9)	Σ(7) = 56.129			(11)	(9)×π/54 = 3.265

Area(0°~30°) = (10) = 2.007	≥0.055 m·rad
Area(0°~40°) = (11) − (12) = 3.265	≥0.09 m·rad
Area(30°~40°) = (11) − (10) − (12) = 1.258	≥0.03 m·rad

如果继续进水角大于等于 40°或以上,(12) 取为 0.0。
如果继续进水角小于 40°,按照下式进行修正。

θ	40°	θ_U(°)
GZ	a	b

(12)	$\Delta A = (a+b) \times (40 - \theta_U) \times \pi/360 = 0$

使用 GZ 曲线可以得到以下衡准

$GZ_{30} = 7.426$	≥0.2 m
$\theta_{max} = 40$	≥25°

KM 为横向初稳性高(m)可通过 2.3.1 节中介绍的静水力表插值求得,如图 2.4.7 所示。

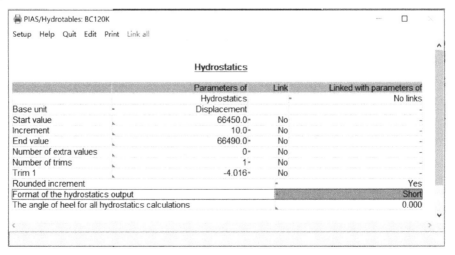

HYDROSTATIC PARTICULARS								
BC120K								
							01 Nov 2022 13:32:26	
Trim = -4.016 m								
Displ. [density 1.0250] ton	Displ. [density 1.0000] ton	Draft [US keel 20 mm] m	Immersion ton/cm	Moment change trim tonm/cm	LCB from APP m	TCB from CL m	LCF from APP m	KM transv. m
66450.00	64829.27	7.485	99.57	1693.68	125.981	0.000	128.144	25.451
66460.00	64839.03	7.486	99.57	1693.77	125.982	0.000	128.124	25.448
66470.00	64848.78	7.487	99.58	1693.86	125.982	0.000	128.119	25.447
66480.00	64858.54	7.488	99.56	1693.96	125.982	0.000	128.151	25.444
66490.00	64868.29	7.489	99.56	1694.05	125.983	0.000	128.146	25.441

图 2.4.7　静水力表中的 KM 值

KN 为船舶的重心假定在基线处的复原力臂，可通过 2.3.2 节中介绍的稳性横截曲线表（图 2.4.8），根据排水量和纵倾状态插值求得。

KG′ 为整船经自由液面修正的重心高度，$KG' = KG + \Sigma(FRSM)/Disp$

PIAS/Hydrotables: BC120K
Setup Help Quit Edit Print Link all

Cross curve tables

	Parameters of Cross curve tables	Link	Linked with parameters of Hydrostatics
Base unit	Displacement	-	-
Start value	66450.0	No	7924.7
Increment	10.0	No	470.2
End value	66490.0	No	165347.6
Number of extra values	0	No	2
Number of trims	1	No	1
Trim 1	-4.016	No	0.000
Rounded increment		-	Yes
Format of the crosscurve tables			Short
Additional table which indicates the flooding through openings		-	Yes

Displ. = 66450.000　T base = 7.395　T bok = 7.415　Number of steps = 5

CROSS CURVES
BC120K
01 Nov 2022 08:59:40

Initial trim = -4.016 m
Draft is from underside keel. (20.0 mm)
The trim is modified to meet constant LCB.
Calculation for inclination to SB
In the table below the KN sin(φ) values are printed (m).

Displ. ton	T[φ=0] m	Angle of inclination in degrees						
		0.00	5.00	10.00	12.00	15.00	20.00	25.00
66450	7.485	0.000	2.223	4.458	5.357	6.707	8.882	10.704
66460	7.486	0.000	2.223	4.457	5.356	6.706	8.881	10.703
66470	7.487	0.000	2.223	4.457	5.356	6.706	8.881	10.703
66480	7.488	0.000	2.223	4.457	5.355	6.705	8.880	10.702
66490	7.489	0.000	2.223	4.456	5.355	6.704	8.879	10.702

```
                              CROSS CURVES
                                 BC120K
                                                          01 Nov 2022  08:59:40
Initial trim = -4.016 m
Draft is from underside keel. (20.0 mm)
The trim is modified to meet constant LCB.
Calculation for inclination to SB
In the table below the KN sin(φ) values are printed (m).

Displ.    T[φ=0]       Angle of inclination in degrees
ton       m        30.00    35.00    40.00    50.00    60.00    70.00    80.00

66450    7.485    12.147   13.320   14.176   14.978   14.898   14.136   12.840
66460    7.486    12.147   13.319   14.176   14.977   14.897   14.136   12.840
66470    7.487    12.146   13.319   14.176   14.977   14.897   14.136   12.840
66480    7.488    12.146   13.319   14.175   14.977   14.897   14.136   12.840
66490    7.489    12.145   13.318   14.175   14.976   14.896   14.135   12.840
```

图 2.4.8　横截曲线表计算 KN 值

2. IMO 规定的气象衡准

参考图 2.4.9,应证明船舶承受横风和横摇合作用的能力,如下所示:

(1)船舶承受垂直于船舶中心线的稳定风压,从而产生稳定的风倾力臂(l_{W1})。

(2)在稳定风作用下,平衡位置的横倾角为 θ_0,假设船舶因波浪作用而向迎风方向倾斜 θ_1。在稳定风作用下的横倾角 θ_0 不应超过 16°或甲板边缘浸没角(θ_d)的 80%,以较小者为准。

(3)船舶随后受到阵风风压,从而产生阵风倾侧力臂($l_{W2} = 1.5\ l_{W1}$)。

(4)在这些情况下,稳性曲线中区域 b 等于或大于区域 a,如图 2.4.9 所示。

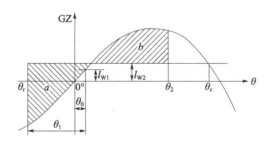

图 2.4.9　阵风和横摇衡准(气象衡准)

稳定的风倾力臂:
$$l_{W1} = (P \times A \times Z)/\Delta\ (\text{m})$$

阵风倾侧力臂:
$$l_{W2} = 1.5 \times l_{W1}\ (\text{m})$$

式中:$P = 0.0514$（t/m²）;A 为船舶水线以上侧投影面积（m²）;Z 为 A 的形心到水线以下投影面积的形心或者大约到一半吃水的距离(m);Δ 为排水量(t)。

横摇角:

$$\theta_1 = 109 \cdot k \cdot X_1 \cdot X_2 \cdot \sqrt{r \cdot s}\,(°)$$

式中:X_1 为系数,按照表 2.4.4 中 Table 1 选取;X_2 为系数,按照表 2.4.4 中 Table 2 选取;k 为系数,按如下列情况选取:$k = 1.0$(对于不设舭龙骨的圆舭船),$k = 0.7$(对于尖舭船),对于设有舭龙骨的船,按照表 2.4.4 中 Table 3 选取;$r = 0.73 \pm 0.6 \times OG/d$,OG 为重心到水线面的距离(m),水线以上为"+",水线以下为"-",d 为船舶平均型吃水(m);s 为系数,按照表 2.4.4 中 Table 4 选取。

表 2.4.4 系数对照表(中间值可线性插值获得)

Table 1		Table 2		Table 3		Table 4	
B/d	X_1	C_b	X_2	$\dfrac{A_k \times 100}{l_{WL} \times B}$	k	T	s
≤2.4	1.00	≤0.45	0.75	0.0	1.00	≤6	0.100
2.5	0.98	0.50	0.82	1.0	0.98	7	0.098
2.6	0.96	0.55	0.89	1.5	0.95	8	0.093
2.7	0.95	0.60	0.95	2.0	0.88	12	0.065
2.8	0.93	0.65	0.97	2.5	0.79	14	0.053
2.9	0.91	≥0.70	1.00	3.0	0.74	16	0.044
3.0	0.90			3.5	0.72	18	0.038
3.1	0.88			≥4.0	0.70	≥20	0.035
3.2	0.86						
3.3	0.84						
3.4	0.82						
≥3.5	0.80						

注:B 为型宽(m);d 为平均型吃水(m);C_b 为方形系数;A_k 为舭龙骨总面积,或者 Bar keel 的侧投影面积,或者两种减摇鳍总面积之和(m^2);l_{WL} 为水线长(m);Table 4 中的横摇周期 $T = 2 \times C \times B/\sqrt{GM_0}$(s),$C = 0.373 + 0.023(B/d) - 0.043(l_{WL}/100)$,$GM_0 = $ 自由液面修正后的稳性高(m)。

对于上述气象衡准,PIAS 中相应的衡准有 3 条:

(1) IMOWIND_HEEL16:恒风引起横倾角应小于 16°。

(2) IMOWIND_80%:恒风引起横倾角小于对应于甲板边缘浸没角度的 80%。

(3) IMOWEATHWER:$b/a > 1$。PIAS 中该标准将确定 $a = b$ 时的横倾角以及该角度是否位于正 GZ 范围内,即该角度是否小于浸水角(θ_f)、50°和第二截距角(θ_c)三者的小者。

同样以"Normal Ballast Condition at Dep."工况为例,2008IS CODE 气象衡准计算算例如表 2.4.5 所示。

表 2.4.5 IMO 气象衡准计算算例(2008IS CODE)

压载出港工况		
P	t/m^2	0.0514
A	m^2	4432.9
Z	m	13.33
Δ	t	66479.219
$l_{W1} = (P \times A \times Z)/\Delta$	m	0.0457
$l_{W2} = 1.5 \times l_{W1}$	m	0.0685
OG	m	2.933
d	m	7.468
B	m	43.000
D	m	20.5
L_{WL}	m	242.592
A_k	m^2	30
GM_0	m	14.945
$C = 0.373 + 0.023 \times (B/d) - 0.043 \times (L/100)$		0.4011
$T = 2 \times C \times B/\sqrt{GM_0}$	s	0.0865
s (Table 4)		0.9656
$r = 0.73 + 0.6 \times OG/d$		0.8047
C_b		0.8
X_1 (Table 1)		1
X_2 (Table 2)		0.9942
K (Table 3)		0.0865
$\theta_1 = 109 \times k \times X_1 \times X_2 \times \sqrt{r \times s}$	(°)	25.062
$80\% \theta_d = [\arctan(2 \times (D-d)/B] \times 0.8$	(°)	24.977

根据 GZ 曲线插值求得表 2.4.6 中的横倾角,按照表 2.4.7 和表 2.4.8 计算出气象衡准 ZG 曲线中的面积 a 和 b。

表 2.4.6 阵风作用下的横倾角

$\theta_f = 62.88$	
$\theta_c = 93.326$	
$\theta_0 = 0.293$	
$\theta_w = 0.3804$	
$\theta_r = \theta_0 - \theta_1 = 0.293 - 25.062 = -24.769$	
$\theta_2 = 50$	
$\Delta\theta_R = (\theta_2 - \theta_w)/4 = 12.405$	
$\Delta\theta_L = (\theta_w - \theta_r)/4 = 6.287$	

表 2.4.7　表 2.4.6 中 b 面积计算表

参数取值与计算		θ_w	$\theta_w + \Delta\theta_R$	$\theta_w + 2\Delta\theta_R$	$\theta_w + 3\Delta\theta_R$	$\theta_w + 4\Delta\theta_R$
(1)	degree	0.3805	12.785	25.190	37.595	50.000
(2)	GZ	—	3.356	6.261	7.339	6.914
(3)	$GZ - l_{W2}$	0	3.288	6.193	7.270	6.845
(4)	Simpson's F	1	4	2	4	1
(5)	(3)×(4)	0	13.151	12.385	29.082	6.845
$\Sigma(5) =$		61.464				
$b = 1/3 \times \Delta\theta_R \times \Sigma(5) \times \pi/180 =$		4.436				

表 2.4.8　表 2.4.6 中 a 面积计算表

参数取值与计算		θ_w	$\theta_w + \Delta\theta_L$	$\theta_w + 2\Delta\theta_L$	$\theta_w + 3\Delta\theta_L$	$\theta_w + 4\Delta\theta_L$
(1)	degree	0.3805	6.668	12.955	19.243	25.530
(2)	GZ	—	−1.719	−3.403	−5.063	−6.304
(3)	$GZ - l_{W2}$	0	1.788	3.471	5.131	6.373
(4)	Simpson's F	1	4	2	4	1
(5)	(3)×(4)	0	7.151	6.942	20.525	6.373
$\Sigma(5) =$		40.99				
$a = 1/3 \times \Delta\theta_L \times \Sigma(5) \times \pi/180 =$		1.499				

$b = 4.4436 > a = 1.499$

$\theta_0 = 0.293 < \min(16°, 0.8\theta_d)$

2.4.5　总纵强度要求

总体和结构两专业在设计过程中,由总纵强度校核相互衔接。总体专业计算各种装载状态下的实际剪力和弯矩,结构专业根据其结果,提供船体各处所能承受剪力和弯矩限界(许用剪力和弯矩),将这些许用值连接成折线,绘制剪力弯矩包络线。无论如何,实船的剪力弯矩值不能超过许用值,即剪力弯矩包络线。

在"Loading"中,双击"Loading project settings and tools",选择"Definition maximum allowable shearforces and moments",设定航行工况、破损工况和港内工况的剪力弯矩包络线,如图 2.4.10 所示。

2.4.6　完整稳性及总纵强度计算结果校核

在"Loading"中,双击图形用户界面"GUI"中,可以查看每个工况的稳性和总纵强度计算结果,如图 2.4.11 所示。

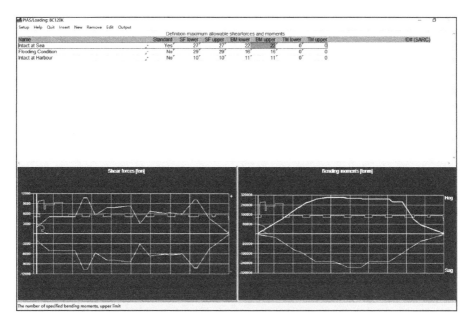

图 2.4.10　剪力弯矩包络线

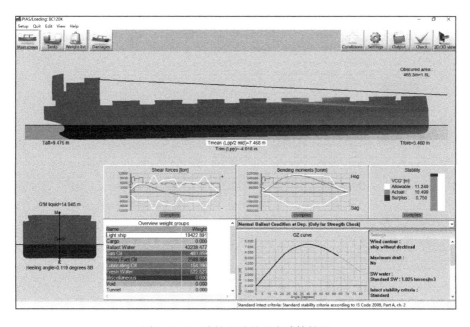

图 2.4.11　稳性和总纵强度计算结果

以"Normal Ballast Condition at Dep.（Only for Strength Check）"工况为例，点击"check"，查看完整稳性和总纵强度校核结果，如图 2.4.12 和图 2.4.13 所示。

从校核结果分析，案例船型在盲区要求、螺旋桨浸没、弯矩、剪力及稳性校核等方面，均满足设计要求。其中，PIAS 将各项稳性衡准和气象衡准反算成该浮态下的许用重心高度，数值是 20.712m；实际重心高度 10.499m 低于许用值，所以稳性校核通过。

图 2.4.12 完整稳性校核结果

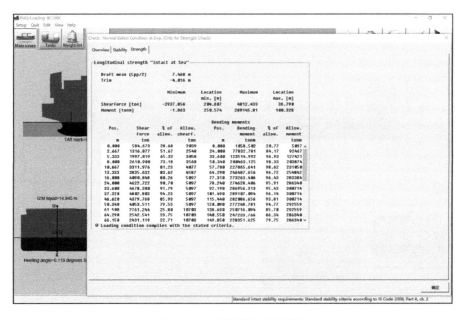

图 2.4.13 总纵强度校核结果

2.4.7 单货舱进水强度计算

根据油船散货船共同结构规范(CSR BC&OT)的要求,对于散货船需要校核所有工况下每个货舱进水情况下的结构强度。以"Normal Ballast Condition at Dep."工况下第一货舱进水为例,在图 2.4.4 的工况设置基础上,在"NO.1 CARGO HOLD"的 TYPE 一列,使用"空格键"将"tank"切换为"floodable tank",如图 2.4.14 所示。

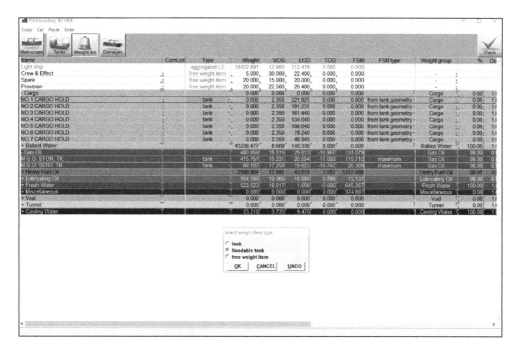

图 2.4.14　第一货舱进水设置

进入"GUI"模块，在 Setting 中将 Strength 选项卡中的最大许用剪力弯矩选定为"Flooding Condition"，如图 2.4.15 所示。点击确定后，可以查看该工况下剪力弯矩均没有超过进水工况许用值，满足强度要求，如图 2.4.16 所示。

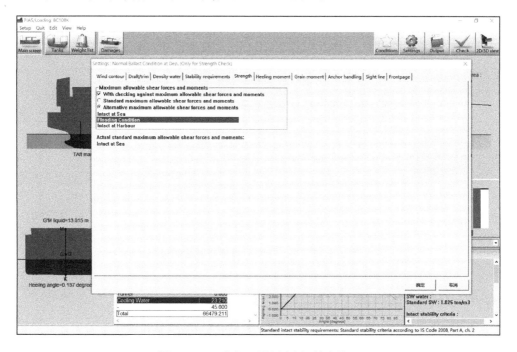

图 2.4.15　进水工况许用弯矩剪力设置

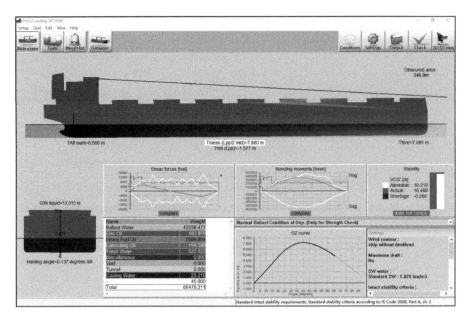

图 2.4.16　第一货舱进水后的图形界面

点击"check",查看第一货舱进水后的总纵强度校核结果,如图 2.4.17 所示。

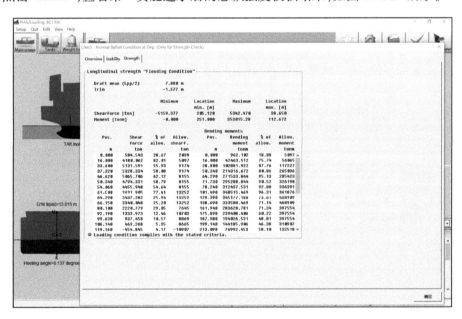

图 2.4.17　进水工况总纵强度校核结果

2.4.8　谷物稳性计算

由于散装谷物具有散落性和下沉性,船舶在航行过程中,舱内谷物下沉形成的表面与舱顶甲板之间形成空档,当船舶因风浪作用而出现横摇和垂荡时,谷物会产生横向和垂向移动,使得船舶重心提高,初稳性高度降低,复原力臂减小,稳性降低,严重时甚至会导致船舶倾覆。因此,谷物稳性对于散货船安全而言十分重要。

案例船型散货船需要满足 MSC.23(59)决议的附则 1《国际散装谷物安全装运规则》的要求。

假定体积倾侧力矩计算,包括:

(1)经平舱的满载舱的假定体积倾侧力矩。
(2)未经平舱的满载舱的假定体积倾侧力矩。
(3)部分装载的假定体积倾侧力矩。
(4)【Grainmom】模块计算谷物假定体积倾侧力矩。

最后,完成谷物装载工况的设定及稳性计算校核。读者可运用【Grainmom】模块自行完成。

2.5 破舱稳性计算

破舱稳性研究的是船体受损进水后,仍残存的浮性和稳性。破舱稳性的高低反映船舶抗沉性,是体现船舶安全性的一项重要性能。各种规范对于不同的船型提出各自破舱稳性要求。破舱稳性计算主要包括两种方式:确定性破舱稳性计算和概率性破舱稳性计算。确定性破舱稳性计算的是船舶破损进水后最终状态的浮态和稳性,典型的船型是油船;概率性破舱稳性在设计阶段通过分舱,计算舱和舱组的破损概率和生存概率,汇总后与规范要求值比较,以此核对船舶破舱稳性能力是否满足要求,典型的船型是集装箱船、散货船和客船。概率算法与确定性算法原理基本一致,仅衡准有所不同。

本章的案例船型 10 万吨级散货船,根据《1966 年国际载重线公约》的 1988 年议定书修正案,核定为"B-60"型干舷,需要满足《1966 年国际载重线公约》(ICLL)和《国际海上人命安全公约》(SOLAS)中破舱稳性的要求。

2.5.1 开口定义

在进行破舱稳性计算之前,根据破损控制图(见附录五)定义舱室的风雨密开口,包括风雨密的通风、门、窗、空气头、舱口盖等。连接到舱室的开口信息在【Layout】模块中进行定义。以机舱为例,开口定义如图 2.5.1 所示。

全船的非水密开口位置,可在【Hulldef】模块中"openings"的菜单中查看和检查,但不可编辑(以灰色表示),如图 2.5.2 所示。

2.5.2 ICLL 破损计算

本节所述的破舱稳性计算为 ICLL 破损,基于《1966 年国际载重线公约》经 1988 年修正的议定书,以下简称 ICLL。

1. 渗透率

按照 ICLL 中规定的破损假定而引起的任一舱或数舱浸水,假定其渗透率为 0.95。对

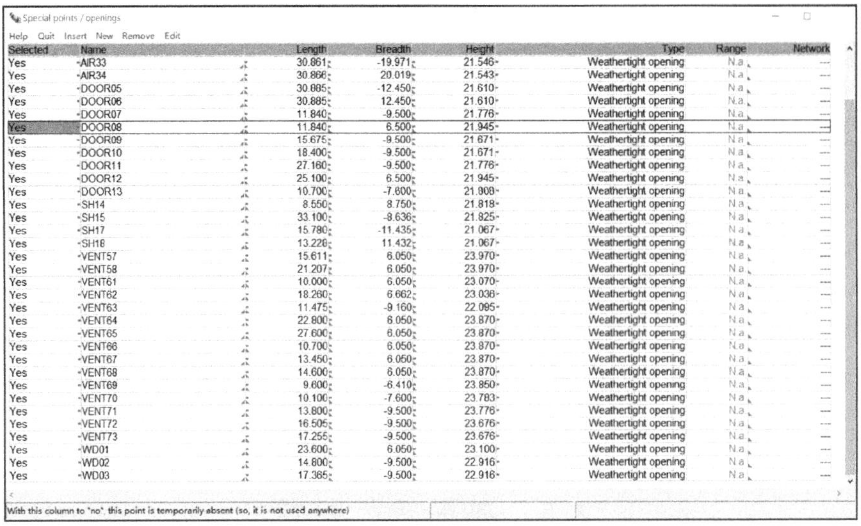

图 2.5.1 【Layout】中机舱开口定义

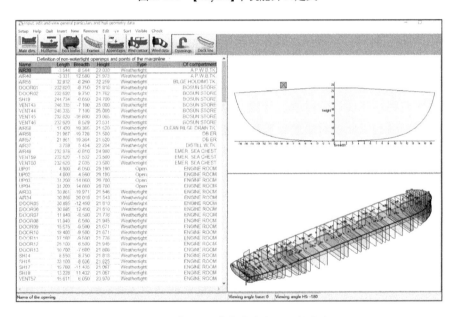

图 2.5.2 【Hulldef】中非水密开口的定义

于船长超过 150m 的船舶,机械处所作为浸水舱时,渗透率取 0.85,如表 2.5.1 所示。

表 2.5.1 ICLL 中破损假定的渗透率

序号	处所	渗透率
1	机械处所	0.85
2	其他	0.95

2. 初始装载工况

浸水前的初始装载工况按照下列要求确定:

(1)船舶装载至夏季载重水线,并假定处于无纵倾状态。

(2)计算重心高度时,适用下列原则:

①装载的是均质货物。

②除③中所述者以外,所有货舱,包括拟作部分装载的货舱应认为是满载的,但如果装的是液货,则每一货舱应作为装满至98%处理。

③如船舶拟在夏季载重水线营运时具有空舱,若按此种状况算得的重心高度不小于按照②所得者,则这种空舱应认为是空的。

④装载消耗液体及消耗物料的所有液舱和处所,应考虑其中个别舱的装载量为其总容量的50%。对每一种液体,假定至少有一对横向液舱,或一个中心线上液舱,具有最大自由液面,而且需考虑的这个液舱或舱组应为自由液面影响最大者;每一液舱装载物的重心取液舱形心。余下的液舱应假定其为完全空舱或完全装满,而各种消耗液体在这些液舱内的分布,应使重心在龙骨以上尽量达到最大高度。

⑤除④所规定的装载消耗液体舱柜外,在②中规定的每一载有液体的舱柜均应考虑横倾角不大于5°时的最大自由液面影响。作为变通,如计算方法为主管机关所接受,亦可采用实际自由液面影响。

⑥计入的液体密度如下(单位 t/m³):

海水为1.025;

淡水为1.000;

燃油为0.950;

柴油为0.900;

滑油为0.900。

根据上述要求,初始装载工况的计算如表2.5.2和表2.5.3所示。

表 2.5.2 满足 ICLL 要求的初始装载工况表——隔舱均质装载

ITEM	CAP. /m³	Filling Ratio	S.G. /(t/m³)	WEIGHT /t	V.C.G. /m	V. MOMENT /(t·m)	F.S.M. /(t·m)
LIGHT SHIP				19425.60	12.900	250590.2	
CREW&EFFECTS				5.00	30.000	150.0	
SPARES				20.00	15.000	300.0	
PROVISIONS				20.00	22.500	450.0	
S/T COOLING WATER TK.				22.10	3.590	79.3	
NO.1 H.F.O. TK. P	1023.50	98%	0.950	952.88	18.742	17858.8	2711.8
NO.1 H.F.O. TK. S	1023.50	32%	0.950	313.47	18.742	5875.1	2711.8
NO.2 H.F.O. TK.	416.40	0%	0.950	0.00	14.601	0.0	0.0
NO.2 H.F.O. SERV. TK.	49.50	0%	0.950	0.00	17.307	0.0	15.9
NO.2 H.F.O. SETTL. TK.	47.20	0%	0.950	0.00	17.304	0.0	13.7
NO.1 H.F.O. SERV. TK.	51.80	0%	0.950	0.00	17.310	0.0	18.2

续表

ITEM	CAP. /m³	Filling Ratio	S. G. /(t/m³)	WEIGHT /t	V. C. G. /m	V. MOMENT /(t·m)	F. S. M. /(t·m)
NO. 1 H. F. O. SETTL. TK.	54.10	0%	0.950	0.00	17.313	0.0	20.8
Total of Heavy Fuel Oil	2666.00	50%	0.950	1266.35	18.742	23733.93	
M. G. O. STOR. TK.	497.70	42%	0.900	188.63	15.225	2871.9	111.6
M. G. O. SERV. TK.	81.80	98%	0.900	72.15	17.250	1244.5	20.6
Total of Diesel Oil	579.50	50%	0.900	260.78	15.785	4116.4	
M/E L. O. SUMP. TK.	28.70	0%	0.900	0.00	1.283	0.0	18.9
S/T L. O. SUMP. TK.	3.40	0%	0.900	0.00	1.745	0.0	1.6
M/E L. O. STOR. TK.	31.60	98%	0.900	0.00	12.095	0.0	4.3
M/E L. O. SETTL. TK.	31.60	94%	0.900	26.67	12.095	322.6	4.3
G/E L. O. SETTL. TK.	10.50	0%	0.900	0.00	12.095	0.0	0.6
G/E L. O. STOR. TK.	10.50	0%	0.900	0.00	12.095	0.0	0.6
NO. 1 CYL. OIL. STOR. TK	29.70	98%	0.900	26.20	12.683	332.2	1.3
NO. 2 CYL. OIL. STOR. TK	29.70	98%	0.900	26.20	12.683	332.2	1.3
Total of LU. Oil	175.70	50%	0.900	79.07	8.283	654.9	
F. W. TK. P	262.30	100%	1.000	262.30	18.015	4725.3	381.2
F. W. TK. S	215.90	0%	1.000	0.00	18.022	0.0	275.2
DISTILLED W. TK.	46.40	0%	1.000	0.00	17.983	0.0	6.0
Total of Fresh Water	524.60	50%	1.000	262.30	18.015	4725.3	
No. 1 Cargo Hold	18706.50	100%	1.569	29341.43	11.602	340419.3	
No. 2 Cargo Hold	0.00	0%	1.569	0.00	11.526	0.0	
No. 3 Cargo Hold	19023.85	100%	1.569	29839.20	11.603	346224.2	
No. 4 Cargo Hold	0.00	0%	1.569	0.00	11.657	0.0	
No. 5 Cargo Hold	19024.54	100%	1.569	29840.28	11.603	346236.8	
No. 6 Cargo Hold	0.00	0%	1.569	0.00	11.556	0.0	
No. 7 Cargo Hold	18887.86	100%	1.569	29625.90	12.091	358206.7	
Total of Cargo Hold	75642.75	100%	1.569	118646.81	11.725	1391087.0	
Σ				140008.00	11.970	1675887.1	6319.7
CORR. DRAFT/m	14.600					
KM/m	18.519					
GM_0(m)	6.549					
G_0G(m)	0.045					
GM(m)	6.504					

表 2.5.3　满足 ICLL 要求的初始装载工况表——均质轻货装载

ITEM	CAP. /m³	Filling Ratio	S. G. /(t/m³)	WEIGHT /t	V. C. G. /m	V. MOMENT /(t·m)	F. S. M. /(t·m)
LIGHT SHIP				19425.60	12.900	250590.2	
CREW&EFFECTS				5.00	30.000	150.0	
SPARES				20.00	15.000	300.0	
PROVISIONS				20.00	22.500	450.0	
S/T COOLING WATER TK.				22.10	3.590	79.3	
NO.1 H.F.O. TK. P	1023.50	98%	0.950	952.88	18.742	17858.8	2711.8
NO.1 H.F.O. TK. S	1023.50	32%	0.950	313.47	18.742	5875.1	2711.8
NO.2 H.F.O. TK.	416.40	0%	0.950	0.00	14.601	0.0	0.0
NO.2 H.F.O. SERV. TK.	49.50	0%	0.950	0.00	17.307	0.0	15.9
NO.2 H.F.O. SETTL. TK.	47.20	0%	0.950	0.00	17.304	0.0	13.7
NO.1 H.F.O. SERV. TK.	51.80	0%	0.950	0.00	17.310	0.0	18.2
NO.1 H.F.O. SETTL. TK.	54.10	0%	0.950	0.00	17.313	0.0	20.8
Total of Heavy Fuel Oil	2666.00	50%	0.950	1266.35	18.742	23733.93	
M.G.O. STOR. TK	497.70	42%	0.900	188.63	15.225	2871.9	111.6
M.G.O. SERV. TK	81.80	98%	0.900	72.15	17.250	1244.5	20.6
Total of Diesel Oil	579.50	50%	0.900	260.78	15.785	4116.4	
M/E L.O. SUMP. TK.	28.70	0%	0.900	0.00	1.283	0.0	18.9
S/T L.O. SUMP. TK.	3.40	0%	0.900	0.00	1.745	0.0	1.6
M/E L.O. STOR. TK.	31.60	98%	0.900	0.00	12.095	0.0	4.3
M/E L.O. SETTL. TK.	31.60	94%	0.900	26.67	12.095	322.6	4.3
G/E L.O. SETTL. TK.	10.50	0%	0.900	0.00	12.095	0.0	0.6
G/E L.O. STOR. TK.	10.50	0%	0.900	0.00	12.095	0.0	0.6
NO.1 CYL. OIL. STOR. TK	29.70	98%	0.900	26.20	12.683	332.2	1.3
NO.2 CYL. OIL. STOR. TK	29.70	98%	0.900	26.20	12.683	332.2	1.3
Total of LU Oil	175.70	50%	0.900	79.07	8.283	654.9	
F.W. TK. P	262.30	100%	1.000	262.30	18.015	4725.3	381.2
F.W. TK. S	215.90	0%	1.000	0.00	18.022	0.0	275.2
DISTILLED W. TK.	46.40	0%	1.000	0.00	17.983	0.0	6.0
Total of Fresh Water	524.60	50%	1.000	262.30	18.015	4725.3	
No.1 Cargo Hold	18706.45	100%	0.876	16392.21	11.602	190182.5	
No.2 Cargo Hold	21718.67	100%	0.876	19031.78	11.526	219360.3	
No.3 Cargo Hold	19023.85	100%	0.876	16670.35	11.603	193426.0	
No.4 Cargo Hold	18200.54	100%	0.876	15948.89	11.657	185916.2	

续表

ITEM	CAP. /m³	Filling Ratio	S. G. /(t/m³)	WEIGHT /t	V. C. G. /m	V. MOMENT /(t·m)	F. S. M. /(t·m)
No. 5 Cargo Hold	19024.54	100%	0.876	16670.95	11.603	193433.0	
No. 6 Cargo Hold	19835.34	100%	0.876	17381.44	11.556	200860.0	
No. 7 Cargo Hold	18887.86	100%	0.876	16551.18	12.091	200120.3	
Total of Cargo Hold	135397.25	100%	0.876	118646.81	11.659	1383298.4	
Σ				140008.00	11.914	1668098.5	6319.7
CORR. DRAFT/m				14.600			
KM(m)				18.519			
GM_0(m)				6.605			
G_0G(m)				0.045			
GM(m)				6.560			

比较以上两种初始装载状态，取初稳性高较小的工况作为破损计算的初始工况，且所有液舱和货舱假定为空舱，则：

夏季载重线吃水为 14.60m；

初稳性高为 6.504m；

纵倾为 0.000m（正浮）。

在 PIAS 的【Loading】模块中，进入"Loading conditions"，点击【New】建立初始装载状态"ICLL DAM INI01"，双击进入配载设置，所有舱室设为空舱，点击菜单【Advice】，弹出对话框，输入初始工况的吃水、纵倾和初稳性高，如图 2.5.3 所示，PIAS 将自动添加配载的固定重量，使得装载状态达到所需的吃水、纵倾和初稳性高。

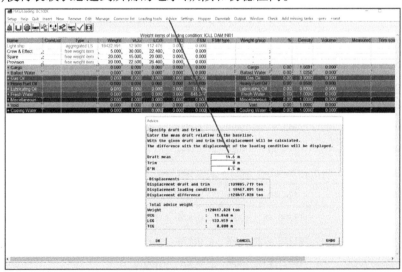

图 2.5.3 初始装载工况定义

3. 破损假定

对于 10 万吨散货船,根据 ICLL 的规定为单舱破损。

(1) 横向:在 $B/5$ 或 11.5 m 两者之间,取小者,在夏季载重水线水平面上自船内舷侧向船内垂直于中心线量取。

(2) 垂向:从基线向上无限制延伸。

如果相邻主横舱壁间距小于 $1/3L^{2/3}$(L 为载重线船长)或 14.5m(取小者),则此处横舱壁假定不存在。

根据上述破损范围假定,ICLL 破舱稳性计算的破损假定如表 2.5.4 所示。

表 2.5.4 ICLL 破损假定

破损假定	浸水舱室	破损假定	浸水舱室
DAMP01	A. P. TK	DAMS01	A. P. TK
	ENGINE ROOM		DISTILL. W. TK
	F. W. TK. P		ENGINE ROOM
	ROPE STORE		F. W. TK. S
	S/T COOL. W. TK.		ROPE STORE
	STEERING GEAR ROOM		S/T COOL. W. TK.
	STORE		STEERING GEAR ROOM
			STORE
DAMP02	ENGINE ROOM	DAMS02	ENGINE ROOM
	ER BOTTOM		ER BOTTOM
	M. G. O. STOR. TK.		NO. 1 H. F. O. SERV. TK.
	M. G. O. SERV. TK.		NO. 1 H. F. O. SETT. TK.
	COFFERDAM		NO. 2 H. F. O. SERV. TK.
	SEWAGE HOLDING TK.		NO. 2 H. F. O. SETT. TK.
	ROPE STORE		NO. 2 H. F. O. TK.
	STEERING GEAR ROOM		ROPE STORE
	STORE		STEERING GEAR ROOM
			STORE
DAMP03	NO. 7 CARGO HOLD	DAMS03	NO. 7 CARGO HOLD
	NO. 7 W. B. TK. P		NO. 7 W. B. TK. S
	NO. 1 H. F. O. TK. P		NO. 1 H. F. O. TK. S
	F. W. WASHING TK.		SLOP TK.
	NO. 6&7 UP STOOLS		NO. 6&7 UP STOOLS
	PIPE TUNNEL		PIPE TUNNEL
DAMP04	NO. 6 CARGO HOLD	DAMS04	NO. 6 CARGO HOLD
	NO. 6 W. B. TK. P		NO. 6 W. B. TK. S
	PIPE TUNNEL		PIPE TUNNEL

续表

破损假定	浸水舱室	破损假定	浸水舱室
DAMP05	NO. 5 CARGO HOLD	DAMS05	NO. 5 CARGO HOLD
	NO. 5 W. B. TK. P		NO. 5 W. B. TK. S
	NO. 5&6 UP STOOLS		NO. 5&6 UP STOOLS
	PIPE TUNNEL		PIPE TUNNEL
DAMP06	NO. 4 CARGO HOLD	DAMS06	NO. 4 CARGO HOLD
	NO. 4 W. B. TK. P		NO. 4 W. B. TK. S
	NO. 3&4 UP STOOLS		NO. 3&4 UP STOOLS
	PIPE TUNNEL		PIPE TUNNEL
DAMP07	NO. 3 CARGO HOLD	DAMS07	NO. 3 CARGO HOLD
	NO. 3 W. B. TK. P		NO. 3 W. B. TK. S
	NO. 2&3 UP STOOLS		NO. 2&3 UP STOOLS
	PIPE TUNNEL		PIPE TUNNEL
DAMP08	NO. 2 CARGO HOLD	DAMS08	NO. 2 CARGO HOLD
	NO. 2 W. B. TK. P		NO. 2 W. B. TK. S
DAMP09	NO. 1 CARGO HOLD	DAMS09	NO. 1 CARGO HOLD
	NO. 1 W. B. TK. P		NO. 1 W. B. TK. S
	BOSUN STORE		BOSUN STORE
	NO. 1&2 UP STOOLS		PAINT STORE
	PIPE TUNNEL		NO. 1&2 UP STOOLS
DAMP10	F. P. TK.		PIPE TUNNEL
	LOG & SOUND		
	FORE VOID		

注：DAMP01 表示左舷破损假定工况 1，DAMS01 表示右舷破损假定工况 1，依此类推。

以 DAMP01 为例，在 PIAS 的【Loading】模块中，打开"GUI"或者"Loading condition"，单击"Damages"控件，【New】新建破损工况"DAMP01"，双击"DAMP01"进入浸水舱室定义界面，选择该破损工况对应的浸水舱室，如图 2.5.4 所示。另外，在三视图中，可通过右击来选择浸水舱室。

4. ICLL 破舱稳性衡准

在"Loading"中，双击"Loading project settings and tools"，选择"Definition and selection of stability requirements"并双击进入程序，进行 ICLL 破舱稳性的设定。单击【New】新建"ICLL REG. 27"，作为浸水最终状态的稳性衡准组，如图 2.5.5 所示。双击衡准的名称，进入具体的衡准定义，对于 ICLL 破损，浸水后的平衡状态需要满足 6 项衡准要求，如图 2.5.6 所示。

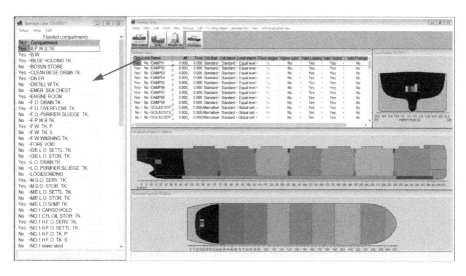

图 2.5.4　PIAS 中破损工况定义

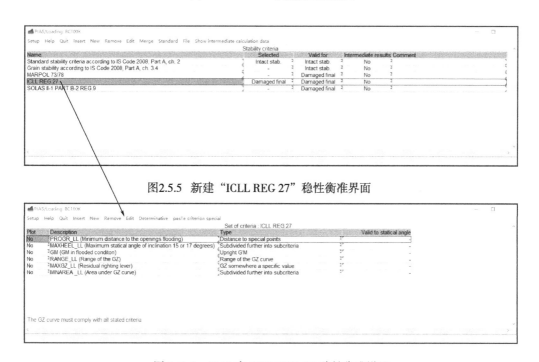

图 2.5.5　新建"ICLL REG 27"稳性衡准界面

图 2.5.6　PIAS 中 ICLL REG.27 稳性衡准设置

衡准要求如下：

（1）距继续进水的开口最小距离要求（PROGR_LL）。考虑下沉、横倾及纵倾状态下，船舶浸水后的最终水线，可能通过其继续向下浸水的任何开口的下缘。这些开口包括空气管、通风开口、风雨密门/窗或风雨密舱口盖。此衡准的参数定义如图 2.5.7 所示。

（2）最大横倾角要求（MAXHEEL_LL）。由于不对称浸水而引起的横倾角不超过 15°。

如甲板没有任何部分被淹没,则可允许横倾角至 17°。此衡准的参数定义如图 2.5.8 所示。

图 2.5.7　距开口最小距离的衡准参数定义

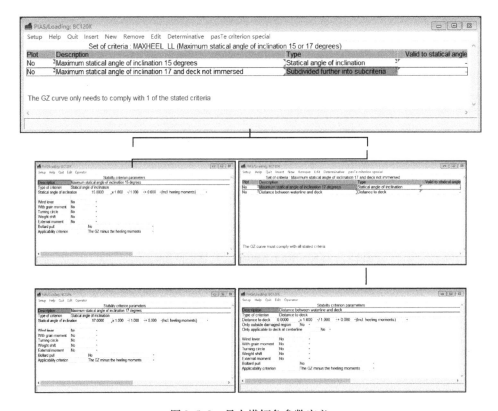

图 2.5.8　最大横倾角参数定义

(3)初稳性高要求。在浸水最终平衡状态下的初稳性高为正值。此衡准的参数定义如图 2.5.9 所示。

(4)残余稳性衡准。在一定破损情况中,当假定浸水舱之外的甲板任何部分被淹没时,或在任何情况下,对浸水状态的临界稳性存疑时,应追加残余稳性校核。如果复原力臂曲线(GZcurve)超过平衡位置的最小稳距有 20°(RANGE),且在此稳距内的最大复原力臂至少为 0.1m,则剩余稳性可认为是足够的,在此稳距内的复原力臂曲线下的面积应不小于 0.0175m·rad。对应的 3 个衡准参数定义如图 2.5.10 ~ 图 2.5.13 所示。

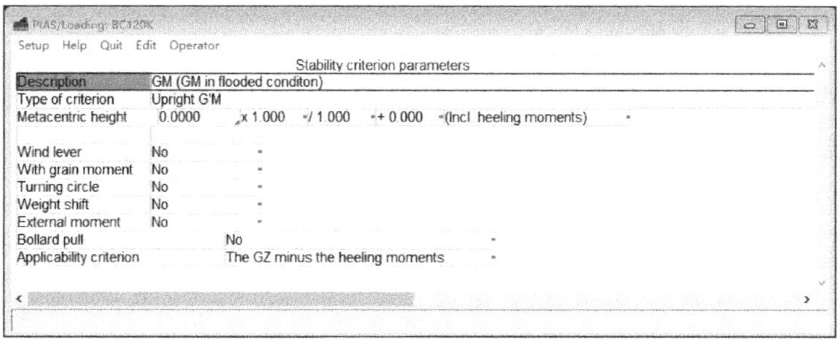

图 2.5.9　初稳性高衡准参数定义

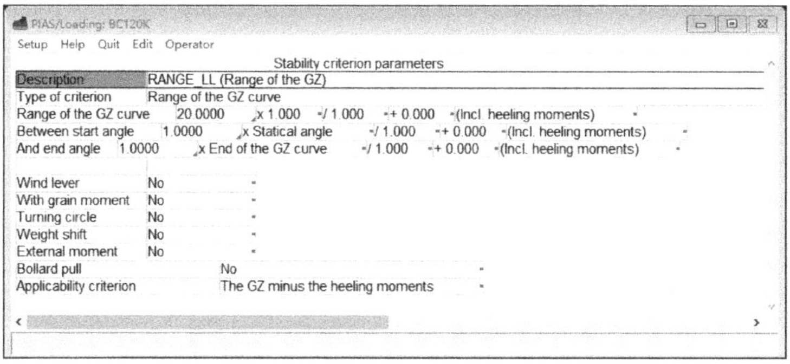

图 2.5.10　复原力臂曲线衡准参数定义

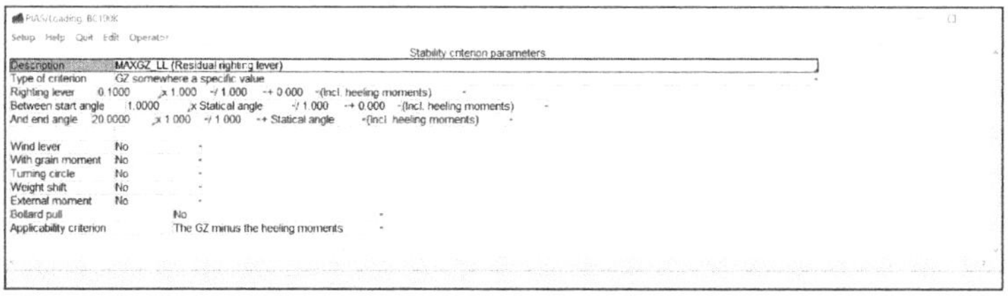

图 2.5.11　最大复原力臂衡准参数定义

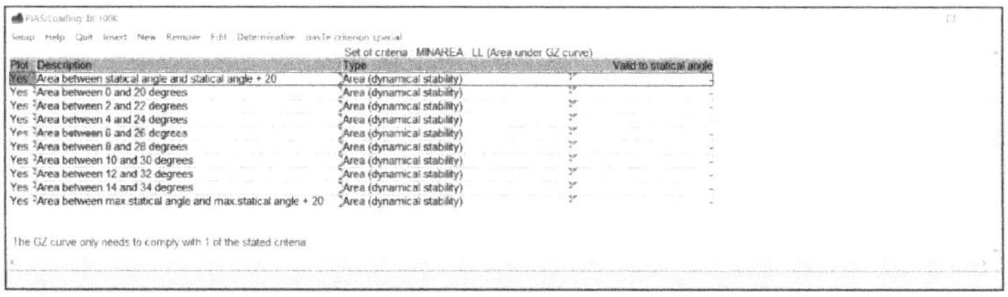

图 2.5.12　复原力臂曲线下面积的衡准组

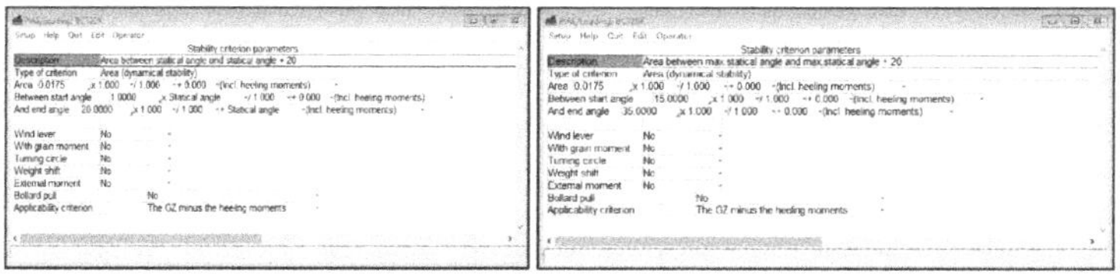

图 2.5.13　不同稳距范围内复原力臂曲线下面积的衡准参数定义

5. 破舱稳性计算结果输出

对于 ICLL 破舱稳性计算,初始装载工况只有 1 个,破损假定 19 个,破舱稳性计算工况为 1×19=19 个。在 PIAS 的【Loading】模块中,打开"GUI",单击"Conditions"控件,选择 ICLL 破损稳性计算的初始工况"ICLL DAM INI01"。单击"Damages",在 ICLL 破损对应的 19 个破损假定前"Slct"一列选为"Yes",其他破损假定选为"No",如图 2.5.14 所示。

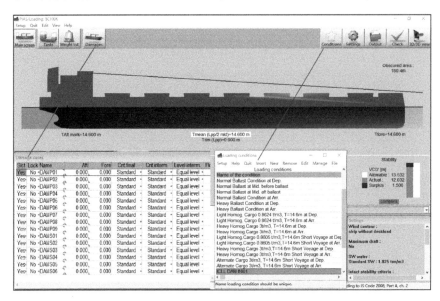

图 2.5.14　ICLL 破损稳性计算的初始装载工况

单击"Output"控件,设计者可根据需求输出选定破损工况的"Damage stability"或者"Damage stability, summary"等结果,如图 2.5.15 所示。

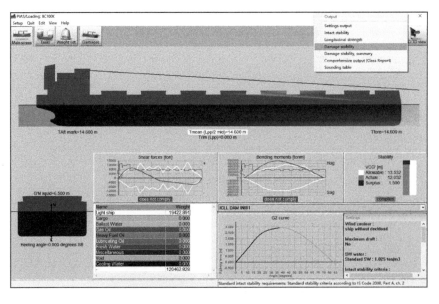

图 2.5.15　破舱稳性计算输出选项

选择"Damage stability",输出内容包括开口信息、浸水舱信息、GZ 数据、稳性衡准汇总、GZ 曲线和破损工况图,如图 2.5.16 所示。

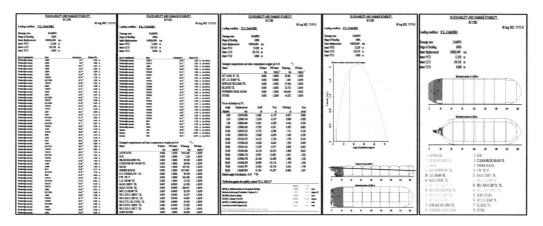

图 2.5.16　破舱稳性计算结果输出

选择"Damage stability,summary",输出破舱稳性计算结果,如图 2.5.17 所示。

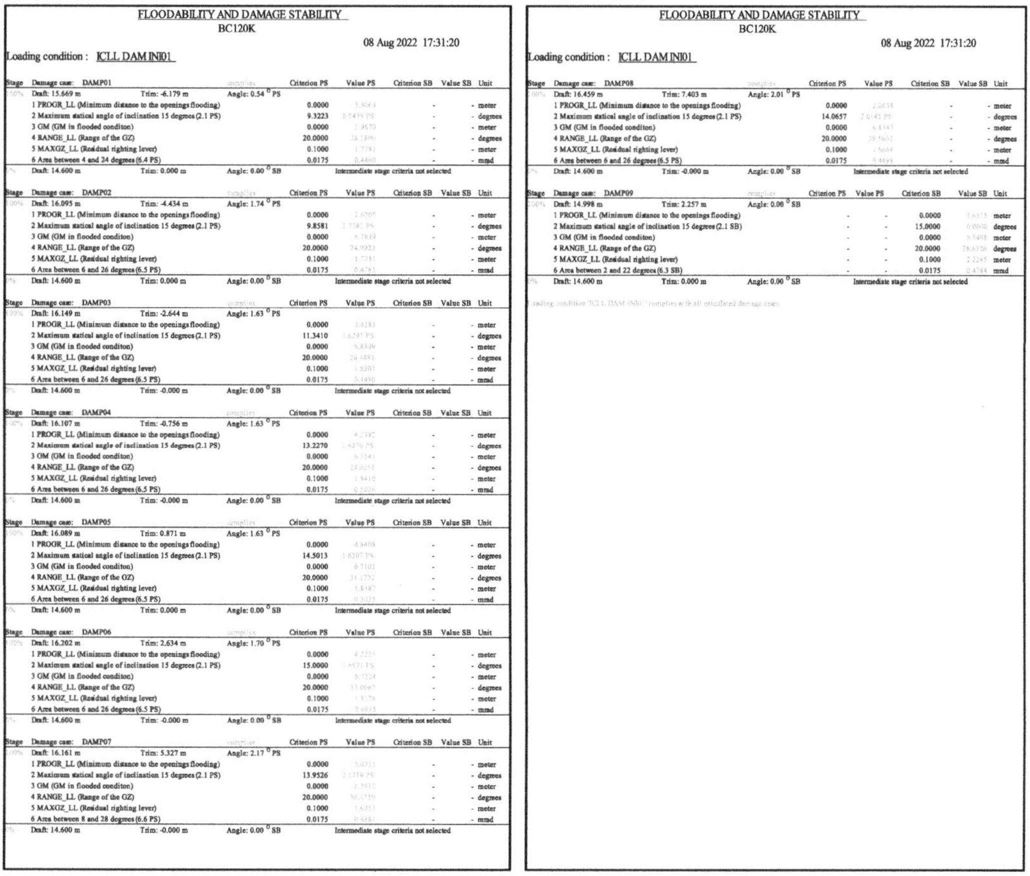

图 2.5.17　破舱稳性计算结果

2.5.3 SOLAS 底部破损计算

本节所述的底部破损计算,根据 SOLAS(2009)第二章分舱与破舱稳性要求实施指南(SOLAS(2009) Chapter Ⅱ-1.)进行。分舱长度 L_s = 251.00m。

1. 渗透率

为了进行 SOLAS 的分舱和破损稳性计算,不同浸水舱室的渗透率如表 2.5.5 所示。

表 2.5.5 SOLAS 破损假定的渗透率

序号	处所	渗透率
1	货舱	0.70/0.80/0.90 ($d_s/d_p/d_1$)
2	机械处所	0.85
3	液舱	0 或 0.95
4	储物处所	0.60
5	空舱	0.95

2. 初始装载工况

A 指数表示船体遭受碰撞损坏后残存的概率。A 指数需要根据破损范围和破损前初始装载工况所定义的各种破损情况,通过计算获得。A 指数按式(2-5-1)加权获得。

$$A = 0.4 A_s + 0.4 A_p + 0.2 A_1 \quad (2-5-1)$$

其中下标 s、p 及 l 分别代表相应于最深分舱吃水 d_s、部分分舱吃水 d_p 及轻载营运吃水 d_1 的装载工况。

在计算分舱指数 A 时,最深分舱吃水和部分分舱吃水为无纵倾状态。轻载营运吃水采用实际营运纵倾。如果在任何工况下,与计算的纵倾相比,纵倾变化大于垂线间长(L_{bp})的 0.5%,则应针对相同的吃水但不同的纵倾提交一个或多个额外的 A 计算,以便在所有工况下,纵倾与用于一次计算的参考纵倾相比的差异小于 L_{bp} 的 0.5%。

根据以上要求,10 万吨级散货船破损前初始装载工况的吃水及纵倾定义如下。

最深分舱吃水:d_s = 14.6m,纵倾 trim = 0m

轻载营运吃水:d_1 = 7.283m,纵倾 trim = -2.811m

部分分舱吃水:d_p = (14.6-7.283)×60% +7.283 = 11.673,纵倾 trim = 0

轻载营运吃水覆盖的纵倾范围为 -4.066 ~ -1.556m。

在艉倾大于 -1.255m(-0.5% L_{bp})的工况下,对 d_s 和 d_p 在艉倾 -2.51m(-1.0% L_{bp})处做额外的计算。d_s 和 d_p 覆盖的纵倾范围 -3.765 ~ 1.255,可满足完整稳性计算中所有典型工况下,纵倾与用于一次计算的参考纵倾相比的差异小于 L_s 的 0.5% 的要求。

用于 SOLAS 底部破损计算的初始装载工况表如表 2.5.6 所示,在 PIAS 中的定义如图 2.5.18 所示。定义的方法与 2.5.3 节中一致,这里不再赘述。

表 2.5.6　SOLAS 破损计算的初始装载工况汇总表

INIT.	DL1	PL1	LL1	DL2	PL2
T_0/m	14.600	11.673	7.283	14.600	11.673
TR_0/m	0.000	0.000	-2.811	-2.51	-2.51
$HEEL_0/(°)$	0	0	0	0	0
DSP_0/t	140030.2	109388.7	64898.2	140504.2	109602.4
GM_0/m	5.000	5.000	14.600	5.000	5.000

图 2.5.18　PIAS 中设定 SOLAS 破损初始装载工况

3. 破损假定

SOLAS 底部破损稳性计算所假定的破损范围如下所示。

(1) 纵向:在 1/3 $L^{2/3}$ 或 14.5m 两者之间,取小者。其中 L 为载重线船长。

(2) 横向:在 $B/6$ 或 10m 两者之间,取小者(对于艏垂线往后 $0.3L$ 范围内,B 为型宽);在 $B/6$ 或 5m 两者之间,取小者(对于船艏 $0.3L$ 范围以外的其他区域)。

(3) 垂向:在 $B/20$ 或 2m 两者之间,取小者。

在 PIAS 的【Loading】模块中,进入"Loading condition"界面,点击菜单栏中"Damstab",选择"Generate damage case",进入破损范围定义界面,输入上述两个三维破损尺寸,对于每个破损尺寸,需要输入以下数据,如图 2.5.19 所示。

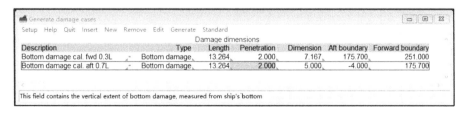

图 2.5.19　三维破损尺寸定义

界面中各参数说明如下:

①描述(Description):此名称用于识别此集合,并分配给在此集合下生成的破损工况。

②破损类型(Type):存在右舷侧破损、左舷侧破损和底部破损三种破损类型。

③长度(Length):指破损长度,即破损的纵向范围。

④穿透(Penetration):对于舷侧破损,指横向损伤程度(从水线处的舷侧向内测量),对于底部破损,指垂向破损范围(自船体底部向上测量)。

⑤尺寸(Dimension):对于舷侧破损,指破损的垂向范围(通常是无限的)。对于底部破损,指破损的横向范围,即破损宽度。

⑥后边界(Aft boundary)和前边界(Forward boundary):指破损尺寸的适用边界。

点击菜单栏中的【Generate】,在弹出窗口指定生成的首选项,设计者可根据需要,选择增加破损假定或替代现有破损假定。同时,不选定"防止轻微破损",破损可小于穿透深度的方式产生,从而可生成更多的破损工况。选定"防止相互的相同破损假定",防止因不同破损规则而产生相同的重复的破损工况,如图 2.5.20 所示。

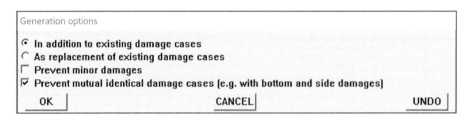

图 2.5.20 【Generate】选项窗口

选择【OK】,自动生成破损工况,最终,由设计者确定所有的破损假定,并删除多余的假定情况。如图 2.5.21 所示,设计者可根据需要修改破损假定的名称、衡准等设置。

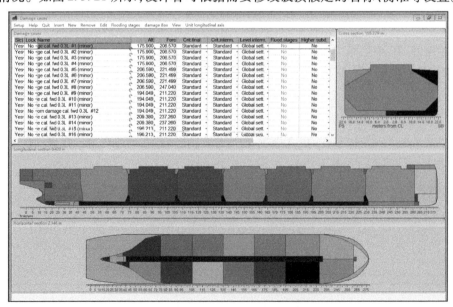

图 2.5.21 按照破损范围自动生成的底部破损假定

当然,设计者也可以按照 2.5.3 节中介绍的方法,依据上述破损假定手动自定义。破损假定如表 2.5.7 所示。

表 2.5.7　SOLAS 底部破损假定

破损工况	浸水舱室	破损工况	浸水舱室
SOLAS101P	F. P. TK.	SOLAS103P	NO. 1 W. B. TK. P
	NO. 1 W. B. TK. P	SOLAS103S	NO. 1 W. B. TK. S
SOLAS102S	F. P. TK	SOLAS103	NO. 1 W. B. TK. P
	NO. 2 W. B. TK. S		NO. 1 W. B. TK. S
SOLAS102P	F. P. TK.	SOLAS104P	NO. 1 W. B. TK. P
	LOG & SOUND		PIPE TUNNEL
	NO. 1 W. B. TK. P	SOLAS104S	NO. 1 W. B. TK. S
SOLAS102S	F. P. TK.		PIPE TUNNEL
	LOG & SOUND	SOLAS104	NO. 1 W. B. TK. P
	NO. 1 W. B. TK. S		NO. 1 W. B. TK. S
SOLAS102	F. P. TK.		PIPE TUNNEL
	LOG & SOUND		
	NO. 1 W. B. TK. P		
	NO. 1 W. B. TK. S		
SOLAS201P	NO. 1 W. B. TK. P	SOLAS301P	NO. 2 W. B. TK. P
	NO. 2 W. B. TK. P		NO. 3 W. B. TK. P
SOLAS201S	NO. 1 W. B. TK. S	SOLAS301S	NO. 2 W. B. TK. S
	NO. 2 W. B. TK. S		NO. 3 W. B. TK. S
SOLAS202P	NO. 1 W. B. TK. P	SOLAS302P	NO. 2 W. B. TK. P
	NO. 2 W. B. TK. P		NO. 3 W. B. TK. P
	PIPE TUNNEL		PIPE TUNNEL
SOLAS202S	NO. 1 W. B. TK. S	SOLAS302S	NO. 2 W. B. TK. S
	NO. 2 W. B. TK. S		NO. 3 W. B. TK. S
	PIPE TUNNEL		PIPE TUNNEL
SOLAS202	NO. 1 W. B. TK. P	SOLAS302	NO. 2 W. B. TK. P
	NO. 1 W. B. TK. S		NO. 2 W. B. TK. S
	NO. 2 W. B. TK. P		NO. 3 W. B. TK. P
	NO. 2 W. B. TK. S		NO. 3 W. B. TK. S
	PIPE TUNNEL		PIPE TUNNEL
SOLAS203P	NO. 2 W. B. TK. P	SOLAS303P	NO. 3 W. B. TK. P
SOLAS203S	NO. 2 W. B. TK. S	SOLAS303S	NO. 3 W. B. TK. S
SOLAS204P	NO. 2 W. B. TK. P	SOLAS304P	NO. 3 W. B. TK. P
	PIPE TUNNEL		PIPE TUNNEL
SOLAS204S	NO. 2 W. B. TK. S	SOLAS304S	NO. 3 W. B. TK. S
	PIPE TUNNEL		PIPE TUNNEL

续表

破损工况	浸水舱室	破损工况	浸水舱室
SOLAS204	NO.2 W.B. TK. P	SOLAS304	NO.3 W.B. TK. P
	NO.2 W.B. TK. S		NO.3 W.B. TK. S
	PIPE TUNNEL		PIPE TUNNEL
SOLAS401P	NO.3 W.B. TK. P	SOLAS501P	NO.4 W.B. TK. P
	NO.4 W.B. TK. P		NO.5 W.B. TK. P
SOLAS401S	NO.3 W.B. TK. S	SOLAS501S	NO.4 W.B. TK. S
	NO.4 W.B. TK. S		NO.5 W.B. TK. S
SOLAS402P	NO.3 W.B. TK. P	SOLAS502P	NO.4 W.B. TK. P
	NO.4 W.B. TK. P		NO.5 W.B. TK. P
	PIPE TUNNEL		PIPE TUNNEL
SOLAS402S	NO.3 W.B. TK. S	SOLAS502S	NO.4 W.B. TK. S
	NO.4 W.B. TK. S		NO.5 W.B. TK. S
	PIPE TUNNEL		PIPE TUNNEL
SOLAS402	NO.3 W.B. TK. P	SOLAS502	NO.4 W.B. TK. P
	NO.3 W.B. TK. S		NO.4 W.B. TK. S
	NO.4 W.B. TK. P		NO.5 W.B. TK. P
	NO.4 W.B. TK. S		NO.5 W.B. TK. S
	PIPE TUNNEL		PIPE TUNNEL
SOLAS403P	NO.4 W.B. TK. P	SOLAS503P	NO.5 W.B. TK. P
SOLAS403S	NO.4 W.B. TK. S	SOLAS503S	NO.5 W.B. TK. S
SOLAS404P	NO.4 W.B. TK. P	SOLAS504P	NO.5 W.B. TK. P
	PIPE TUNNEL		PIPE TUNNEL
SOLAS404S	NO.4 W.B. TK. S	SOLAS504S	NO.5 W.B. TK. S
	PIPE TUNNEL		PIPE TUNNEL
SOLAS404	NO.4 W.B. TK. P	SOLAS504	NO.5 W.B. TK. P
	NO.4 W.B. TK. S		NO.5 W.B. TK. S
	PIPE TUNNEL		PIPE TUNNEL
SOLAS601P	NO.5 W.B. TK. P	SOLAS701P	NO.6 W.B. TK. P
	NO.6 W.B. TK. P		NO.7 W.B. TK. P
SOLAS601S	NO.5 W.B. TK. S	SOLAS701S	NO.6 W.B. TK. S
	NO.6 W.B. TK. S		NO.7 W.B. TK. S
SOLAS602P	NO.5 W.B. TK. P	SOLAS702P	NO.6 W.B. TK. P
	NO.6 W.B. TK. P		NO.7 W.B. TK. P
	PIPE TUNNEL		PIPE TUNNEL
SOLAS602S	NO.5 W.B. TK. S	SOLAS702S	NO.6 W.B. TK. S
	NO.6 W.B. TK. S		NO.7 W.B. TK. S
	PIPE TUNNEL		PIPE TUNNEL

续表

破损工况	浸水舱室	破损工况	浸水舱室
SOLAS602	NO. 5 W. B. TK. P	SOLAS702	NO. 6 W. B. TK. P
	NO. 5 W. B. TK. S		NO. 6 W. B. TK. S
	NO. 6 W. B. TK. P		NO. 7 W. B. TK. P
	NO. 6 W. B. TK. S		NO. 7 W. B. TK. S
	PIPE TUNNEL		PIPE TUNNEL
SOLAS603P	NO. 6 W. B. TK. P	SOLAS703P	NO. 7 W. B. TK. P
SOLAS603S	NO. 6 W. B. TK. S	SOLAS703S	NO. 7 W. B. TK. S
SOLAS604P	NO. 6 W. B. TK. P	SOLAS704P	NO. 7 W. B. TK. P
	PIPE TUNNEL		PIPE TUNNEL
SOLAS604S	NO. 6 W. B. TK. S	SOLAS704S	NO. 7 W. B. TK. S
	PIPE TUNNEL		PIPE TUNNEL
SOLAS604	NO. 6 W. B. TK. P	SOLAS704	NO. 7 W. B. TK. P
	NO. 6 W. B. TK. S		NO. 7 W. B. TK. S
	PIPE TUNNEL		PIPE TUNNEL
SOLAS801P	STORE	SOLAS802P	STORE
	BILGE HOLDING. TK.		BILGE HOLDING. TK.
	CLEAN BILGE DRAIN TK.		CLEAN BILGE DRAIN TK.
	ENGINE ROOM		ENGINE ROOM
SOLAS801P	ER BOTTOM	SOLAS802P	ER BOTTOM
	STEERING GEAR ROOM		STEERING GEAR ROOM
	L. O. DRAIN. TK.		L. O. DRAIN. TK.
	M/E L. O. SUMP. TK.		M/E L. O. SUMP. TK.
	NO. 7 W. B. TK. P		NO. 7 W. B. TK. P
	ROPE STORE		ROPE STORE
	S/T L. O. SUMP. TK		S/T L. O. SUMP. TK
			PIPE TUNNEL
SOLAS801S	STORE	SOLAS802S	STORE
	CLEAN BILGE DRAIN TK.		CLEAN BILGE DRAIN TK.
	ENGINE ROOM		ENGINE ROOM
	ER BOTTOM		ER BOTTOM
	F. O. DRAIN. TK.		F. O. DRAIN. TK.
	F. O. OVERFLOW TK.		F. O. OVERFLOW TK.
	STEERING GEAR ROOM		STEERING GEAR ROOM
	M. G. O. SERV. TK.		M. G. O. SERV. TK.
	M. G. O. STOR. TK.		M. G. O. STOR. TK.
	M/E L. O. SUMP. TK.		M/E L. O. SUMP. TK.

续表

破损工况	浸水舱室	破损工况	浸水舱室
SOLAS801S	NO. 1 H. F. O. SERV. TK.	SOLAS802S	NO. 1 H. F. O. SERV. TK.
	NO. 1 H. F. O. SETT. TK.		NO. 1 H. F. O. SETT. TK.
	NO. 2 H. F. O. SERV. TK.		NO. 2 H. F. O. SERV. TK.
	NO. 2 H. F. O. SETT. TK.		NO. 2 H. F. O. SETT. TK.
	NO. 7 W. B. TK. S		NO. 7 W. B. TK. S
	ROPE STORE		ROPE STORE
	S/T L. O. SUMP. TK.		S/T L. O. SUMP. TK.
			PIPE TUNNEL
SOLAS802	STORE	SOLAS803	STORE
	BILGE HOLDING. TK.		CLEAN BILGE DRAIN TK.
	CLEAN BILGE DRAIN TK.		ENGINE ROOM
	ENGINE ROOM		ER BOTTOM
	ER BOTTOM		STEERING GEAR ROOM
	F. O. DRAIN. TK.		M/E L. O. SUMP. TK.
	F. O. OVERFLOW TK.		ROPE STORE
	STEERING GEAR ROOM		S/T COOL. W. TK.
	L. O. DRAIN. TK.		S/T L. O. SUMP. TK.
	M/E L. O. SUMP. TK.		
	NO. 7 W. B. TK. P		
	NO. 7 W. B. TK. S		
	ROPE STORE		
	S/T L. O. SUMP. TK.		
	PIPE TUNNEL		

4. SOLAS 破舱稳性衡准

在【Loading】中,双击"Loading project settings and tools",选择"Definition and selection of stability requirements"并双击进入程序,进行 SOLAS 破舱稳性设定。选择【New】,新建"SOLAS Ⅱ-1 PART B-2 REG. 9",作为浸水最终状态的稳性衡准组,如图 2.5.22 所示。双击衡准的名称,进入衡准的定义界面。对于 SOLAS 破损,浸水后的平衡状态需要满足四项衡准要求,如图 2.5.23 所示。以下将对这些内容和 PIAS 中的设定方法进行逐一解释。

四项衡准要求:

(1)距继续进水的开口最小距离要求(PROGR_SOL)。考虑下沉、横倾及纵倾,船舶浸水后的最终水线,应位于可能通过其继续浸水的任何开口下缘的下方。这些开口包括空气管、通风开口、风雨密门/窗或风雨密舱口盖。此衡准的参数定义如图 2.5.24 所示。

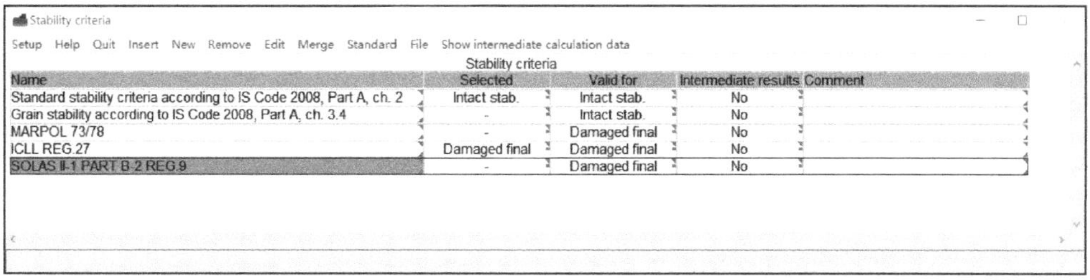

图 2.5.22 新建"SOLAS Ⅱ－1 PART B－2 REG.9"稳性衡准界面

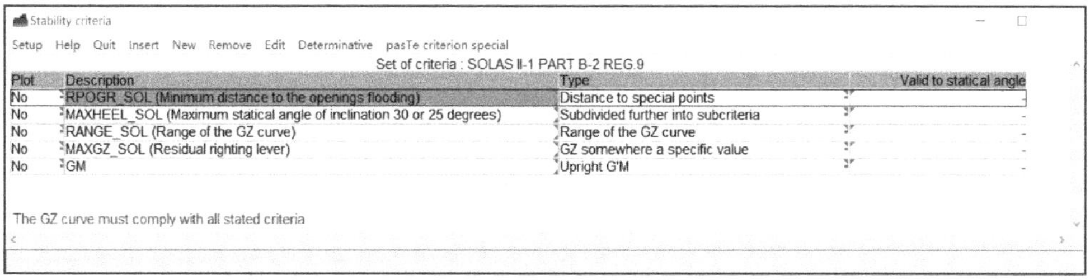

图 2.5.23 PIAS 中 SOLAS Ⅱ－1 PART B－2 REG.9 稳性衡准设置

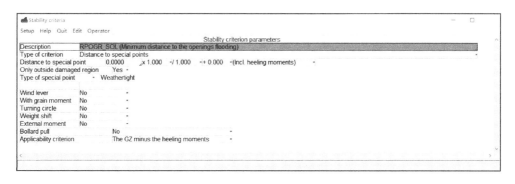

图 2.5.24 距开口最小距离的衡准参数定义

(2)最大横倾角要求(MAXHEEL_SOL)。由于不对称浸水而引起的横倾角不超过 25°。如甲板没有任何部分被淹没,则可允许横倾角至 30°。此衡准的参数定义如图 2.5.25 所示。

(3)残余稳性衡准包括复原力臂曲线(RANGE_SOL)和最大复原力臂(MAXGZ_SOL)两项衡准要求。复原力臂曲线(GZ curve)超过平衡位置的最小稳距不小于 16°,且在此稳距内的最大复原力臂至少为 0.12m。对应的 2 个衡准参数定义如图 2.5.26 和图 2.5.27 所示。

5. 破舱稳性计算结果输出

对于 SOLAS 破舱稳性计算,如前文所述,初始装载工况 5 个,破损假定 77 个,破舱稳性计算工况为 5 × 77 = 385 个。PIAS 的计算结果输出的方法与 2.5.3 节一样,此处不再赘述。

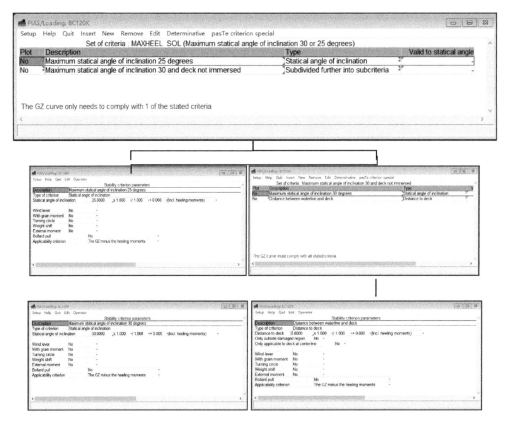

图 2.5.25　最大横倾角参数定义

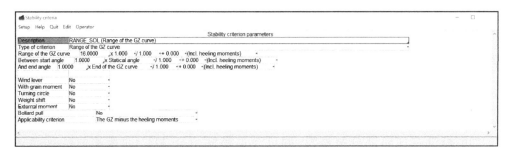

图 2.5.26　复原力臂曲线衡准参数定义

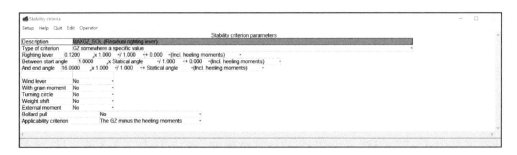

图 2.5.27　最大复原力臂衡准参数定义

2.6 总体相关的其他计算

除了以上主要计算内容外,散货船还需进行阻力估算、螺旋桨性能估算、倾斜试验计算和下水计算等。

2.6.1 阻力估算和螺旋桨性能估算

船舶阻力估算和螺旋桨性能估算都属于船舶快速性范畴,使用 PIAS 相关的两个模块的输入和输出格式比较简单。本章节主要讨论其计算结果的可靠性和如何参考使用。

造船界普遍认为最可靠的船舶快速性预报方法是进行船模试验。考虑到时效性和经济性,很多时候需要在型线设计初期就进行相关估算来论证船舶快速性优劣,在合同签署前的船型推介阶段也需要提供量化的快速性指标。现阶段船舶快速性估算一般有两种方法:经验公式法和 CFD 法。

1. 经验公式法

20 世纪,随着技术日趋成熟,出现了很多船舶快速性估算的经验公式,这些公式包括两种:一种是通过母型船的尺度换算方式来估算设计船的快速性。这种公式简繁各异,最知名的是海军部系数法,即近似认为相似船型的海军部系数($C = \Delta^{2/3} \cdot v^3/P_E$)是常量,进而从母型船数据推导估计设计船数据。另一种是通过研究某一类型系列船型的主尺度和船型系数对于快速性的影响,回归成公式,再用以估算该类型船舶的快速性。PIAS 阻力估算模块(Resistance)和螺旋桨模块(Propeller)就是采用这种方式来估算航速-功率(转速)曲线和螺旋桨相关数据。这种方法有一定参考意义,但如果只是生搬硬套地使用这些经验公式,一般不会获得贴近实际的结果数据。原因有两方面:一个是这些公式形成时间过早,其数据来源船型的线型都已经严重过时;另一个是公式本身的精细程度和采用的回归方法也跟不上当前的技术发展。所以,直接采用 PIAS 各项阻力估算公式,其量化数据结果有一定偏差,比如对于案例船型,采用其中 Holtrop and Mennen 方法,得到的同一航速下功率值和同期实船船模试验结果之间相差超过 15%。

当然,使用 PIAS 的 Resistance 模块时,在选择适用公式后,其所得到航速-功率(转速)曲线的趋势具有参考意义。比如,采用一个近期的相似的实船作为母型船,采用母型船设计来查验 PIAS 计算的快速性数据和实船数据(也可以是船模试验数据)的差异比例,之后参考这一差异比例,对于设计船的 PIAS 估算的快速性结果进行修正。在此过程中,需要设计者对估算公式有一定理解,对母型船和设计船的型线差别所带来的影响进行具体分析,对结果做进一步微调修正。

PIAS 的 Propeller 模块采用的也是传统的图谱设计法,其中包括 B 型桨系列图谱和 AU 型桨系列图谱。随着技术发展,螺旋桨的桨型更加灵活多样,围绕着螺旋桨进行的节能技术也不断推陈出新,按图谱设计螺旋桨的方法,只在选取的螺旋桨直径时使用。在方案前期设计中,船舶设计者更主要的是参考母型船螺旋桨,或由螺旋桨厂商提供数据。

2. CFD 法

随着近 20 年计算流体力学(Computational Fluid Dynamics,CFD)仿真技术的日益成熟,目前依据势流理论的 CFD 分析技术,比如船体阻力计算,其结果已经非常准确。依据湍流理论的 CFD 分析,如螺旋桨流场的计算分析,在实船应用方面还需要更多的人为经验进行修正,但其技术也在快速发展。显而易见,CFD 技术会逐渐取代凭借经验的传统分析方法,成为未来船舶快速性研究的主流方向,这已成为造船界业内共识。

2.6.2 倾斜试验和船舶下水计算

倾斜试验是现场验证试验,下水计算也带有现场操作的工艺文件性质。这两项工作的报告很重要,在编写过程中对一些信息概念和计算过程,必须能够清晰灵活地把握。格式上需要保留一定的灵活性,对现场情况进行安排、说明和记录。

Incltest 模块是用于船舶倾斜试验的记录、结果计算及编制倾斜试验报告的模块。Launch 模块是用于船舶下水计算及编制下水计算报告的模块。

2.6.3 主要设备选型

在船舶合同及其技术说明书中,总体专业负责提供相关性能指标和技术数据。

1. 航速指标的实现和主机选型

在船舶合同中必定要确认一个服务航速指标。一般设计方提供建议方案,但通常船东会根据营运情况和经验决定一个服务航速指标。设计方会根据母型船数据,依据经验估计对应的主机发出功率(本章节中用 P 表示),进而推导出所需的主机常用输出功率 CSR 和主机最大持续功率 SMCR。而主机额定最大功率为 MCR(也可写为 NMCR),通常它们之间的关系式为

$$P = \text{CSR}/1.15$$

CSR 中包括 15% P 的功率作为海上裕度 Sea Margin,用于克服恶劣海况等。

$$\text{CSR} = 85\% \text{SMCR}$$

CSR 和 SMCR 之间的百分比关系也有采用 80% 或 90% 的,取决于实际需要和船东要求。

$$\text{SMCR} \leqslant \text{NMCR}$$

为降低油耗指标,常在 NMCR 之下选择并锁定某功率为 SMCR。

根据 SMCR 的需求,按照《计算机辅助船舶设计与制造》10.2.1 节,查找适合的主机型号,然后进行主机选型工作。主机选型过程中需要注意以下几点:

(1)大中型船舶适合配置低速主机,中小型船舶一般配置中速主机,超小型快速型船

舱配备高速主机。

（2）比较各个适配主机的指标通常是油耗数据，尤其是主机常用工况的油耗高低。

（3）需要考察机舱底部空间是否能满足主机布置的要求，尤其是主机尾部区域机舱底部通道，以及主机检查通道所需空间，是否和船体结构相互冲突。

（4）主机上方空间需要满足主机吊缸操作，主机下方高度需要满足主机油底壳和主机滑油循环舱的布置要求。

（5）为了降低油耗，常选用额定功率较高的主机，但在实船调试时设置并锁定较低功率输出最大值作为 SMCR，这种方法叫作"主机的降功率使用"。这种方式如果使用恰当，能够降低主机油耗，在整个运营周期内所节约的燃料成本会远远大于主机采购时增加的成本，以获得更好的经济性。

（6）主机选型需要征求船东意见，选型确定结果需要得到船东同意。

2. 船舶油耗计算及主要机电设备选型

本节所说的主要机电设备包括主机、发电机和锅炉，船舶燃料燃烧所获得的热能主要通过这些设备转化为推进动能、电能和蒸汽热能，提供给全船各种设备和各个系统。所以船舶很多重要数据和这些设备的油耗有关，包括总体专业的续航力指标和燃料舱总舱容需求等。

主机和锅炉的油耗一般由轮机专业提供。主机的油耗计算工况一般选择 CSR 工况下的油耗数据。而计算锅炉油耗时需要考虑锅炉的能源是否直接来自燃料燃烧，比如航行中锅炉的能源常来自主机和发电机产生的废气热能，不直接消耗燃料，那么在计算船舶续航力时，就不要考虑锅炉油耗。而在船舶进港停靠时，锅炉需要直接消耗燃料供热，就需要在确定燃料舱总舱容时给予考虑。

发电机的油耗一般由电气专业提供。电气专业在估算船舶电力负荷需求时会考虑到多种常用工况，如航行工况、进出港工况、装卸货工况、作业工况等，还要考虑一些船型的特殊需求，如运载冷藏集装箱会消耗大量电力。所以每艘船一般会采用 3~4 台发电机，通常会选择一个型号，但有时也会采用两个型号的发电机，通过方案组合，尽可能适配那些最常用的工况，以达到节约电能的目的，比如一般的航行状态仅需要启动某一台发电机。总体专业可以参考电气专业编辑的《船舶电力负荷计算书》内容，估算本专业相关指标数据。

对于船型运营情况，如往返航程、加油周期、装卸货时间等方面的考虑，需要依据船东需求或参考母型船数据。

另外，其他类型的油、水消耗情况与主要燃料不同，需要分别考虑，如柴油一般不作为持续的长途燃料，而滑油消耗量小，基本可以忽略；又如淡水总量需要考虑锅炉等设备的耗量、人员生活标准和造水机能力大小等。这些舱的舱容，对于每一级别船舶都会有常规舱容范围，但设计时最需要遵循的意见是船东需求。

思考题

1. 在总布置图的侧视图中，标注出主尺度定义中的总长、垂线间长和水线长。
2. 根据型值表完成船体剖面定义，PIAS 软件中如何实现？
3. 简述 PIAS 中定义双重剖面的意义。
4. 简述纵倾的概念。
5. 如何使用静水力表？
6. 完整稳性工况依据哪些规范，如何设定？
7. 完整稳性计算中，满载工况下，计算货舱的载货密度或装载率。
8. 简述破舱稳性的校核内容。
9. 简述总体设计的主要目标。
10. 各类船型的肥瘦不同，超大型油轮的 C_b 超过 0.8，大型集装箱船的 C_b 为 0.65～0.69，如何定义散货船的 C_b？试述差别的原因。
11. 简述船舶设置压载水舱的意义。
12. 简述初稳性高 GM 值过大的利弊。

第三章 结构设计

本章将依据主教材第六章"计算机辅助船舶结构设计"章节的内容,基于统一案例船型,进行船舶舯剖面规范设计、结构三维建模、梁系及有限元分析等,并结合 Mars2000、NAPA Designer、3D-Beam、Patran 等软件的使用,介绍散货船结构设计的方法。

3.1 结构规范计算

本节利用 Mars2000 创建、校核 10 万吨级散货船的舯横剖面,介绍 Mars2000 的使用方法。10 万吨级散货船的主尺度和主要设计参数如表 3.1.1 所示。

表 3.1.1 10 万吨级散货船主尺度和主要设计参数

参数名称	参数值	参数名称	参数值
总长	251.00m	最大航速	15.00 kn
结构船长	247.30m	方形系数	0.85
船宽	43.00m	中拱弯矩	2950000 kN·m
型深	20.50m	中垂弯矩	-2680000 kN·m
吃水	14.60m	设计规范	CSR, Bulk Carrier

该船有 7 个货舱,正中间的第 4 货舱兼作重压载舱,具有特殊的强度要求。为方便介绍,本节创建、校核第 5 货舱典型横剖面。该船的总图见附录一,舯横剖面图见附录八。

3.1.1 输入 Mars2000 的 Basic Ship Data

打开 Mars2000,点击菜单 File→New database,新建一个项目,保存在合适的位置,取名为"BC120K",这样就新建了一个 Mars2000 的 DB。

Mars2000 主页面有三个模块,分别是"Basic Data""Edit"和"Rule"。"Basic Data"模块输入项目基本信息,如主尺度、材料、肋距等;"Edit"是创建剖面的模块;"Rule"是查看计算结果的模块。

单击左下方的"Basic Data",出现"Basic Ship Data 2000"对话框,选择"Notations & Main Data"选项卡,出现如图 3.1.1 所示的对话框。

将"Service"类型改为"Bulk carrier CSR","Bulk notation"选择默认的"BC-A",抓斗加强"Grab(X)"也选默认的"X = 30 t"。将"Scantling length""Breadth moulded""Block

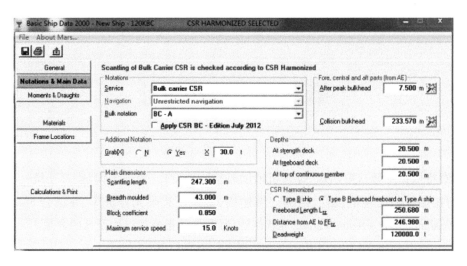

图 3.1.1　Mars2000"Basic Ship Data"的"Notations & Main Data"选项卡

coefficient""Maximum service speed"按图 3.1.1 所示数值填入对话框。从总图上分别量取尾尖舱舱壁和首尖舱舱壁至 AE 的距离,AE 是结构船长的尾端位置,一般在#0 肋位附近。HCSR 将此处定义为规范船长,即结构吃水处,自首柱最前端至舵杆中心线(通常位于#0 肋位)的距离,该距离不小于结构吃水处最大水线长的 96% 且不大于 97%,一般情况下 AE 与#0 肋位不重合。将其填入右上方"After peak bulkhead"和"Collision bulkhead"里。散货船强力甲板和干舷甲板相同,且舱口围板通常不连续,因此此三处的"Depths"都一样,输入"20.5m"。该船为 B-60 型干舷散货船,右下方的船型选"Type B Reduced freeboard or Type A ship"。下面的"Freeboard length L_{LL}"是干舷船长,输入"250.68m"。"Distance from AE to FE_{LL}"为 AE 至干舷船长首端的距离,输入"246.98m"。"Deadweight"为载重量,输入"120000 t"。结构船长、干舷船长和载重线船长分别应用于结构计算、稳性计算和干舷计算等不同场合,其定义具体参见规范和载重线公约。

返回"General"选项卡,如图 3.1.2 所示,将"Design Fatigue life"改为"25 years"。一般入级 CSR 的散货船的设计寿命都是 25 年,保持其他项不变。"Standard for bulb plate"中"DIN"为德国标准,"AFNOR"为法国标准,由于目前普遍采用的 HP 球扁钢(欧标)是基于德国标准,因此默认选用 DIN。

进入"Moments & Draughts"选项卡,先填写"Scantling"工况,在"Hogging condition"和"Sagging condition"中分别填入中拱弯矩"2950000kN・m"和中垂弯矩"2680000kN・m",在"Scantling draught"中填入"14.6m"。"GM transverse metacentre"和"Roll radius of giration"建议不用填,采用规范默认计算值。然后选择"Ballast"工况,如图 3.1.3 所示。"Minimum ballast draught"为压载工况船舯最小吃水。"Minimum empty draught at FP"和"Minimum full draught at FP"为压载工况船舯最小吃水,用于船舯平底抨击计算。区别在于该处压载舱是空舱还是满载,吃水会有不同,抨击压力计算也有所不同。在此三项分别输入相应吃水的值,例如船舯最小压载吃水为 5.5m,满舱压载最小首吃水为 5m,空舱压载最小

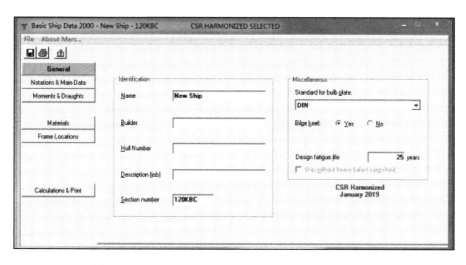

图 3.1.2　Mars2000"Basic Ship Data"的"General"选项卡

首吃水为 4.5m。再到重压载"Heavy Ballast"工况,在"Heavy Ballast draught"中填入"7.0m"。在设计初期,压载吃水和弯矩没有准确的数值,一般参考母型船或凭经验估计。

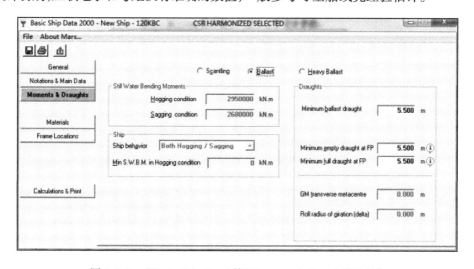

图 3.1.3　"Basic Ship Data"的"Moments & Draught"选项卡

进入"Materials"选项卡,如图 3.1.4 所示。该船主甲板、船底板、舷侧外板都是用 H36 高强钢,所以将"Bottom zone""Neutral axis"和"Deck zone"的"Material Type""Yield Stress""Young Modulus"统一设置为"Steel""355.0"和"206000.0"。

进入"Frame Locations"选项卡,如图 3.1.5 所示。在总图上量取 AE 到肋位 0 的距离(AE 在肋位 0 之后(船尾)为"＋",在肋位 0 之前(船首)为"－"值,本船是－3.7),将其填入"Distance with sign from AE to Frame Nb. 0"中。在"First frame number. Must be less or equal 0"中填入"－10",因为一般船的尾封板都在#0 至#－10 肋位之间。在下方的"From frame Nb:"填入"261",在"To frame Nb:"填入"280",在"Frame spacing:"填入"0.8m",再点击"Validate"使之生效。用同样的方法依次建立其他的肋位间距。

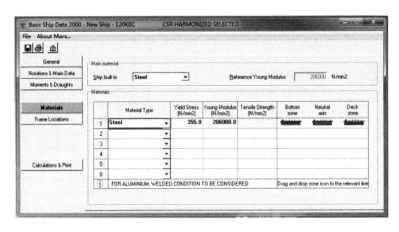

图 3.1.4　Mars2000"Basic Ship Data"的"Material"选项卡

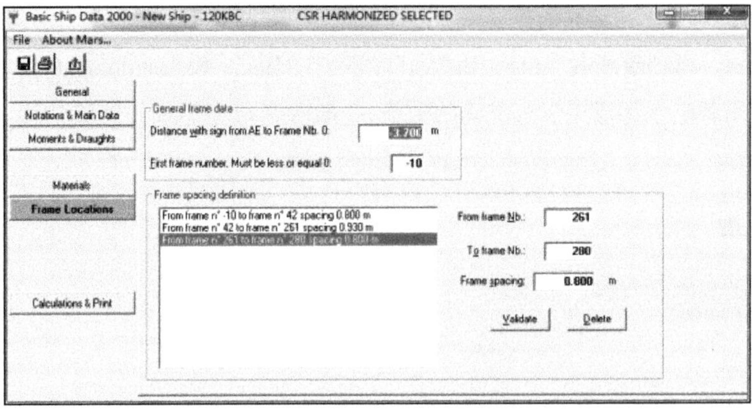

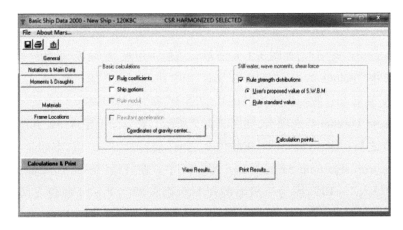

图 3.1.5　Mars2000"Basic Ship Data"的"Frame Locations"选项卡

"Calculation & Print"选项卡中,可以根据规范计算该船的运动参数(例如横摇纵摇等的加速度、周期和角度)和船舶某一点的加速度,并且可以读出下列参数的规范值,包括静水弯矩、静水剪力、波浪弯矩、波浪剪力以及水平波浪弯矩值及其沿船长的分布,如图 3.1.6 所示。

图 3.1.6　Mars2000"Basic Ship Data"的"Calculations & Print"选项卡

以上为船舶基本信息的主要输入内容,点击" "保存,然后点击" "返回主页面。

3.1.2 创建 Mars2000 横剖面

在主页面点击菜单:Create→Section,打开"Main Section Data"对话框,出现"Main"选项卡,如图 3.1.7 所示,填入该剖面的相应数据。其中的"Extension heights"指高强钢范围,如果船底板和主甲板使用不同强度的材料,则在高度范围会有要求,本船由于都是使用 H36 高强钢,因此都填"0.0m"。船舶一般都是左右对称的,所以只需创建半个剖面,最下面选择"Input of Half section"。如果存在中纵舱壁,输入实际板厚即可,无需减半。

在"SW"选项卡里,如图 3.1.8 所示,勾选默认值,因为计算的是舯横剖面,所以静水弯矩与之前在"Basic Ship Data"中输入的是一样的。如果计算其他剖面,则填入相应的值。下面的静水剪力也要填入相应的值,否则程序将以一个默认值进行计算,计算结果与实际情况不符。

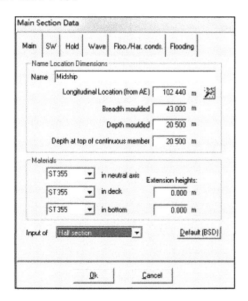

图 3.1.7 "Main Section Data"的"Main"选项卡　　图 3.1.8 "Main Section Data"的"SW"选项卡

在"Hold"选项卡里,如图 3.1.9 所示,下面的三个容积都要从总体专业获得,一般只要确定了货舱和槽型舱壁的形状,即可得到这三个数据,注意要填入的是第 5 货舱的数据。最下面选择"Adjacent aftward to ballast hold"。"Does the hold have a cylindrical shape"选项卡中,选择"Yes",意味着该舱沿纵向形状规则无变化,若有变化,选择"No",输入相应的散装货物高度值,"in alternate"指的是隔舱装载,具体定义参见 HCSR 规范。

在"Wave"选项卡里,选默认值,波浪载荷都是按规范计算的。"Floo./Har. conds."项,该值由设计者提供,或者参照规范要求。本节示范 Mars2000 的使用方法,仅校核航行工况,破舱工况和港口工况不校核,因此没有填入数据。最后的"Flooding"项是破舱后的最深平衡水线,在项目前期总体专业还未算出破舱水线高度,一般设在主甲板即可。

创建横剖面的工具条如图 3.1.10 所示,依次是"Panel""Node""Strakes""Longitudinal Stiffeners""Transverse Stiffeners""Special Span Zones""Compartments – Loading case""Deck Loads"和"Fatigue"。最下面的"＋"和"－",表示新建构件和删除构件。

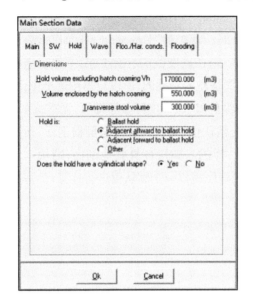

图 3.1.9　"Main Section Data"的"Hold"选项卡　　图 3.1.10　Mars2000 横剖面工具条

下面按建模流程依次介绍 Mars2000 横剖面工具条的用法。

1. Panel 工具

选中 Panel 图标,点击"＋",新建一个 Panel,右方出现新建 Panel 的属性,如图 3.1.11 所示。在"Name"里面填入"Shell",在"Bending efficiency"填入"100％",因为外板是全部计入总纵强度的。在"Primary transverse structure's Spacing"填入"2.79m",即强框的间距是 2.79m。外板在船底处和甲板处的强框间距是不一样的,船底处是 2.79m,甲板处是 4.65m,此处填入船底处的值,后面还要对甲板处的强框间距做特殊处理。

2. Node 工具

建模遵循从下向上、从左往右原则,可参见每个 Panel 上的红色箭头符号,这样可以避免错误。

选中"Nodes",自动在(0,0)处创建点。点击"＋",在新建 Node 属性面板中填入 Node 的坐标"Y = 19.5, Z = 0.0","Curve type"选最左边的类型,即直线,"Position code"选"Bottom",表示创建的是船底板,如图 3.1.12 所示。

点击"＋",新建一个 Node,坐标改为"Y = 21.5, Z = 2.0","Curve type"选择第二个,即圆弧,"Position code"选"Bilge",表示创建的是舭部外板,如图 3.1.13 所示。点击"＋",新建一个 Node,坐标改为"Y = 19.5, Z = 20.63","Curve type"选择直线,"Position code"选"Side shell",表示创建的是舷侧外板。至此,外壳创建完毕。

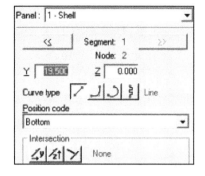

图 3.1.11　Mars2000 创建 Panel 对话框　　图 3.1.12　Mars2000 创建 Node 对话框

下面创建主甲板。选中"Panels",点击"+",新建 Panel,"Name"改为"UpperDeck", "Bending efficiency"默认"100%","Primary transverse structure's spacing"填入"4.65m"。选中"Nodes",点击"+",新建 Node,坐标输入"Y=9.5,Z=21.176"。再点击"+",新建 Node,在 Node 的属性面板下方的"Intersection",如图 3.1.14 所示,选中"z entered",点击外板最上端 Node 偏下的位置,坐标"Y"值变成灰色,不可更改,将"Z"值改为"20.5",将 "Position code"改为"Upper strength deck（weather）"。

用同样的方法创建内底板和底边舱斜板。选中"Panels",点击"+",新建 Panel, "Name"改为"InnerBottom","Bending efficiency"默认"100%","Primary transverse structure's spacing"填入"2.79m"。选中"Nodes",点击"+",新建一个 Node,坐标输入 "Y=0,Z=2.35"。点击"+",新建一个 Node,输入坐标"Y=15.51,Z=2.35","Position code"选"Inner bottom"。再点击"+",新建一个"Node",用与创建主甲板同样的方法,在 "Intersection"选中"z entered",点击舷侧外板靠下位置,在 Z 坐标输入"8.34","Position code"选择"Tank and watertight bulkhead"。

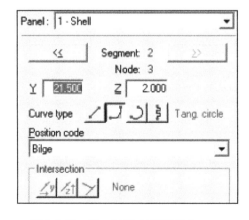 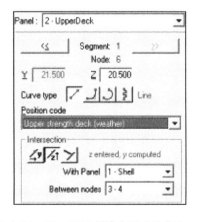

图 3.1.13　Mars2000 创建圆弧 Segment　　图 3.1.14　Mars2000 创建水平或垂直 Segment

下面创建船底纵桁。纵桁的"Bending efficiency"也都是"100%","Primary transverse structure's spacing"是"2.79m"。创建中纵桁的 Node 时,要注意先选择"Intersection",再选

择外板的起点或内底板的起点。创建其他纵桁时,"Intersection"选择"y entered",再点选船底板或内底板,修改相应的 Y 坐标。船底纵桁的"Position code"都是"Double bottom girder",Y 坐标分别是 0、2.46、5.36、8.26、11.885 和 15.51。

用同样的方法创建舱口围和顶边舱斜板。散货船的舱口围板不连续,且小于15%船长,因此不计入总纵强度计算,它的"Bending efficiency"是 0,"Primary transverse structure's spacing"是"2.73m"。最高两点的坐标分别是"Y=9.5, Z=23.0"和"Y=10, Z=23.0","Position code"选择"Hatch coaming"。顶边舱斜板的"Bending efficiency"是"100%","Primary transverse structure's spacing"是"4.65m"。靠近主甲板的点的坐标是"Y=9.5, Z=20.5",外板上的点的坐标是"Y=21.5, Z=13.572","Position code"选择"Tank and watertight bulkhead"。

可以通过 Check→Position Codes 检查 Panel 的 Position Codes,如图 3.1.15 所示。

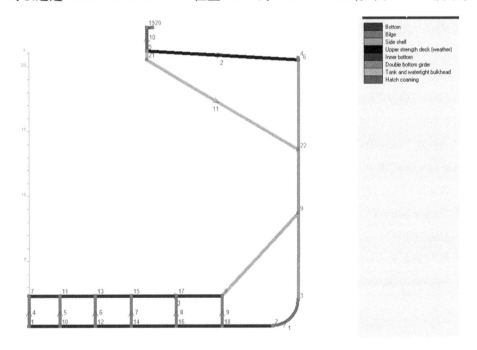

图 3.1.15　Mars2000 检查 Panel 的 Position Codes

另外,可以用"Bilge Wizard"直接创建外底和舷侧,可以用"Insert Node Before Selected"在已有 panel 上插入点,然后将其他 panel 上的点合并过来。比如先选中被合并的点,再单击"Intersection"中"Node"图标,最后单击目标点,即可完成操作。最终的整个剖面不允许存在重合的点。

3. Strakes 工具

选中"Strakes",给 Panel 赋板厚。选中外板"Shell",右面出现外板的属性面板,如图 3.1.16所示。

"Distance along"有三个选项,即"Along the curve""Y offset"和"Z offset",分别代表沿

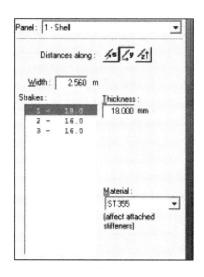

图 3.1.16　Mars2000 Strakes 的属性面板

曲线弧长、Y 轴和 Z 轴定义板缝。先在"Thickness"输入"18",这是外板的默认板厚,按" + ",生成下一个板缝,将"Distance along"改为"Y offset",在"Width"填入"2.56m",注意 2.56m 是板的宽度,不是板缝的 Y 的坐标值,"Along the curve"和"Z offset"同样都是板宽。"Material"选"ST355"。选中"Strake-2",按" + ",生成一段新的板缝,"Distance along"同样是"Y offset","Width"改为"13.05m","Thickness"改为"16mm","Material"仍然是"ST355"。用同样的方法,可以将其他外板板厚创建出来,后面的"Distance along"要用"Z offset"。

用同样的方法创建其他构件的板厚。在创建底部纵桁的板厚时,需要在底部纵桁上开孔,可以在属性面板下方的"Hole location"填上开孔到板起点的距离,此处是"0.58m";"Hole Breadth"填上开孔的大小,此处是"0.6m"。创建好板厚之后,在 Check→Thickness 里检查,如图 3.1.17 所示。

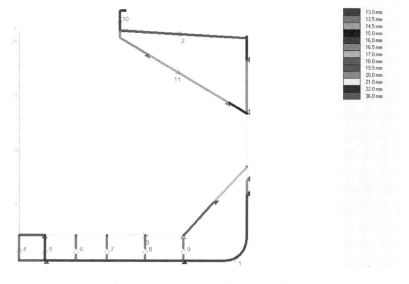

图 3.1.17　Mars2000 检查板的厚度

4. Longitudinal Stiffeners 工具

选中"Longitudinal Stiffeners"创建纵骨。选中外板"Shell",点击"+",出现纵骨属性面板,如图3.1.18所示。"Start"是创建的纵骨距离上一个Node或筋的距离。"Spacing"是后续纵骨之间的距离。"Along"是测量距离的方式,与创建板厚时一样,有"Along the curve""Y offset""Z offset"三种。下面的单选按钮,是选择以距离上一个Node方式,还是距离上一根纵骨方式。"Number"是创建纵骨的数量。"Direction"有垂直于板、水平、垂直三种方式。"Side"有在板的正面和反面之分。"Flange direction"是球扁钢或角钢球头朝向,有朝前和朝后之分。下面的Scantling有"Flat""Bulb""Angle""T bar"和"Null"几种类型,分别代表扁钢、球扁钢、角钢、T型材和空类型。"Null"代表不计入总纵强度,不在Mars中校核,比如两端削斜的纵骨。其他都是常见的型材类型。用"+"可以增加一组新的纵骨尺寸。

在"Special"选项卡里,如图3.1.19所示,"Material"是纵骨的材料;"Total flat width at ends"是与强框上纵骨相接的扁钢的尺寸,计算尺寸时可以折减跨距;"User values of effective spans"是纵骨的跨距"l_bdg"和"l_shr",可以进行手工跨距折减,具体参见规范描述,如果不填入数值,则用构件的"Primary transverse structure's spacing";"Efficiency"是纵骨参与总纵弯曲的有效性,默认与纵骨所在的panel一致;"Aft support"和"Fore support"是纵骨在强框处后部和前部支撑情况,分为刚固("Fixed")和简支("Simply supported"),一般情况下都是刚固。

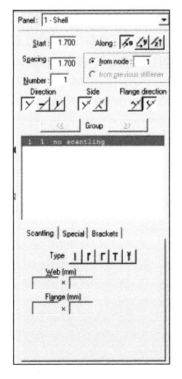

图3.1.18 Mars2000创建纵向筋的属性面板　图3.1.19 Mars2000纵向筋的其他属性

"Brackets"选项卡是选择纵骨在强框处的连接形式、是否有肘板,以及肘板的形式和尺寸。该选项可以折减跨距,与外板纵骨疲劳有关,本次实例中没有建出。

按照如上的说明创建完纵骨后,用 Check→Longitudinal Stiffeners→Stiffeners scantling,如图 3.1.20 所示。

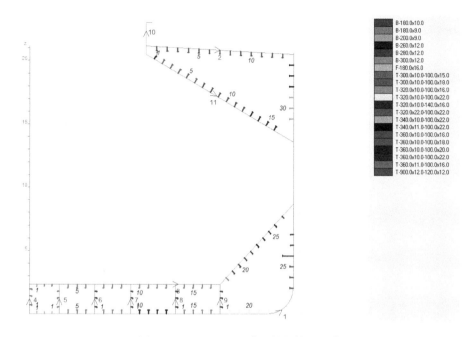

图 3.1.20　Mars2000 检查纵向筋的尺寸

5. Transverse Stiffeners 工具

"Transverse Stiffeners"创建横向筋。选中外板"Shell",点击"+",出现横向筋的属性面板,如图 3.1.21 所示。"From Node""to Node""or Stiffener"是横向筋的开始和终止位置,可以用节点编号,也可以用纵骨编号;"Spacing"是横向筋的间距;"Side"决定横向筋位于板的哪一侧;"Scantling"的前面四种与创建纵骨时一样,都是常见的型材形式,最后面的"Primary supporting members"用来模拟横向肘板,无须输入尺寸;"Start""End"是横向筋端部连接肘板,当计算没有必要非常精确时,可以不给出;"Eff. Spans"是手工指定的横向筋的有效跨距,如果不填入数值,则跨距采用开始和终止位置之差以及"Start""End"选项中折减得出的计算值。创建完的横向筋如图 3.1.22 所示。

6. Special Span Zones 工具

"Special Span Zones"可创建不同的强框间距。如前所述,外板在底部和甲板处的强框间距是不一样的,创建外板 Panel 时用的是 2.79m,但外板在主甲板处的强框间距是 4.65m,可在此处进行定义。选中外板,点击"+",右边出现"Special Span Zones"属性面板,如图 3.1.23 所示。"Start"和"End"是 Node 编号或 Stiffener 编号,顺序不能颠倒;"Local spacing of primary transverse structure"中填入新的强框间距,右边提示"Panel value:

2.79"。"Reduced span by subdivision of the plate(strakes only)"保持空白。外板有两处强框间距与 Panel 中的不一样,一处靠近主甲板,起始和终止 Node 编号分别是 22 和 6,强框间距是 4.65m;另一处是底部管弄,起始和终止 Node 编号分别是 1 和 10,强框间距是 1.395m。内底板在管弄的强框间距也是 1.395m,起始和终止 Node 编号分别是 7 和 11。

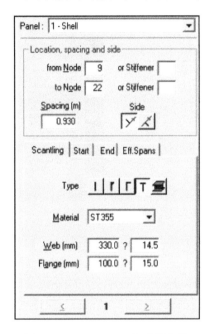 

图 3.1.21 Mars2000 创建横向筋　　　图 3.1.22 Mars2000 剖面显示的创建的横向筋

7. Compartments – Loading Case 工具

"Compartments – Loading Case"定义舱室。该横剖面有三个舱室:管弄、压载舱和货舱。散货船的底压载舱和顶压载舱一般是连通的,可以建成一个舱。按"+",新建舱室,右边出现"Compartments – Loading case"属性面板,如图 3.1.24 所示,在"Name"里填入舱室名称"PipeTunnel";"Main Destination"里选择"Void spaces","Type"里选择"Tunnel",分别表示舱室的类型和用途;"Description by node circuit 1(space is separator)"按顺序依次填入舱室边界的节点编号,该处是"1 10 11 7",管弄左右舷居中对称,不闭合,如果是闭合的,最后还要将起点也填入。"Description by node circuit 2"是可能的第二个回路,管弄只有一个回路,空着不填,压载舱有两个回路,都要填入节点编号。

"Dimensions"是关于舱室的几何信息。打开"Dimensions"面板,如图 3.1.25、图 3.1.26所示,"Length""Breadth""Height""X start from AE""Xg from AE"(舱室在 X 方向的容积心)可以按总图上量,也可以向总体专业获取;"Do computations with user defined values:"指是否用自定义的数据,一般都不用,除非舱室形状非常复杂;最下面的"Is there a hatch coaming in the compartment?"指是否有舱口围,在建管弄时用不到该项,在创建货舱时会用到。

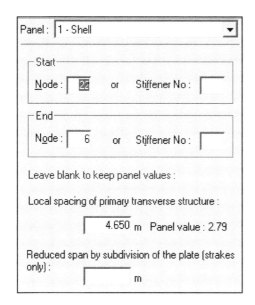 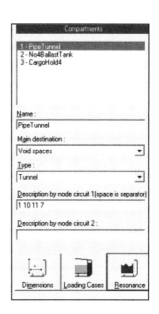

图 3.1.23　Mars2000 创建"Special Span Zone"　　图 3.1.24　Mars2000 创建"Compartment"

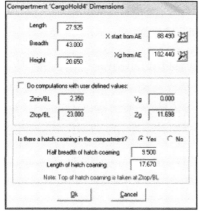 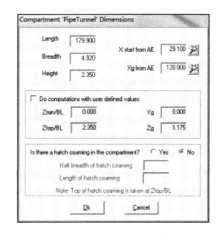

图 3.1.25　"Compartment"里货舱的属性　　图 3.1.26　"Compartment"里管弄的属性

"Loading Cases"是计算载荷时用到的数据。管弄的"Loading Cases"数据很简单,在"Type"里选择"Not loaded"即可,压载舱则比较复杂。"Type"里选"Ballast","Load test height"是试验压头高度,"Liquid density"是液体密度,"Top of air pipe"是空气管高度,一般从轮机专业获取,"Setting pressure"是如果有空气阀,则填入空气阀的阀压,普通船舶的压载舱是没有空气阀的。"Filling type"是压载水交换方式,有"Sequential"(顺序法)和"Flow through"(溢流法)之分,需向总体专业获取,如图 3.1.27 所示。

货舱的"Loading Cases"较为复杂,如图 3.1.28 所示,关系到货舱的装载方式。该船有 7 个货舱,第 4 舱是风暴压载舱;第 1、3、5、7 是重货舱,既可以均质装(下面的"Homogeneous"),又可以间隔装(下面的"Alternate");第 2、4、6 货舱只能均质装。当前校核横剖

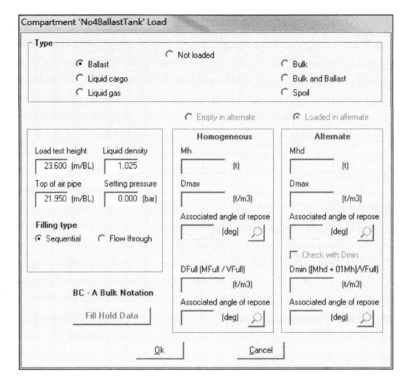

图 3.1.27 "Compartment"里压载舱的载荷

面的是第 5 舱,为重货舱,可以间隔装,所以选"Loaded in alternate",输入在"Homogeneous"和"Alternate"两种工况时的数据。"Mh/Mhd"是货舱的总容量,以吨为单位;"Dmax"是最大的货物密度;"Associated angle of repose"是休止角,与散货的密度相关,一般散货取 30°,对于铁矿石等重货取 35°,实际设计中以密度是否小于 3.0t/m^3 作为判断一般散货与重货的依据。"Dmin"是最小货物密度,旁边已列出计算公式。具体定义参见 HCSR 规范。

余下的"Deck Loads"工具定义甲板或平台的均布载荷,本船未曾涉及;"Fatigue"工具是关于纵骨疲劳的,因疲劳涉及的理论比较复杂,该处从略。

在返回主页面之前,用 Check 菜单的各项功能检查模型是否正确创建,如未正确创建,可以返回修改。

3.1.3 用 Mars2000 校核横剖面

从主页面选择"Rule",进入尺寸校核模块。首先自动弹出校核选项,如图 3.1.29 所示。

所列内容比较浅显,不一一介绍。选择默认选项,即不计算横向筋,不计算疲劳强度,不计算剪切强度,不显示压力大小,按"Ok"开始计算。

稍等片刻之后,计算完成。查看计算结果的工具条在模型左边,如图 3.1.30 所示,包括"Geometry""Global strength criteria""Strakes""Longitudinal stiffeners""Transverse stiffen-

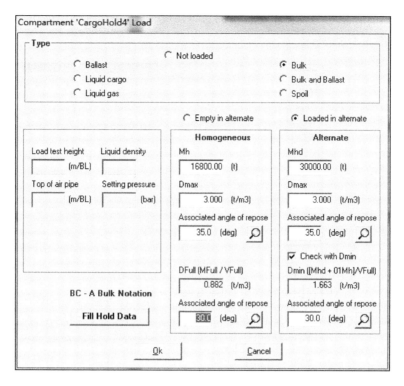

图 3.1.28 "Compartment"里货舱的载荷

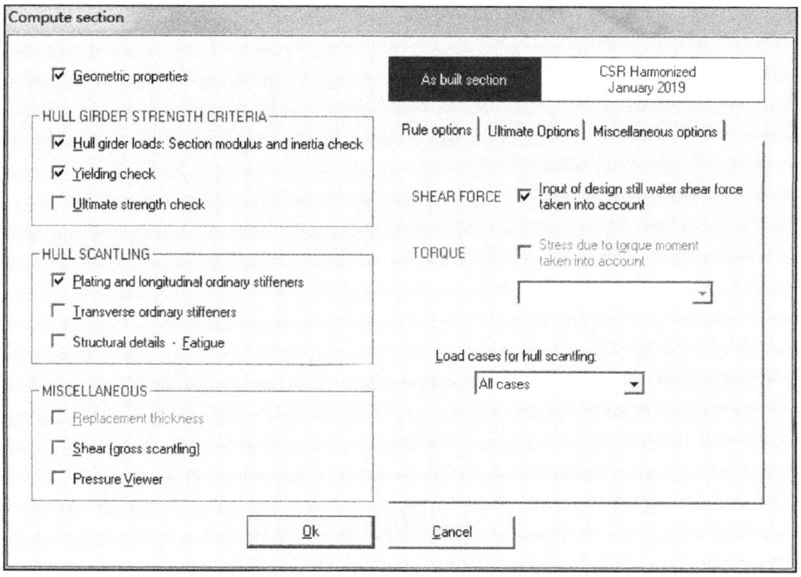

图 3.1.29 Mars2000 规范校核选项

ers""Renewal""Ratio""Stress""Previewer"等选项。

"Geometry"是查看剖面的剖面积、惯性矩、中和轴高度和剖面模数,分为净尺寸和总尺寸(或建造尺寸),又有半剖面和全剖面之分,如图 3.1.31 所示。

"Global strength criteria"是查看剖面的总纵强度,列出了总纵强度使用的静水弯矩和剖面模数,如图 3.1.32 所示。

 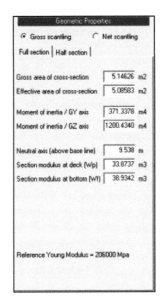

图 3.1.30 Mars2000 查看结果工具条　　图 3.1.31 Mars2000 查看剖面信息

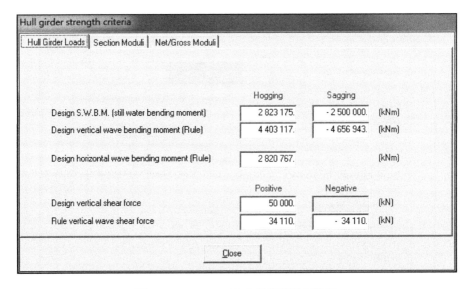

图 3.1.32 Mars2000 查看总纵强度结果

"Strakes"查看板的尺寸计算结果,如图 3.1.33 所示。选中横剖面上的一块板,它的计算结果会在右方面板中显示。"Strake"和"E. P. P"是指按所定义的板厚宽度计算,还是按单元板格(骨材之间)计算;下面的"Actual""Rule""Case"是实际板厚、规范要求的最小板厚和决定板厚的计算工况。"Gross"是建造总板厚,"Net"是净板厚。净板厚又分为"Load Thickness"(实际载荷工况)、"Test Thickness"(密性试验载荷工况)和"Mini Thickness"（规范要求的最小板厚）三种情况。下面又列出了"Eta Bu. Plate"（板格屈曲）、"HGS Bend."（总纵弯曲）、"HGS Tau"（总纵剪切）和"Grab Thick."（抓斗板厚），前面三个是关于屈曲的，最后面一个是关于抓斗加强的。最下面的"Load Thickness"列出决定该板厚的计算工况、静压力、动压力和计算该Strake时相应计算工况下的总纵弯曲应力。

"Longitudinal Stiffeners"是查看纵骨的计算结果的面板，如图3.1.34所示。与查看板厚时一样，也有"Actual""Rule""Case"三种，"Gross"是建造总尺寸，"Net"是净尺寸，下面的"Load Modulus"还列出了决定纵骨尺寸的工况及载荷等信息，其中包括模数、腹板厚度、腹板面板最小厚度、带板和纵骨整体屈曲、纵骨本身的屈曲、最小惯性矩、计算屈曲时的有效带板宽度等。关于屈曲计算参数，具体定义参见BV规范NI615_Bucking assessment of plated structures。

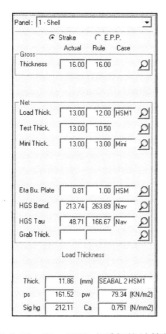 

图3.1.33　Mars2000查看板格计算结果　　图3.1.34　Mars2000查看纵骨的计算结果

"Ratio"是构件实际计算结果与规范要求结果的比值，为尺寸优化提供思路，以彩色显示，超过1为红色，提示不满足要求。

如果在开始计算时，选中极限强度、横向筋和疲劳强度、剪切应力、压力等选项，则在结果中可以看到"Global strength criteria"中出现了极限强度计算结果；在"Transverse Stiffeners"可以查看横向筋的计算结果，与查看纵骨时类似；在"Stresses"图形显示了横剖面上不同载荷导致的剪应力分布；"Pressure viewer"图形显示舱室内部和外部的压力分布。

用Mars2000校核并查看横剖面的尺寸是比较简单的，只要对规范有比较详细的了解，也就不难明白计算结果中每一项的意义，在此不展开介绍。

在用Mars2000校核横剖面尺寸的三大步骤中，创建横剖面费时最久，大概需要花费60%的时间，输入Basic Ship Data和查看计算结果都比较简单，用时都不多。其实，优秀的结构设计人员都把重点放在查看计算结果上,能了解每一个尺寸的决定工况,从而优化结构的布置,使重量做到最小。

3.2 结构三维建模与模型应用

本节首先介绍应用 NAPA Designer 创建 10 万吨级散货船的舱段模型的方法,再介绍 NAPA 三维模型的其他用途。案例船型为 10 万吨级散货船,所创建的舱段模型为第 3/4/5 货舱,范围从#105 ~ #195 肋位。图 3.2.1 显示了典型的货舱结构(纵向和横向构件)以及典型的槽型舱壁的结构。

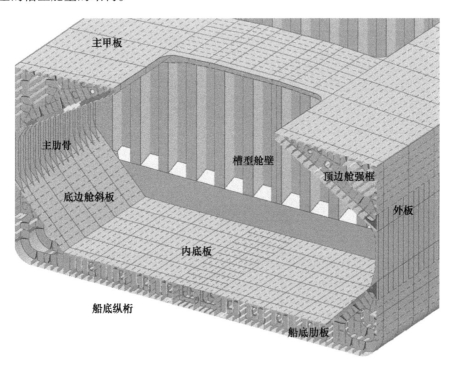

图 3.2.1 散货船货舱典型结构

打开 NAPA Designer,选择总体专业创建的项目 DB,如果总体专业还未创建 DB,则可以用下方的"Create new"创建新的 DB,这里假定总体已经创建好项目 DB。第一次打开 DB 时,显示的是 Launcher 的"Dashboard"。主要的建模工作是在"Modelling"中进行,点击左上角的"Laucher→Modelling"进入"Modelling",如图 3.2.2 所示。

Modelling 界面最上面的是菜单栏,有"File""Edit""View""Window""Help"五项。左边是工具条,分为"Geometry"(几何)、"Structures"(结构)和"Finite Element Meshing"(划有限元网格)三个模块,左下角的"Modules"控制三个模块的工具条显示与否。中间最大的部分是模型窗口,三维模型就在这里显示。模型窗口的下方是"Visualization"选项卡,控制模型的显示内容,在实际建模中也经常用到。右边是各种面板,常用的有"Property"

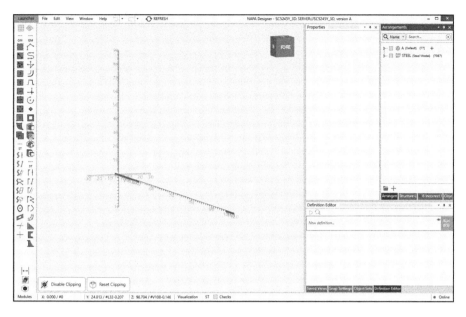

图 3.2.2　NAPA Designer 的 Modelling 界面

"Object""Structure Library""Arrangement""Definition Editor""Snap Settings""Naming Rules"等。在"Window"菜单栏下可以控制各个面板显示与否,打勾的就是显示出来的面板。一般将这些面板排成倒"品"字形,左上方是"Property",右上方的"Object""Arrangement""Structure Library",下方是"Definition Editor""Snap Settings""Naming Rules"等,这样的排列方式使用比较方便。

3.2.1　建模之前的准备工作

根据 NAPA Designer 的建模流程,正式建模之前有四项准备工作要做:检查坐标系;检查参考面;复制配置文件到 Project DB;建立"STR * STEEL"树。

首先检查参考系是否正确建立,一般是在"Launcher→Reference System"下检查。在"Reference System"下可建立"Frame System""Y – Longitudinal""X – Web""Z – Vertical"四种坐标系,分别对应肋位、纵骨、强框、垂向骨材的坐标系,常用肋位和纵骨坐标系,强框和垂向骨材坐标系可根据情况决定创建与否,如图 3.2.3 所示。

其次检查共用参考面是否正确建立。检查船壳(Hull)、主甲板参考面(DKUPP)、双层底参考面(DKDB)、顶边舱斜板参考面(LBHU)、底边舱斜板参考面(LBHD)和货舱之间的槽型舱壁参考面等是否正确建立。如果总体和结构专业都是在同一个 Server DB 建模,则这些参考面一般由总体专业创建,否则结构专业需要自己创建。在"Object"面板里检查时,展开"Surfaces"看是否有"Hull""DKUPP""DKDB""LBHU"等参考面。在参考面前面的方框内打上勾,即可在模型窗口中显示,去掉勾则被隐藏,如图 3.2.4 所示。

第三步是将 SYSDB 里的配置表格复制到 Project DB 里,这里使用的是 Project DB 里的默认表格,而非 SYSDB 里复制的配置表格。

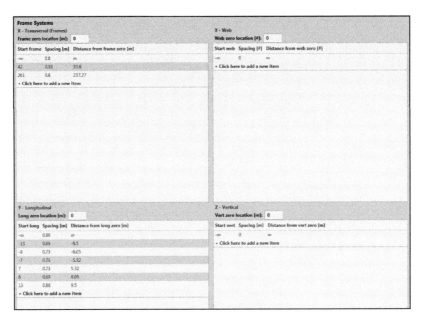

图 3.2.3 检查参考系

最后一步是建立"STR * STEEL"树,一般在"Arrangement"面板中建立。打开"Arrangement"面板,里面或是空的,或是显示"A - Arrangement",这是总体专业的"Arrangement"树,结构专业用不上。点击"Arrangement"右下角的" + ",选择"New Structural Arrangement",新建一个结构树,输入名字"STEEL",创建根结构树,根结构树的名称必须是"STEEL"。创建完根结构树后,窗口左边的结构模块的工具条都变成亮色可以使用了,而之前都处于灰色不可用状态。选中"STEEL",单击右键选择"Add Arrangement",输入"CARGO - HOLD",这样就建立了根结构树的一个子树。用同样的方法,可以创建子树的子树,直到创建一条船完整的结构树,如图 3.2.5 所示。

图 3.2.4 检查参考面

图 3.2.5 建立"STR * STEEL"树

3.2.2 创建纵向板架

采用命令方式建模,命令在"Define Editor"面板里,单击右边的"Run"(或按键盘 F5)运行定义,就生成了相应板架。

下面创建第一个结构构件"CL_SHELL_MP",它是中体左舷外板。

在"Define Editor"中输入如下两行文字,单击右边的"Run",即生成中体左舷外板。

SUR CL_SHELL_MP
TRIM HULL, X > #105, X < #195, Z < 20.64

第一行"SUR CL_SHELL_MP"中"SUR"表示创建的是曲面,"CL_SHELL_MP"是板架名称;"TRIM HULL, X > #105, X < #195, Z < 20.64",曲面类型一般用"TRIM"命令,"HULL"表示剪切的对象是"HULL","X > #105, X < #195, Z < 20.64"表示剪切的范围。"Z < 20.64"是外板在主甲板处高出 0.14m。

在模型窗口选中刚刚创建的左舷外板,右击选择"Reflect Objects",即生成右舷外板。生成的构件目前还是"Surface",只具有几何属性,只有将其加入"STR * STEEL"结构树,成为"Main Object"之后,才是一块真正的结构板架,可在上面加筋、肘板及开孔。选中生成的左、右舷外板(按住"Ctrl"键可以多选),点击"Arrangement"中的"CL_LONGI"树右边的" + "号,将构件加入"STR * STEEL"树,然后在"Property"面板的"Structure Type"中选择"Side",这样就将左右舷外板加入"STR * STEEL"结构树了,如图 3.2.6 所示。板架都应有对应的"Structure Type",否则在出二维图纸或生成有限元模型时会产生错误。

图 3.2.6 外板的属性面板

创建主甲板的方式与创建外板时相似,在"Define Editor"中输入如下命令,单击右边的"Run"生成主甲板。

SO CL_DKUPP

IN DKUPP

LIM < +HULL, X >#105, X <#195

此处的"SO …"与外板不同,主甲板的类型是"Surface Object"(简写成"SO"),外板是"Surface"(简写成"SUR")。一般地,平面板架用"SO",曲面板架用"SUR"。第二行的"IN DKUPP",表示使用的参考面是 DKUPP(主甲板的参考面),如果是在 X、Y、Z 平面内,只需写"X(Y/Z) location","location"是"SO"所在位置,可以用参考系相对坐标或绝对坐标给出,如"X #45""Y #L10""Z 12.8"等。" < +HULL"表示以整个左右舷船壳为边界,是一种缩略写法,如果用普通的写法,则为"Y > -HULL, Y < HULL"。一般 HULL 是左舷的船壳,右舷的船壳为 -HULL。

创建成功后,选中主甲板,点击"Arrangement"面板"CL_LONGI"右边的" + ",将主甲板加入"STR * STEEL"结构树中,在"Property"面板的"Structure Type"中选择"MAIN-DECK"。

其他纵向构件的建立方法也是类似的,下面仅将它们的命令列出。注意如果建立左舷的构件,需将其镜像到右舷,可以选中构件,单击右键选择"Reflect Objects",就可以创建出右舷的构件。此外,还应在新创建板架的"Property"里改上正确的名字。

SO CL_WINGP

IN LBHU

LIM Y < HULL, Z < DKUPP, X >#105, X <#195

SO CL_HOPPERP

IN LBHD

LIM X >#105, X <#195, Y < HULL

SO CL_HOPPERS

REF CL_HOPPERP

SO CL_WINGS

REF CL_WINGP

SO CL_DKDB

IN DKDB

LIM X >#105, X <#195, Y < LBHD, Y > -LBHD

SO CL_GRCL

Y 0
LIM X > #105, X < #195, Z > HULL, Z < DKDB

SO CL_GR2.46 P
Y 2.46
LIM X > #105, X < #195, Z > HULL, Z < DKDB

SO CL_GR5.36 P
Y 5.36
LIM X > #105, X < #195, Z > HULL, Z < DKDB

SO CL_GR8.26 P
Y 8.26
LIM X > #105, X < #195, Z > HULL, Z < DKDB

SO CL_GR11.885 P
Y 11.885
LIM X > #105, X < #195, Z > HULL, Z < DKDB

SO CL_GR2.46 S
REF CL_GR2.46 P

SO CL_GR5.36 S
REF CL_GR5.36 P

SO CL_GR8.26 S
REF CL_GR8.26 P

SO CL_GR8.26 S
REF CL_GR8.26 P

3.2.3 创建横向板架

下面开始创建顶边舱内的强框。首先创建#105强框,定义如下:
SO CM_WEB#105 P
X #105

LIM Y<HULL, Z<DKUPP, Z>LBHU

再创建#110强框,定义如下:

SO CM_WEB#110 P

X #110

LIM Y<HULL, Z<DKUPP, Z>LBHU

RED Y<HULL(P-1), Z<DKUPP(P-1), Z>LBHU(P+1.2), R=(1.1,1.2, -,1.1)

#110强框的定义比#105强框的多了一行"RED…"语句,它是在"LIM"创建的板上开孔,开孔大小就是"RED"后面的语句围成的区域。"HULL(P-1)"是指船壳HULL沿法向船内侧偏移1m,如果是沿Y或Z向偏移1m可写成"HULL(Y-1)""HULL(Z-1)"。后面的"DKUPP(P-1)""LBHU(P+1.2)"意思与之相同。最后面的"R=(1.1,1.2,-,1.1)"是四条边两两之间的倒角,此处只有三条边,所以中间有一个"-"代表空值。

创建完一个强框之后,选中该强框,单击右键选择"Copy Objects along X",在出现的对话框中填入如下内容,如图3.2.7所示。按"OK"确定,即从#115至#195,每隔#5创建一个强框。强框的名字按照"Naming Rules"中的规则取名。将#135、#165、#195强框定义中的"RED"语句去掉,因为这些强框是水密的,不开孔。

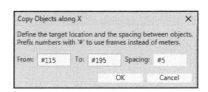

图3.2.7 使用"Copy Objects along X"批量创建强框

选中所有的强框,单击右键选择"Reflect Objects"即可得右舷的强框。将所有的强框加入"CM_SIDE"结构树中,Structure Type选为"WEB"。

用同样的方法,可以很方便地创建出船底肋板。先创建位于#105的一个水密肋板,其定义如下:

SO CM_FLR#105

X #105

LIM <+HULL, <+LBHD, Z<DKDB

ADD Y>LBHD, Y<HULL

ADD Y<-LBHD, Y>-HULL

RED Y>0.3, Y<CL_GR2.46P(Y-0.4), Z>HULL(P-0.5), Z<DKDB(Z-0.5), R=0.35

RED Y<-0.3, Y>CL_GR2.46S(Y+0.4), Z>HULL(P-0.5,Y/0), Z<DKDB(Z-0.5), R=0.35

上面的定义中又多了两个"ADD"语句,表示"LIM"之外又增加了两个区域,增加区域的大小由"ADD"后面的语句围成,此处表示肋板在底边舱斜板之外的部分。复杂构件的边界一般不止一个"LIM"语句,后面跟着多个"ADD""RED"语句,但不建议用太多的"ADD"和"RED"语句,因为那样会让我们分不清哪个语句代表哪一部分结构,不方便修改。对于这种情况,一般将构件分为多个构件创建。

下面创建#108非水密肋板,定义如下:

SO CM_FLR#108

X #108

LIM < +HULL, < +LBHD, Z <DKDB

ADD Y >LBHD, Y <HULL

ADD Y < -LBHD, Y > -HULL

RED Y >0.3, Y <CL_GR2.46P(Y-0.4), Z >HULL(P-0.5), Z <DKDB(Z-0.5), R=0.35

RED Y < -0.3, Y >CL_GR2.46S(Y+0.4), Z >HULL(P-0.5,Y/0), Z <DKDB(Z-0.5), R=0.35

RED Z >1, Y >LBHD(P+1), Y <HULL(P-1), R=1

RED Z >1, Y <LBHD(P+1,Y/0), Y >HULL(P-1,Y/0), R=1

使用上面介绍的"Copy Objects along X"方法可批量创建船底肋板,将#135、#165、#195肋板舷部开的大孔去掉,再将它们加入"CM_BOTTOM"结构树中,"Structure Type"选"FLOOR"。

3.2.4 创建槽型舱壁

槽型舱壁结构包括三部分:底墩、顶墩和槽型舱壁。底墩和顶墩又分为三部分:底板(或顶板)、前侧板和后侧板,如图3.2.8所示。先创建底墩顶板和顶墩底板,在这之前先要将它们的参考面创建出来。

顶墩底板参考面的定义如下:

PLA CM S.USTL#105

Z 18.6

顶墩一般位于水平平面,考虑到顶墩位置在实际项目时经常调整,所以用参考面创建而不是用绝对坐标。如果用绝对坐标,每个顶墩都要调整一遍,用参考面创建只需调整一次。

底墩顶板参考面的定义如下:

PLA CM_S.LST#105

THR Y,(#105,5.5),(#105+1,6.5)

它是一个平行于Y轴的斜平面。

下面创建底墩顶板和顶墩底板:

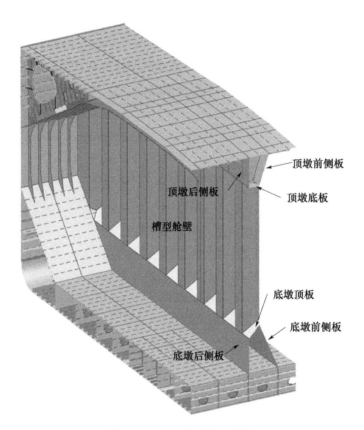

图 3.2.8 典型槽型舱壁结构

SO CM_LST#105_1

IN CM_S.LST#105

LIM X > #105, X < #105 + 1, Y > -LBHD, Y < LBHD

SO CM_USTL#105_1

IN CM_S.USTL#105

LIM X > #105, X < #105 + 1, Y > -LBHU, Y < LBHU

槽型舱壁夹在底墩顶板和顶墩底板之间,定义如下:

SO CM_CTBH#105

IN BH56 - CORR

LIM < +HULL, Y < LBHD, Y < LBHU, Y > 0, CM_S.LST#105, CM_S.USTL#105

SYM

最后的"SYM"表示构件关于中纵平面镜像对称,前面的定义只用创建出一半,最后用"SYM"将它关于中纵平面镜像。

底墩和顶墩前侧板也都是斜平面,先创建出参考面,定义如下:

PLA CM_S.LST#105_2

```
THR Y,(#105 +1,6.5),(#108,2.35)
```

```
PLA CM_S.USTL#105_2
THR Y,(#105 +1,18.6),(#105 +2,21.5)
```

再创建出底墩前侧板和顶墩前侧板,定义如下:

```
SO CM_USTL#105_2
IN CM_S.USTL#105_2
LIM Z > CM_S.USTL#105, Z < DKUPP, Y > -LBHU, Y < LBHU
```

```
SO CM_LST#105_2
IN CM_S.LST#105_2
LIM Z > DKDB, Y > -LBHD, Y < LBHD, X > CM_S.LST#105
```

最后剩下底墩后侧板和顶墩后侧板,它们的定义如下:

```
SO CM_LST#105_3
X #105
LIM Z > DKDB, Z < CM_S.LST#105, Y > -LBHD, Y < LBHD
```

```
SO CM_USTL#105_3
X #105
LIM Z > CM_S.USTL#105, Z < DKUPP, Y > -LBHU, Y < LBHU
```

用同样的方法,可以创建出#135、#165、#195处的横舱壁,它们的定义是类似的,在此不展开叙述。

主要板架创建完之后的货舱模型如图3.2.9所示。

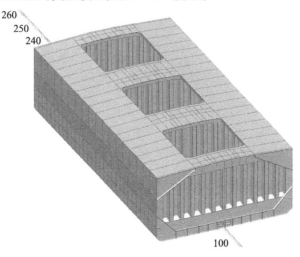

图 3.2.9　10 万吨级散货船级中间三舱大板架模型

3.2.5 创建筋与开孔

下面开始创建筋、开孔、板缝和肘板,它们的定位和尺寸如附录八所示的舯横剖面图。

NAPA Designer 有多种创建筋的命令,如图 3.2.10 所示。"Principal Plane Stiffeners"创建与 X、Y、Z 平行的筋;"Two-Points Stiffeners"创建两点筋;"Offset Stiffeners"创建与现有筋平行的筋;"Stiffeners From Curves"创建由线转化而来的筋;"Boundary Stiffener"创建构件边缘的圈筋。常用的是"Principal Plane Stiffeners""Two-Points Stiffeners"和"Boundary Stiffener"。

在创建筋之前,先要到型材库中创建筋的规格。点击菜单"Window→Steel Profile Libraries→Stiffener Library",打开"Stiffener Library"对话框,如图 3.2.11 所示,其中有各种类型的筋,如扁钢(I 型)、球扁钢(B 型)、角钢(L 型)和 T 型材(T 型和 TW 型),还有其他许多不常见的筋。要创建筋的一种规格,只需单击该种类型筋的模板或已有的任意一种规格,右方出现该种类型筋的属性对话框,输入筋的参数和名称,单击"Save"保存,就新建了筋的一种规格。T 型和 TW 型的筋都表示 T 型材,主要区别是一个高度包括面板厚度(T 型),一个不包括面板厚度(TW 型),一般建模的 T 型材用 TW 型。

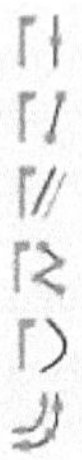

图 3.2.10 创建筋的工具条

开孔和肘板与筋类似,在使用之前先要到相应的库中创建尺寸规格。开孔库("Opening Library")和肘板库("Bracket Library")也在菜单"Window→ Steel Profile Libraries"下,创建新规格的方法与创建型材库时是类似的。

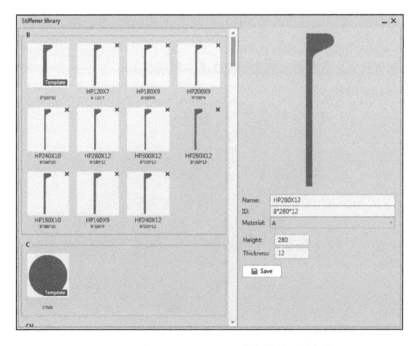

图 3.2.11 在"Stiffener Library"增加筋的尺寸规格

单击一种创建筋的工具图标,选择要创建筋的板架,按"Enter"键,就会出现创建筋对话框,如图 3.2.12 所示,其中:

"Profile"为筋的形式和规格,该种规格必须是型材库中已有的。

"Side"决定筋位于板的正面还是反面。NAPA Designer 中正面和反面的规则如下:选择一个基准点,"看得到"该点的是正面"Front","看不见"该点的是反面"Back",基准点默认是在船舶正中横剖面的底部。

"Web Direction"为筋的腹板与板架的夹角,有"Default""X""Y""Z""Normal""Twisted"几种选项。"X""Y""Z"是指筋的腹板在"X""Y""Z"平面内;"Normal"指筋腹板与板架总是保持垂直;"Twisted"是指筋的起点和终点与板架的夹角逐渐变化,可以分别指定起点与终点夹角;"Default"是默认值,对于平面板架是垂直于板,对于曲面板架,是在筋的中点处垂直于板,且角度保持不变。

图 3.2.12　创建筋的对话框

下一步是选择筋的位置。对于"Principal Plane Stiffeners",只需在键盘输入"X""Y"或"Z",然后输入筋的坐标或在模型中选择筋的位置。对于"Two-Points Stiffeners",要输入或选择两个点的位置。对于"Boundary Stiffener"要选择板架的自由边,可供选择的自由边会以绿色显示。每次选择或输入一个位置,就会创建一根筋,此时,对话框不会退出,可以输入或选择不同的位置创建多根筋,只有按"Create",才会结束对话框。如果按"Cancel",则放弃此次操作。

选择一根创建的筋,在"Property"面板会出现筋的属性。与前面创建筋时相比,属性的数量更多,如图 3.2.13 所示。"Material"为筋的材质;"Priority"指两根相交的筋,比如一根垂直筋和一根纵向筋,相交于同一点,谁出头的问题,"Priority"中的数字越小,优先级越高,谁就先出头;"Flange Reflection"是型材的面板朝向,如球扁钢的球头,朝向何侧;"Start Endcut"与"End Endcut"是筋起点与终点的端切形式,先要在 TAB * ENDCODES 表格里定义好,限于篇幅不展开叙述。

创建开孔的命令只有一个:"Openings"。点击"Openings"工具条,选中要创建开孔的板架,按"Enter"键确认,会出现"Create Openings"对话框,如图 3.2.14 所示。"Profile"为选择 Opening 的类型和规格,同创建筋时一样,必须先在开孔库中创建该种规格;"Angle"

为开孔旋转的角度;"Reference Point"为插入开孔时的基点,可选择开孔的最高点、最低点、中心点等,默认是中心点。

设置完参数后,在模型中选择一个点即创建一个开孔,可生成多个开孔再按"Create"确认关闭对话框,按"Cancel"则放弃此次操作。

开孔的"Property"面板与创建时一致。

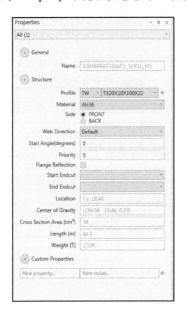

图 3.2.13 筋的属性面板

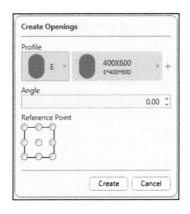

图 3.2.14 创建开孔对话框

3.2.6 创建板缝与肘板

创建板缝的工具条与创建筋的工具条大部分是类似的,如图 3.2.15 所示,使用方法也相近,只有最后一个"Seams from Surface"稍有不同。"Seams from Surface"是将两块板架的交线变成板缝。点击一种创建板缝的工具图标,选择要创建板缝的板架,按"Enter"键确认,会出现"Create Seams"对话框,如图 3.2.16 所示。其中,有三种类型的板缝可供选择:"S1"为一般板缝;"S2"为分段缝;"M1"为板的边界。

图 3.2.15 创建板缝的工具条

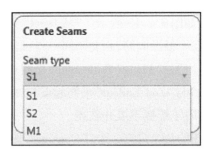

图 3.2.16 创建板缝对话框

创建完板缝后,可以为板架上的板赋板厚,加板厚时的模型显示模式与之前稍有不同。点击模型窗口正下方的"Visualization",如图3.2.17所示,展开"Structures",下面有两种模式"Main Objects"和"Plates",常规建模是在"Main Objects"中进行的,加板厚要在"Plates"模式下进行。勾选"Plates",切换到"Plates"模式,再在模型中选择一块板,选中的板就高亮显示,这样在板的"Property"面板中可以改变板厚和材质。

NAPA Designer中的肘板分成两大类:平面肘板(Plain Brackets)和一般肘板(General Brackets)。平面肘板主要用在两个构件相交处,名字一般以"T""R"等字母开头。一般肘板分为三类:BT类、BG类和BD类。BT类肘板主要用于T型材的防倾肘板,它必须在T型材处使用(筋的类型是T或TW),名字以"BT"开头;BG类肘板与平面肘板类似,也用在两个构件相交的地方,名字以"BG"开头;BD类用在三个构件相交的地方,如月牙板和坐墩肘板等,名字以"BD"开头。一般肘板与平面肘板最大的差异是平板肘板的参数必须以具体数字给出,而一般肘板的参数可以以"S1""S2"的形式给出,表示肘板连接到第一根筋或第二根筋。显然一般肘板的使用范围更广。

在NAPA Designer中,有三个创建肘板的工具命令:"Brackets connected to 2 main objects""Brackets connected to 3 main objects"和"Brackets connected to 1 main objects"。"Brackets connected to 2 main objects"创建的是平面肘板和BG类肘板,使用时依次选择与肘板连接的第一个构件和第二个构件(板架或筋),在出现的"Create Brackets"对话框填入合适的参数,如图3.2.18所示。其中:"Bracket"为肘板类型,该种类型必须在肘板库创建好;"Parameters"为该种肘板类型的参数,不同类型的肘板参数数量不同;"Thickness"为肘板的厚度;"Side 1"和"Side 2"为肘板相对于所选板架的方向,代表"Front"或"Back","Front"和"Back"的解释与创建筋时的解释相同。

图3.2.17 "Visualization"控制模型的显示内容　　图3.2.18 创建肘板对话框

输入参数后,到模型窗口中单击一次位置,就创建一个肘板,可以输入"X""Y"或"Z"

切换肘板所在的平面,这与创建筋和开孔时是类似的。"Brackets connected to 3 main objects"创建的是 BD 类肘板,使用时先选择肘板所在的板架,出现"Create Brackets"对话框,其中大部分参数与"Brackets connected to 2 main objects"一致,最后的"Side"只有一个,因为 BD 类肘板只选择一次板架。设置好参数,到模型窗口点击一次位置就创建一个 BD 类肘板,肘板的上下端会根据肘板所处的位置自动识别。"Brackets connected to 1 main objects"创建的是 BT 类肘板,使用时要选择创建肘板的筋(T 型材),其他步骤与创建 BD 类肘板类似。

NAPA Designer 中有两个工具可以提高创建筋、开孔、板缝的效率:"Match Property"和"Share Structural Details"。选中一根筋,右键选择"Match Property",再选中其他的筋,最后按"Enter"确认,就可以将其他筋的属性改成与此筋一样。该命令对肘板和开孔同样适用。"Share Structural Details"是将一块板架上的筋、开孔、板缝复制到其他板架,这对于货舱区的横向构件,如强框、肋板特别适用,当创建好一个强框上的筋、开孔、板缝之后,选中该强框,右击"Share Structural Details",再选择与该强框形式类似的其他强框,按"Enter"键确认,该强框上的筋、开孔、板缝等就复制到其他强框上了,并且该强框与选中的其他强框形成了关联。更改这些强框中任意一个筋、开孔、板缝,与之关联的所有强框上的筋、开孔、板缝就会一起更改。选中其中一个强框,右击"Unshare Structural Details",该强框就与其他强框脱离联系。遗憾的是这两个工具不适用于肘板。

总的来看,在 NAPA Designer 中创建筋、板缝、开孔和肘板的方法比较简单,在此仅介绍它们的一般使用方法,没有详细介绍在本船上的应用。一般来说,创建筋、板缝、开孔的工具命令比较稳定可靠,创建肘板的工具命令则稳定性稍差,在某些情况下,肘板可能创建不出来,或者创建的肘板不是自己想要的形状。

10 万吨级散货船创建的货舱段模型如图 3.2.19 ~ 图 3.2.21 所示。

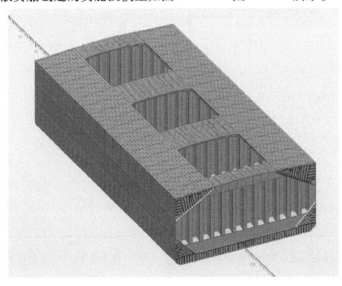

图 3.2.19　10 万吨级散货船舱段模型(全貌)

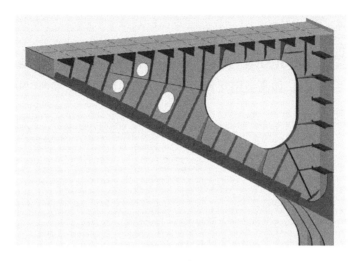

图 3.2.20　10 万吨级散货船舱段模型 1(局部)

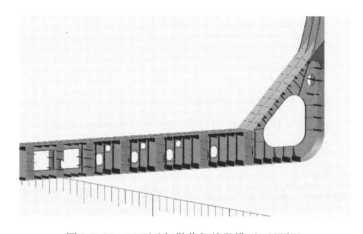

图 3.2.21　10 万吨级散货船舱段模型 2(局部)

限于篇幅,使用 NAPA Designer 创建结构三维模型的介绍就到此为止,其中略去部分构件,如用 Pcurve 创建复杂构件、型材贯穿孔、透气孔和流水孔、筋的端切形式等内容,除使用 Pcurve 创建复杂构件的内容有难度之外,其他内容参考"NAPA Designer Manual"(菜单"Help→View Help")比较容易掌握。

3.2.7　三维模型重量统计

截止到 2019.2 版本,NAPA Designer 还没有统计重量的快捷工具,需在老版本的 NAPA 里操作。运行 NAPA 软件,打开项目 DB,进入 ST 模块,输入以下两行命令(命令前面的"ST?＞"不用输入),就可以统计出全船的结构重量,如图 3.2.22 所示。

```
ST?>LQ GET WEIGHT_P
ST?>LIS ALL
```

可以按照建模区域分块统计,如要统计各层甲板室的总重量,命令如下:

ST？>LQ GET WEIGHT_P

ST？>LIS STR*DECKHOUSE

上面的 STR*DECKHOUSE 是 STR*STEEL 下的一个子目录。灵活运用 LQ 命令还可以得到其他有用的信息，如高强钢比例、重量清单等，具体可以参考"NAPA Manuals"中"NAPA Steel"的相关章节。

```
CM_USTL#165_2        3.46    146.53    0.00   19.92
CM_LST#165_3         5.91    147.99    0.00    3.97
CM_LST#165_2         8.73    146.13    0.00    4.51
CM_LST#165_1         2.98    147.49    0.00    6.00
CM_CTBH#195         36.67    175.42    0.00   11.96
CM_USTL#195_1        1.41    175.39    0.00   18.60
CM_USTL#195_3        3.27    175.89    0.00   19.92
CM_USTL#195_2        3.46    174.43    0.00   19.92
CM_LST#195_1         2.98    175.39    0.00    6.00
CM_LST#195_3         5.91    175.89    0.00    3.97
CM_LST#195_2         8.73    174.03    0.00    4.51
----------------------------------------------------
TOTAL             2279.97    134.02    0.03    7.76
ST？>
```

图 3.2.22　在 NAPA 软件里统计结构重量

3.2.8　导出规范计算剖面

点开 NAPA Designer 菜单"File→Export"，里面显示 NAPA Designer 支持的规范计算软件，有 KR 的"SeaTrust - HullScan"、DNV - GL 的"Nauticus Hull"、NK 的"Ship3d"和"Performance"、BV 的"Mars 2000"、ABS 的"Eagle UDM"。下面简单介绍导出"Mars2000"规范计算剖面的方法。

点开"Bureau Veritas"，打开导入"Mars2000"的对话框，如图 3.2.23 所示。

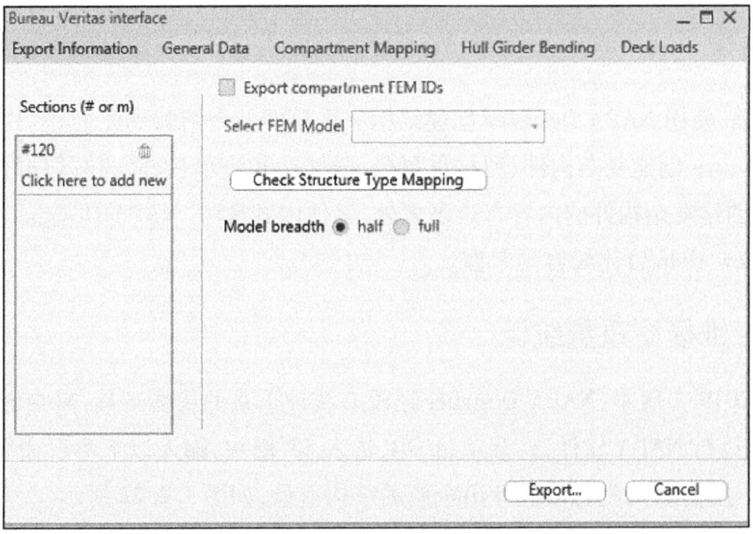

图 3.2.23　NAPA 模型导出剖面到 Mars2000 接口

在左边的 Sections 里面填入要导出的横剖面，可以填入多个横剖面，右边"Check

Structure Type Mapping"里填入构件类型(即 Structure Type)所对应 Mars2000 中的"Position Code"(构件的部位和属性,如外板、主甲板等),其他的如"General Data""Compartment Mapping""Hull Girder Bending""Deck Loads"等可以等到导入 Mars2000 之后修改。单击"Export",即可生成". xml"格式的文件,然后可用 Mars2000 读取该剖面。

3.2.9　导出有限元模型

NAPA Designer 中有关于有限元的模块,不过一般是隐藏的,打开方法如下:在"Modelling"窗口的左下角,点开"Modulues",将"Finite Element Meshing"勾上,另外到模型窗口正下方的"Visualization"里将 FEM 模块也勾上。NAPA Designer 通过在模型上添加控制线(Dummy Stiffeners)和控制参数的方式,来控制有限元的网格质量。综合来看,NAPA 结构模型生成的有限元网格质量是比较好的,如图 3.2.24 所示,导出的有限元模型只需在通用有限元软件中做少量修改就可以使用,这是目前 NAPA 结构模型的主要优势之一。

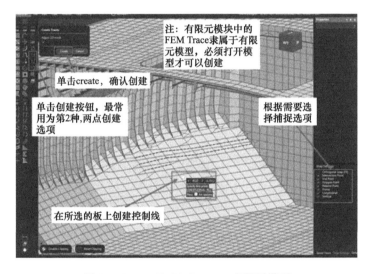

图 3.2.24　　NAPA Designer 有限元模型

3.2.10　导入 CADMATIC Outfitting

NAPA 模型导入 CADMATIC Outfitting 是通过 .3DD 格式文件实现的,导出 3DD 文件的操作很简单,只需在 NAPA 软件里运行一个 TO3DD 命令就可以。在 ST 模块下执行如下命令:

ST?>TO3DD ALL MOBH FILE='D:/120kBC.3dd'

将 NAPA 结构模型导出为 .3DD 格式的文件,再由 CADMATIC Outfitting 读入 .3DD 就可以将 NAPA 结构模型导入 CADMATIC Outfitting。在 CADMATIC Outfitting 中,NAPA 结构模型用作其他专业如轮机、舾装、电气三维建模的背景。NAPA 模型导入 CADMATIC Outfitting 的接口是比较稳定可靠的,构件很少丢失。

3.2.11　导出三维送审模型

NAPA Designer 导出 OCX 格式的接口在"File→Export→OCX"菜单里,导出其他三维模型格式的接口在"File→Export→CAD Tools"菜单里,图 3.2.25 显示导出其他三维模型的全部接口。图 3.2.26 是 NAPA Designer 导出的 3D PDF 模型,该模型可以用 Adobe Acrobat Pro 软件打开,模型可以缩放、旋转,如同在三维软件中一样。

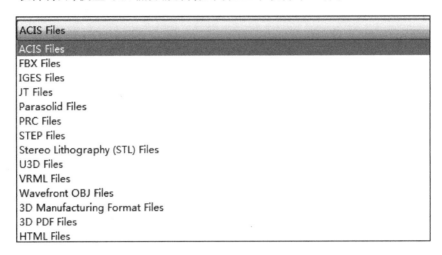

图 3.2.25　NAPA Designer 导出的三维格式

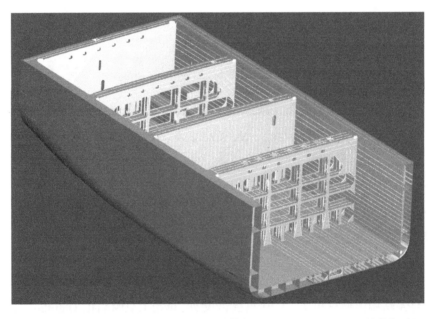

图 3.2.26　NAPA 模型导出 3D – PDF 格式模型(用 Adobe Acrobat Pro 软件打开)

三维模型送审还处于试验阶段,需要船级社、船舶设计单位、船厂、船东、船舶软件公司等各方的共同努力,但三维模型送审是未来的大势所趋。

3.3 梁系计算

3.3.1 梁系模型创建

在 3D – Beam 中创建一根梁的方法描述如下：

(1)点击如图 3.3.1 所示的工具条按钮,并在模型空间中点两个点。梁两端节点位置可以通过右侧属性栏中"Node"的 X、Y、Z 属性修改;创建多根梁时,如果两根梁的节点重合,软件会自动合并节点。

图 3.3.1　3D – Beam 中创建梁按钮

(2)单击右侧属性栏"Profile"右端"…"按钮,弹出截面信息界面。在截面信息界面单击"new"进入截面创建界面,如图 3.3.2 所示。

(3)选中球扁钢图标,下方可以填写球扁钢截面参数,通过单击上方"Select Standard Profile"按钮选择标准库中的球扁钢截面,单击"OK",所选球扁钢截面信息将自动填入截面创建界面。在梁截面创建界面中,可以选择多种类型截面型式,此处仅以球扁钢为例。

(4)在截面创建界面中输入参数"Effective plate Width"和"Plate Thickness",即扶强材的带板宽度和厚度。带板宽度的计算方法在各船级社规范中均有详细介绍。

(5)填写好梁截面参数后,单击"OK"即完成了一根梁的创建。

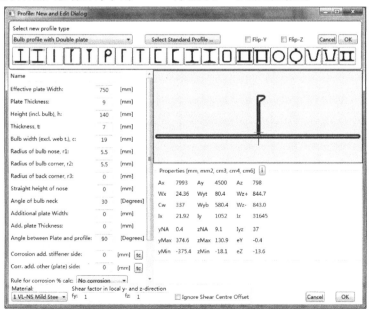

图 3.3.2　3D – Beam 中梁截面属性填写窗口

在用梁系计算甲板设备加强时,通常需要考虑设备本身尺寸。例如,在对带缆桩做加强时,缆绳破断力距甲板有一定的距离,通常通过创建若干根刚性梁(截面刚度设为足够大,如直径1m的实心圆截面)来模拟带缆桩,集中力施加在刚性梁顶部交点处,以准确模拟载荷的传递关系,如图3.3.3所示。

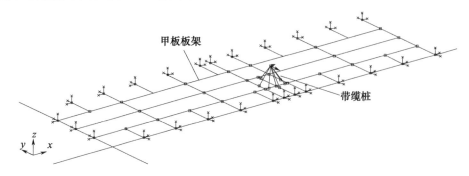

图3.3.3 3D-Beam系泊梁系模型

3.3.2 梁系载荷和边界约束施加

在3D-Beam软件中,可以定义任意一根梁上的线载荷,且可以定义线性分布的线载荷,如图3.3.4所示,定义线载荷的功能在右侧属性栏"Distributed load"中。3D-Beam软件中,集中点力必须施加在梁单元与梁单元相连的节点上,因此通常需要在承受集中力的地方将梁单元打断,如图3.3.5所示,定义点荷的功能在右侧属性栏"Node load"中。

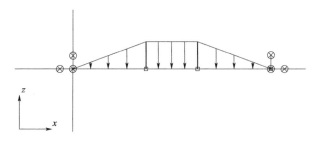

图3.3.4 承受线载荷的3D-Beam梁系模型

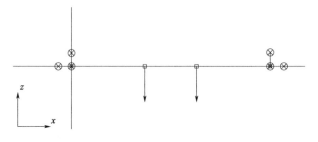

图3.3.5 承受集中载荷的梁系模型

在3D-Beam软件中,定义节点约束功能在右侧属性栏的"Boundary Conditions"中,通过单击右侧"…"按钮弹出定义窗体。3D-Beam软件中节点每个自由度有4种约束方式:完全自由(Free)、刚性约束(Fixed)、弹性约束(Spring supported)以及强迫位移(Forced displacement),如图 3.3.6 所示,常用的是自由和刚固两种约束方式。

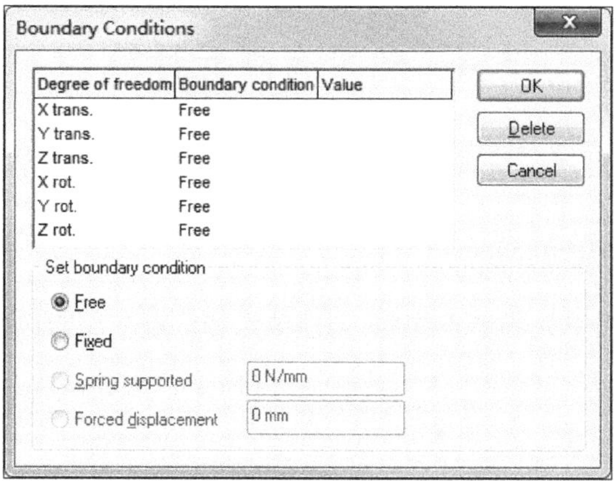

图 3.3.6　3D – Beam 节点约束设置

3.3.3　梁系计算及结果评估

在模型、载荷和约束均定义完毕后,单击上方工具栏中"!"按钮即可进行计算。如果计算失败,会在输出区的文本框中给出错误原因。

计算成功后,可在输出区"Stresses"板块查看各梁的应力成分,在"Node responses"板块查看节点位移及约束处的支反力。在"Stresses"板块可以通过单击鼠标右键"Report"菜单生成 Word 版报告,报告末尾有详细的各应力成分符号介绍。典型的计算结果如图 3.3.7 所示。

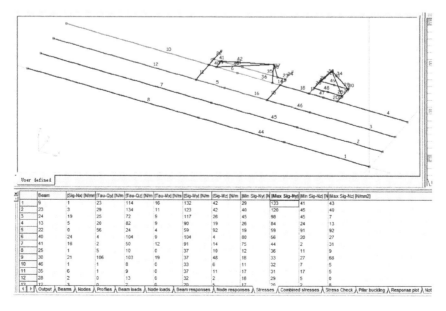

图 3.3.7　3D – Beam 计算结果

通过与规范应力衡准比较,可评估构件是否满足强度要求。对于不满足要求的构件,可以通过加大构件尺寸或者优化结构布置等方法解决。

3.4 舱段有限元计算

本节应用 Patran/Nastran 软件创建船舶舱段有限元模型,并进行强度分析。

3.4.1 有限元模型创建

有限元模型主要由单元和节点构成,创建单元和节点在功能选项卡"Elements"中。

1. 创建节点

创建节点的步骤如下:

(1)选择功能选项卡"Elements"。

(2)右侧功能面板中"Action"选"Create",Object 选"Node",Method 选"Edit";节点有多种创建方法,如平移 Offset、投影 Project 等,此处仅介绍最常用的使用三维坐标值创建。

(3)右侧功能面板中"Node Location List"输入节点三维坐标(以方括号括起来,各维坐标值以空格或者英文逗号分隔),点击"OK"即可创建,如图 3.4.1 所示。

2. 创建单元

创建单元的步骤如下:

(1)选择功能选项卡"Elements"。

(2)右侧功能面板中"Action"选"Create",Object 选"Element",Method 选"Edit","Shape"选"Quad",其他选项取默认值。

(3)右侧功能面板中单击"Node1 ="右侧文本框,再按顺序依次在模型空间中单击创建好的 4 个节点即可,如图 3.4.2 所示。

船舶有限元分析中常用的单元主要有 3 种:零维单元、一维单元和二维单元,二维板单元又分为三角形单元和四边形单元,此处仅以四边形单元的创建为例,其他类型单元的创建方法类似。

3. 赋予单元属性

完成有限元单元的创建后,需要为单元赋属性。

首先需要创建材料,步骤如下:

(1)点击功能选项卡的"Materials","Action"选"Create",其他选项取默认值。

(2)在右侧功能面板中"Material Name"输入材料名,单击下方"Input Properties"。

(3)在弹出窗体中填写材料参数,一般钢材的材料参数填写如图 3.4.3 所示(图中的参数按有限元计算常用的单位制取值,力单位为 N、长度单位为 mm,质量单位为 t)。

(4)参数填写完毕后单击"OK",再在功能面板中单击"Apply"即可成功创建材料,创建好的材料将在功能面板中列出。

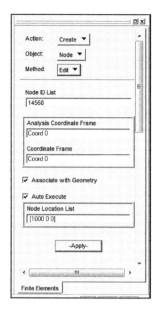

图 3.4.1　Patran 软件创建节点　　图 3.4.2　Patran 软件创建四边形单元

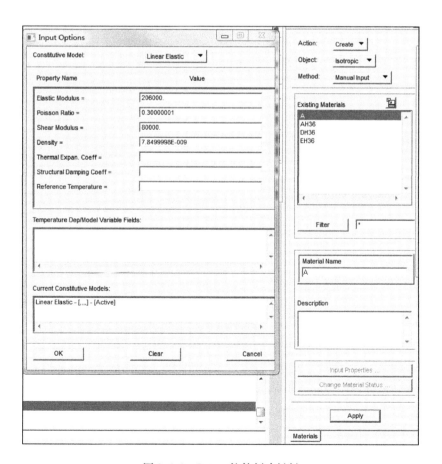

图 3.4.3　Patran 软件创建材料

创建好材料后,通过功能选项卡"Properties",可以创建零维、一维和二维单元的属性。零维点单元一般用于模拟弹簧,其参数选择及填写如图3.4.4所示。具体步骤如下:

(1)选择功能选项卡"Properties","Action"选"Create","Object"选"0D","Type"选"Grounded Spring"。

(2)点击功能面板中"Input Properties",在弹出窗体中"Spring Constant"填写弹簧刚度值,"Dof at Node1"选择弹簧方向,点击"OK"。

(3)在功能面板下方点击"Select Application Region",在选择对象筛选卡中点中代表零维点单元的三角形符号,再在模型空间中选择需要赋予属性的点单元,点击"OK",在功能面板下方点击"Apply"即可。

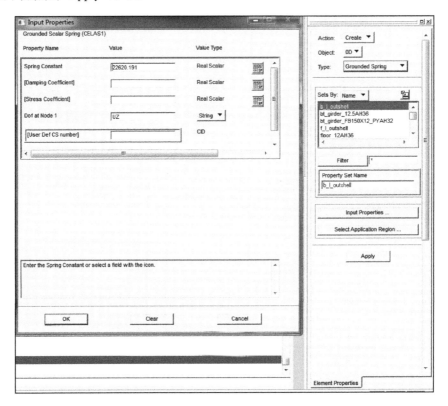

图3.4.4 Patran软件创建零维弹簧单元属性

一维梁单元用于模拟扶强材,其参数选择及填写如图3.4.5所示。具体步骤如下:

(1)选择功能选项卡"Properties","Action"选"Create","Object"选"1D","Type"选"Beam";"Options"下方选择"General Section(CBEAM)",其他选项取默认值。

(2)点击功能面板中"Input Properties",在弹出窗体中点击下方"Create Sections"图标创建梁截面,图3.4.6所示为HP200X10球扁钢截面的创建方法,点击"OK"完成创建(注意Patran中没有球扁钢截面,需等效为角钢截面,等效方法在各船级社规范中均有介绍)。

(3)在弹出的"Input Properties"窗体中"Section Name"选择刚创建的梁截面,"Material Name"选择材料类型,"Bar Orientation"填写梁截面方向,"Offset @ Node 1/Node 2"填写

梁两端点截面偏移量,点击"OK"(梁截面方向参数用于控制梁截面朝向,梁偏移量在两端节点分别定义,用于控制梁偏离所属板的距离)。

(4)在功能面板下方点击"Select Application Region",在模型空间中选择需要赋予属性的梁单元,点击"OK",在功能面板下方点击"Apply"即可。

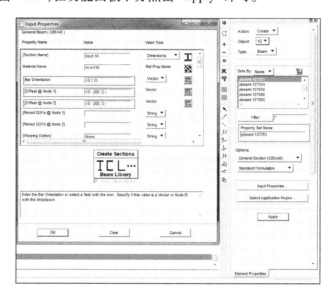

图 3.4.5　Patran 软件创建一维梁单元属性

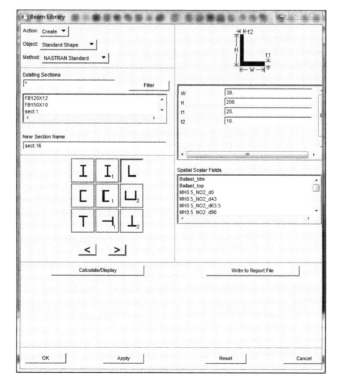

图 3.4.6　Patran 软件创建梁截面

二维壳单元用于模拟板材,其参数选择及填写如图3.4.7所示。具体步骤如下:

(1)选择功能选项卡"Properties","Action"选"Create","Object"选"2D","Type"选"Shell",其他选项取默认值。

(2)点击功能面板中"Input Properties",在弹出窗体中"Material Name"选择材料,"Thickness"填写板厚,点击"OK"。

(3)在功能面板下方点击"Select Application Region",在模型空间中选择需要赋予属性的板单元,点击"OK",然后在功能面板下方点击"Apply"即可。

以上介绍为手工创建有限元模型的方法和步骤。有限元模型也可以从其他三维软件中直接导出,大部分船舶三维软件均支持bdf格式的有限元模型导出,导出的模型一般均包含了单元、节点、材料和单元属性。

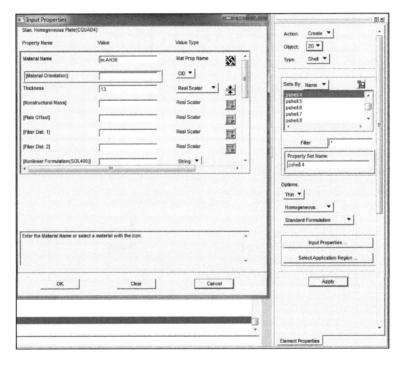

图3.4.7　Patran软件创建二维板单元属性

以NAPA Designer中导出有限元模型为例,首先将需要导出有限元的构件在结构树中勾选并显示在模型空间中,限制模型显示范围,点击左下角Modules,勾选"Finite Element Meshing",点击下方"Visualization",点击眼睛状按钮激活FEM显示模块。在FEM工具条中点击"新建"按钮,填写模型名称,在"Main Object"中"Default"行的"Mesh size"填写肋距,其他参数保留默认值,如图3.4.8(a)所示。点击"Create"即可创建有限元模型,创建结果如图3.4.8(b)所示。

创建成功后,通过顶部菜单"File →Export→FEM Nastran Bulk Data"功能即可导出bdf格式的有限元模型。通过Patran软件顶部菜单"File→Import"功能,选择NAPA导出的bdf文件即可导入Patran模型,导入的参数设置如图3.4.9所示。

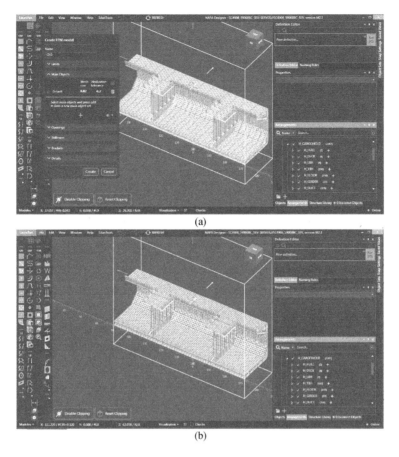

图 3.4.8　NAPA 软件生成有限元模型

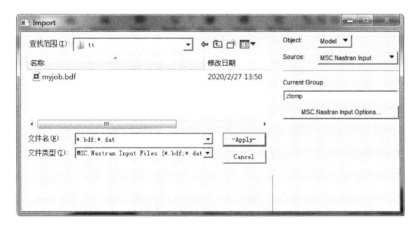

图 3.4.9　Patran 软件导入 bdf 格式有限元模型

3.4.2　有限元载荷和边界约束施加及工况创建

有限元载荷和边界约束在 Patran 中通过功能选项卡"Loads/BCs"创建,节点约束创建如图 3.4.10 所示。具体步骤如下:

(1)选择功能选项卡"Loads/BCs","Action"选"Create","Object"选"Displacement",其他选项取默认值。

(2)点击进入"Input Data"卡,填写各自由度约束值,"Transiations"对应 X、Y、Z 三个方向的平移自由度,"Rotations"对应 X、Y、Z 三个方向的旋转自由度,相应方向填 0 表示完全约束,不约束的方向留空,图 3.4.11 中填写的参数表示约束 X、Y、Z 向的平移及 X 方向的转角,填写完毕后点击"OK"。

(3)在功能面板下方点击"Select Application Region",在模型空间中选择需要施加约束的节点,点击"OK",在功能面板下方点击"Apply"即可。

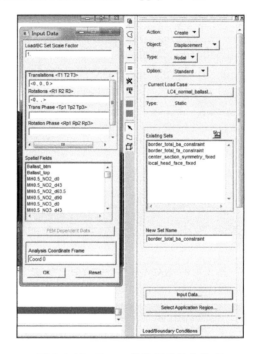

图 3.4.10　Patran 软件创建节点约束

在舱段有限元分析中常用到一种特殊的约束方式——MPC 约束,该约束在 Patran 中以 MPC 单元形式施加。步骤如下:

(1)在功能选项卡中点击"Elements","Action"选"Create","Object"选"MPC","Type"选"RBE2"。

(2)点击进入"Define Terms"功能窗体,参数填写如图 3.4.11 所示,其中"Create Dependent"选择从节点及相应自由度,"Create Independent"选择独立点,点击"Apply"填写完毕后,点击"Cancel"关闭参数填写界面。

(3)在功能面板中点"Apply"即可。

创建好 MPC 约束后,还需按规范要求给独立点创建相应的节点约束。

舱段有限元载荷主要有面载荷和点载荷两类,图 3.4.12 为创建面载荷界面,载荷可加在单元的正面或反面。对于简单载荷可以直接填写载荷值,对于外板上水压力这类随

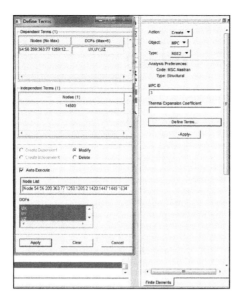

图 3.4.11 Patran 软件创建 MPC 约束

坐标变化的面载荷,可以通过场(Fields)给出,具体可参照 Patran 相关介绍书籍。同样,在填写完参数后还需选择施加单元,具体操作不再赘述。点载荷的施加方法与节点约束的施加类似。

舱段有限元分析中需要计算多个工况,不同的工况对应不同的载荷和约束组合,在 Patran 中通过功能选项卡中的"Load Cases"实现,通过选择已经创建好的载荷及约束,形成一个完整的工况,如图 3.4.13 所示。

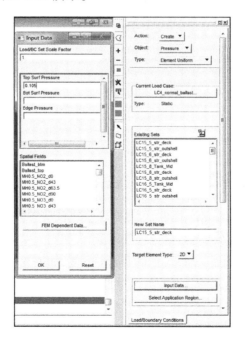

图 3.4.12 Patran 软件创建面载荷

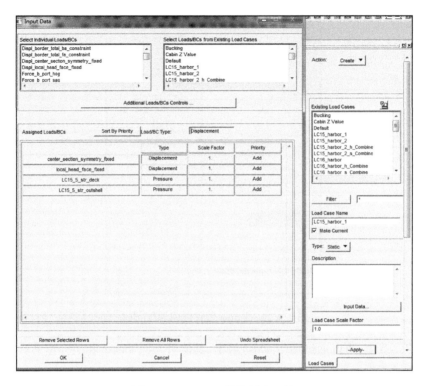

图 3.4.13　Patran 软件创建工况

典型有限元模型施加边界约束和载荷后的模型如图 3.4.14 所示。

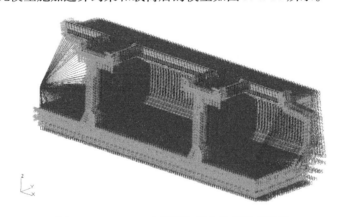

图 3.4.14　Patran 中模型加载和边界约束示意

通过 CCS 在 Patran 中的 DSA 插件,可以实现快速自动加载。主要步骤如下:
(1) 填写船舶主尺度、静水弯矩剪力等基本参数,如图 3.4.15 所示。
(2) 利用舱室识别功能划分舱室,并填写舱室参数,如图 3.4.16 所示。
(3) 利用边界条件设定功能自动获取约束点并施加边界约束,如图 3.4.17 所示。
(4) 自动生成装载工况列表,填写装载参数,如图 3.4.18 所示,点击"载荷施加"按钮即可自动施加载荷。

详细的载荷和约束施加方法请参考 CCS DSA 软件说明文档。

图 3.4.15　CCS DSA 软件模型参数填写

图 3.4.16　CCS DSA 软件舱室参数

计算机辅助船舶设计实例教程

图 3.4.17　CCS DSA 软件边界约束施加

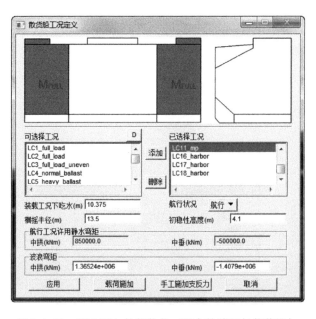

图 3.4.18　CCS DSA 软件装载工况参数填写与载荷施加

3.4.3 有限元计算求解、应力读取和强度评估

舱段有限元模型计算求解首先需要生成计算文件(*.bdf),在 Patran 的"Analysis"功能中完成,如图 3.4.19 所示。具体操作步骤如下:

(1)点击功能选项卡"Analysis"。

(2)点击进入"Solution Type"中选择"LINEAR STATIC"。

(3)点击进入"Subcase Select"中在上方选择框选择需要计算的工况,选中工况将在下方已选工况列表中列出。

(4)在功能面板点击"Apply",即可在模型数据库所在目录下生成计算文件。

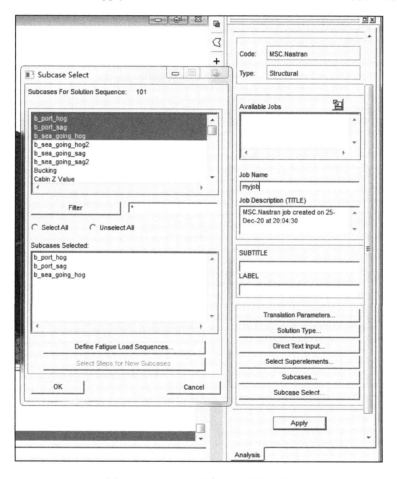

图 3.4.19 Patran 软件生成计算文件

计算文件生成后,运行 MSC Nastran 软件并选择生成的 bdf 文件进行计算,如图 3.4.20所示。计算结束后在相同文件夹下会生成结果文件(*.xdb 或 *.op2)。

计算完成后,通过 Patran 功能选择卡"Analysis"中的"Access Results"选择并读取结果文件,如图 3.4.21 所示。

图 3.4.20　MSC Nastran 软件计算文件选择

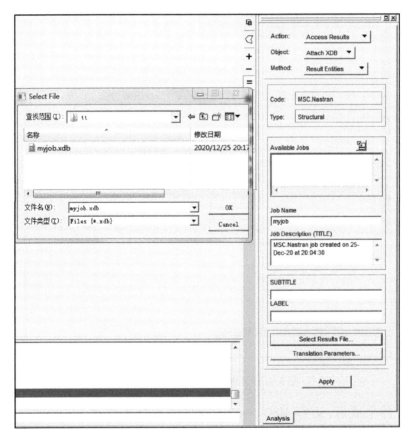

图 3.4.21　Patran 软件读取计算结果文件

结果文件读取完成后,在功能选择卡"Results"中将列出计算的各类工况结果,应力评估中最常用的 Von Mises 中面应力云图显示方法如图 3.4.22 所示。在各子卡中填写主要参数,其中第一张卡下方"Position"按钮中需选中 Z_1、Z_2,"Option"选择"Average",如图 3.4.23 所示,该参数选择表示读取单元上下表面的平均应力,即中面应力。填写完毕后,点击"Apply"即可在模型空间查看应力云图,如图 3.4.24 所示。

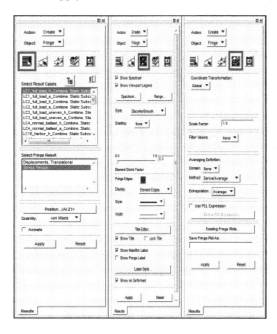 

图 3.4.22　Patran 软件应力云图显示功能参数设置　　图 3.4.23　Patran 软件读取中面应力设置

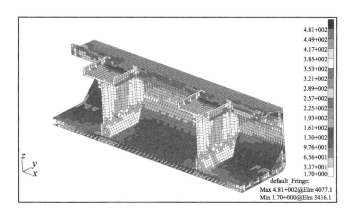

图 3.4.24　Patran 软件应力云图显示

舱段有限元的强度评估需要按规范衡准分成多组结构分别评估,并且只需读取中间货舱段的应力,通过与规范许用应力衡准比较,评估结构屈服强度是否满足规范要求。屈曲强度评估包括板格的划分、板格几何参数的读取、应力的读取等。对于某一特定的板格屈曲强度评估,可以通过读取该板格组成的单元应力,再利用规范公式手工计算屈曲强度并与规范衡准比较。批量的屈曲强度评估一般需要借助插件实现,如 CCS 的 DSA 计算插件。

思考题

1. 请在总布置图的侧视图中画出 FE、AE 的位置。
2. 规范船长的定义,如何确定 10 万吨级散货船的规范船长?
3. 简述规范计算中方形系数的计算方法。
4. 简述舱段有限元计算中 MPC 的概念。如何确定 MPC 单元的独立点、依赖点?

下 篇

第四章 轮机及电气设计

本章以10万吨级散货船为案例,介绍主要机电设备的选型计算、相关系统原理图设计以及布置。结合单线图、电力负荷计算等,介绍电力系统设计的特点。本章主要介绍基本设计和典型机电系统详细设计内容,并简要描述各设计阶段的衔接。

4.1 机电设备选型

4.1.1 主机选型

根据总体专业预估的最大持续工况点和转速范围来选定主机型号。只要选定的最大持续工况点在所选主机的规格适应范围内,所选主机型号即满足该船要求,结合市场主机品牌,选取合适的主机。

主机参数选择原则:

(1)主机功率。主机选定的最大持续工况点,不大于主机所能提供的额定最大持续工况点。

(2)主机缸数。主机缸数越多,主机的二阶不平衡力矩就越小。当低速机为7缸或7缸以上时,一般不需要加装二阶不平衡力矩平衡器。但缸数越多,主机的维护工作量越大,而且由于主机的外形尺寸更长,可能导致机舱布置困难。

(3)主机缸径。缸径越大,主机的外形尺寸越大,对机舱的空间要求越高,主机的轴线高度越高。另外,一般来说,缸径越大,主机转速越低,对提高螺旋桨推进效率有利。

(4)主机长度。主机长度是主机选型中必须考虑的一个因素,它直接影响机舱布置,是确定机舱长度的重要参数之一。如果船体线型、机舱位置已经确定,应选择能够满足船体线型和机舱布置的主机机型。如果机舱长度受到限制,应选择较小主机长度的机型。如果主机机型基本确定,应采取调整船体线型或机舱布置的办法,以相互协调。

(5)主机油耗。主机单位耗油率是直接影响船舶能效、船舶碳排放,以及船舶营运成本和船舶续航力的重要指标,应尽可能选择主机单位耗油率较低的机型。

(6)主机轴线高度。初步选定主机机型后,每型主机都有一个最小轴线高度的要求,需校核船体尾框轴线高度是否满足要求。

经选定,10万吨级散货船主机机型及参数如表4.1.1所示。

表 4.1.1 主机参数

型式	二冲程、单作用中冷、废气涡轮增压、直接换向、十字头式船用低速柴油机
型号	MAN 6G60ME－C9.5 Tier Ⅱ
额定最大持续功率	16080kW×97 r/min
合同最大持续功率	11600kW×77 r/min
持续服务功率	8816kW×70.3 r/min
气缸数	6
缸径×行程	600mm×2790mm
正车转向	从飞轮端向前看顺时针
单位耗油率	166.2g/(kW·h)+5%(在合同最大持续功率下,CMCR) 160.2g/(kW·h)+6%(在合同持续服务功率下,CSR) 燃油低发热值为42700kJ/kg(10200kcal/kg)ISO 3046/1 标准环境状况
滑油耗量	35kg/天(在合同最大持续功率下)
气缸油耗量	0.6 g/(kW·h)(在合同最大持续功率下)
增压器出口废气温度	224℃
最大启动空气压力	3.0MPa

4.1.2 发电机组选型

根据电气专业电力负荷计算书结果,确定发电机组的容量及数量。

根据船舶运行、作业情况,发电机组的运行工况可分为航行、进出港、装卸货、停泊、压载等工况。作为中大型散货船,正常航行工况下开启一台发电机组,其他工况最多开启两台发电机组,同时始终保持一台发电机组处于备用待机状态,因此确定选用三台发电机组。同时考虑各种工况下发电机组负载系数不超过85%,根据正常海上航行工况下的总耗电量选取单台发电机组的容量,选定发电机组输出功率约为990kW,机组负载系数为82.43%。

电力负荷计算结果见表 4.1.2。

表 4.1.2 电力负荷计算结果

序号	工况	航行	进出港	装卸货	停泊
1	正常工况电力负荷	816.1kW	895.1 kW	324.1 kW	323.8 kW
	运行机组数量	990kW 1 台	990kW 2 台	990kW 1 台	990kW 1 台
	负载系数	82.43%	45.21%	32.74%	32.71%
2	压载置换工况电力负荷	1336.6 kW	1215.6 kW	844.6 kW	323.8 kW
	运行机组数量	990kW 2 台	990kW 2 台	990kW 2 台	990kW 1 台
	负载系数	67.5%	61.4%	43%	32.71%

中大型散货船多采用中速柴油机作为发电机的原动机。频率为60Hz的发电机,转速为720r/min或900r/min。在各大发电机厂商的产品中,匹配相应容量的产品,经过筛选和对比,综合考虑主发电机组布置、油耗、价格及振动等因素确定发电机组机型。

10万吨级散货船发电机组机型及参数如表4.1.3所示。

表4.1.3 发电机组参数

型式	直列式、水冷、直接喷射式废气涡轮增压中冷、四冲程、筒形活塞式船用中速柴油机
型号	6DK-20e(日本大发柴油机)
气缸数	6
缸径×行程	200mm×300mm
柴油机最大持续功率	1040kW
发电机端输出功率	990kW
转速	900 r/min
单位耗油率	196 g/(kW·h) +5% 燃油低发热值为42700kJ/kg(10200kcal/kg) ISO 3046/1 标准环境状况
滑油耗量	0.8g/(kW·h)(在最大持续功况下)
电压和频率	450V 60Hz

4.1.3 蒸汽锅炉选型

1. 蒸汽加热平衡计算

散货船通常选用蒸汽锅炉作为热源向用汽设备供汽。锅炉产生的蒸汽主要用于动力装置所用的燃油、滑油及其他各种液体的加热、舱室空调和取暖以及其他杂用,因此饱和蒸汽压力在0.6~0.7MPa即可满足使用需求。

锅炉蒸发量主要是根据蒸汽加热平衡计算确定,参见《计算机辅助船舶设计与制造》7.2.2节,主要包括各种加热器的蒸汽耗量、舱柜加热和保温的蒸汽耗量、燃油伴行加热管蒸汽耗量、空调加热取暖的蒸汽耗量。

蒸汽加热平衡计算结果如表4.1.4所示。

表4.1.4 蒸汽加热平衡计算结果

序号	蒸汽耗量	航行	进出港	装卸货	停泊
1	冬季工况蒸汽耗量/(kg/h)	1626.37	1508.03	1317.66	1542.42
2	夏季工况蒸汽耗量/(kg/h)	685.05	643.45	453.08	625.18
3	ISO工况蒸汽耗量/(kg/h)	759.61	685.25	495.93	695.29

2. 废气锅炉蒸发量选取

根据表4.1.4,本案例船舶蒸汽加热平衡计算结果,在ISO环境工况下船舶正常航行所需蒸汽耗量为759.61kg/h。10万吨级散货船选用的 MAN 6G60ME-C9.5 主机,在持续服务功率下排出的烟气量为74880kg/h。在充分利用主机烟气余热后,废气锅炉产生的最大蒸汽量是1205kg/h,见表4.1.5。因此实际选取的废气锅炉蒸发量,既要满足 ISO 工况下船舶的蒸汽消耗,又不超出主机烟气能够产生的最大蒸汽量。由于饱和水蒸气的饱和温度随饱和压力的下降而降低,较低的水蒸气饱和温度,更有利于回收更多的主机烟气能量。因此,常在设计中采用0.6MPa 的饱和水蒸气。另外,根据船级社规范的要求,选择0.6MPa 工作压力可以免除蒸气管系采用二极管,从而降低建造成本。故本案例船舶的废气锅炉蒸发量选取1200kg/h,工作压力为0.6MPa。

废气锅炉蒸发量计算结果如表4.1.5所示。

表4.1.5 废气锅炉蒸发量计算结果

序号	项目	符号	单位	取值或公式
1	主机持续服务工况烟气量	G	kg/h	74880
2	烟气比热	C_g	kJ/(kg·K)	1.06
3	主机增压器出口烟气温度	t	℃	224
4	烟气进锅炉温度	t_1	℃	$t_1 - 2 = 222$
5	烟气出锅炉温度	t_2	℃	184
6	废气锅炉散热损失	ϕ	%	3%
7	废气锅炉工作压力	P	MPa	0.6
8	废气锅炉工作压力所对应饱和蒸汽焓	i''	kJ/kg	2762.9
9	锅炉给水温度	t'	℃	80
10	废气锅炉给水温度对应焓	i'_w	kJ/kg	334.92
11	最大蒸汽产量	q_{mb}	kg/h	$q_{mb} = \dfrac{C_g(t_1 - t_2)(1 - \phi)}{(i'' - i'_w)}$ $= 1205$

3. 燃油锅炉蒸发量选取

根据蒸汽加热平衡计算,船舶在不同环境和营运工况下的蒸汽耗量是不相同的。在冬季停泊时,无法通过主机烟气产生蒸汽,所有蒸汽都需要通过燃油锅炉产生,因此在冬季停泊期间所需燃油锅炉蒸汽量最大,为1542.42kg/h。由于同一规格的锅炉燃烧器蒸发量范围跨度较大,在不额外增加设备采购成本的前提下,可以适当增大燃油锅炉蒸发量的设计裕量,提高燃油锅炉的加热性能。因此10万吨级散货船燃油锅炉蒸发量选取1800kg/h。

综合上述分析,10万吨级散货选用1台燃油/废气组合锅炉,型式及参数如表4.1.6所示。

表 4.1.6　燃油/废气组合锅炉型式及参数

序号	型式	立式、筒形、强制通风、船用锅炉
1	蒸发量	燃油侧:1800kg/h 废气侧:1200kg/h(在主机持续服务功率和ISO环境条件)
2	工作压力	0.6 MPa
3	给水温度	80℃
4	燃油消耗量	140kg/h

4.1.4　其他主要设备选型

1. 燃油分油机

$$Q_{燃油} = G_{燃油} \times 10^{-3} \times C \times 24/(T \times \rho)$$
$$= 2.55 \times 10^{-3} \times 1.05 \times 24/(23.5 \times 0.99)$$
$$= 2762 \text{L/h}$$

式中　$Q_{燃油}$——燃油分油机有效分离量；

$G_{燃油}$——燃油消耗量，$G_{燃油} = 2.55$t/h；

C——安全系数，$C = 1.05$（根据分油机厂家推荐）；

T——每天分离时间，$T = 23.5$h（根据分油机厂家推荐）；

ρ——在分离温度下的燃油密度（kg/L），$\rho = 0.99$kg/L。

选取燃油分油机规格为 2900L/h×2 台。

2. 主机滑油分油机

$$Q_{滑油} = K_m \times N$$
$$= 0.136 \times 11600$$
$$= 1578 \text{L/h}$$

式中　$Q_{滑油}$——主机滑油分油机有效分离量；

K_m——尺寸系数，$K_m = 0.15$；

N——主机合同最大持续功率，$N = 11600$kW。

选取主机滑油分油机规格为 2200 L/h×2 台。

3. 主空压机

用压缩空气启动的主推进柴油机，至少设有两台充气空压机，其总排量应满足在1h内将主空气瓶从大气压力充注到主机启动的最高压力(3.0MPa)。

$$Q_{主} = V_{主} \times n \times (P_{max} - P_0) \times 10/T$$
$$= 6 \times 2 \times (3-0) \times 10/1$$
$$= 360 \text{m}^3/\text{h}$$

式中　$Q_{主}$——主空压机总排量；

$V_主$——主空气瓶容积,$V_主=6m^3$;

P_{max}——主空气瓶最大启动压力(表压),$P_{max}=3MPa$;

P_0——大气压力(表压),$P_0=0MPa$;

n——主空气瓶数量,$n=2$;

T——时间,$T=1h$。

选取 2 台主空压机,规格为 $180m^3/h×3.0 MPa$。

4.2 管路系统原理图设计

管路系统是供船舶航行、乘员生活和工作、货物装卸和灭火防爆等使用的各种管路系统,由输送流体介质的管道、阀件、容器、机械设备、监测仪表及其操作装置等组成,形成具有各种不同功能和服务的专用管路系统。管路系统分为船舶管路系统和动力管路系统两大类。船舶管路系统用以保障船舶安全、控制船舶浮态、货物操作及确保乘员具有良好的生活和工作条件,主要有压载水系统、舱底水系统、生活用水系统、供暖系统、空气调节系统、制冷系统、甲板排水系统、甲板冲洗系统、甲板洒水系统、疏水系统、污水处理系统、洗舱系统、杂用压缩空气系统、灭火系统、惰性气体系统等。动力管路系统,是为保障船舶动力装置正常工作而设置的,主要有燃油系统、滑油系统、冷却水系统、压缩空气系统、排气系统等。

管路系统原理图一般按系统功能分类进行设计,管路系统图中的管路、阀门、附件等应确保完整,且明确各系统原理图之间的接口。现以 10 万吨级散货船的海水冷却系统、机舱压缩空气系统、生活污水处理系统为例予以说明。

4.2.1 海水冷却系统

冷却水系统分为开式和闭式两种,目前主要采用闭式淡水系统,也就是中央冷却系统。10 万吨级散货船选用的海水冷却系统,为中央冷却的海水冷却系统,其原理是海水冷却淡水,淡水再冷却相关设备。海水冷却系统原理图如图 4.2.1 所示。

配置的主要设备有海底阀箱、海水滤器、冷却海水泵、中央冷却器等。海水系统根据船型还会配置造水机海水泵、真空冷凝器海水泵、废气清洗系统海水泵、惰气或氮气发生器海水泵等。

常规海水冷却系统设备布置及系统流向顺序为海底阀箱、海水滤器、海水总管、主海水泵、中央冷却器、舷外阀(管)排至船外。

(1)海底阀箱:常规设有高、低位各一只海底阀箱,海底阀箱需装设蒸汽及压缩空气吹洗管,压力一般为 0.2MPa,海底阀箱的结构设计压力满足吹洗管压力要求。海底阀箱出口,安装有液压手动蝶阀,手轮安装高度距操作平台不低于 460mm(CCS 规范要求不低于 450mm),液压手摇泵安装高度根据浸水计算确定。

第四章 轮机及电气设计

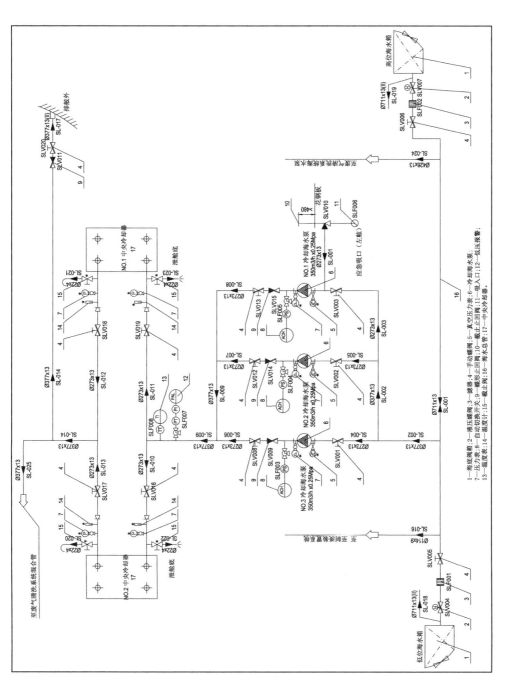

图 4.2.1 海水冷却系统原理图

(2)海水总管:海水总管口径的设置需满足在流速不高于3m/s的情况下保证所有用水需求,海水总管两端安装有主海水滤器。

(3)主海水泵:常规海水泵配置为2台100%能力或是3台50%能力,出口设置止回阀,并设置压力开关用于备用泵启动。通常,其中一台海水泵具有自吸能力,兼做应急舱底水泵使用。

(4)中央冷却器:通常为板式冷却器,数量为2个(个别船型大于2个),并联布置。冷却器的进出口安装有压力表、温度计、透气和泄放阀。

(5)海水冷却水管路设计流速应按照CB*/Z 344—1985《动力管路的流速》,最高不超过3m/s,设计流速一般取约2m/s。其中,管子流速和管径计算见式(4-2-1),结果见表4.2.1。

$$D_i = [G/(900 \times \pi \times V)]^{0.5} \qquad (4-2-1)$$

式中　D_i——管子内径(m);
　　　G——体积流量(m³/h);
　　　V——管内流体流速(m/s)。

表 4.2.1　海水冷却总管直径计算

序号	项目	符号	单位	取值或公式	结果
1	压载泵	G_1	m³/h	已知	4000
2	冷却海水泵	G_2	m³/h	已知	700
3	消防总用泵	G_3	m³/h	已知	180
4	造水机海水泵	G_4	m³/h	已知	50.4
5	脱硫塔海水泵	G_5	m³/h	已知	1200
6	每个海水箱的海水量	G	m³/h		
6	正常航行			$G_2+G_3+G_4+G_5$	2130
6	正常航行期间进行压载水置换			$(G_1+G_2+G_3+G_4+G_5)/2$	3065
6	停泊			$G_2/2+G_3$	530
7	海水总管内海水流速	V	m/s	取值	2.3
8	海水总管内径	D_i	mm	$[G/(900\times\pi\times V)]^{0.5}\times 10^3$	687
9	海水总管实际选取内径		mm		685

4.2.2　机舱压缩空气系统

机舱压缩空气系统是用压缩空气启动船舶推进主机和辅机。该系统除了向被启动对象提供启动空气外,还能够向船上其他需要压缩空气的设备、控制仪器仪表和杂用设备等输送压缩空气。这些压缩空气通常从主空气瓶引出,经减压阀组后至各用气设备。机舱压缩空气系统原理图如图4.2.2所示。

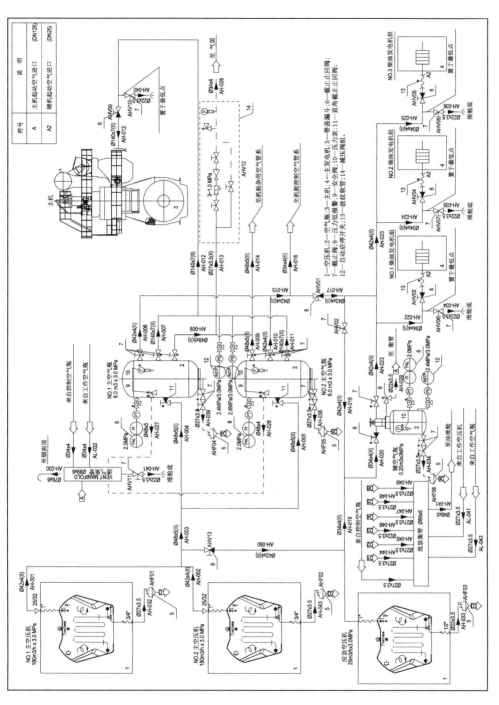

图 4.2.2 机舱压缩空气系统原理图

机舱启动空气系统的主要设备包括主空压机、应急空压机、主空气瓶、辅空气瓶,以及相应的管路、阀件、附件等。

机舱启动空气系统管路按用途分为以下几部分:主空压机到主空气瓶管路,主空气瓶到主机启动管路,主空气瓶到辅机启动管路,主空气瓶安全阀排出管路,主空压机、主空气瓶泄放管路。应急空压机到辅空气瓶管路,辅空气瓶到辅机启动管路,辅空气瓶安全阀排出管路,应急空压机、辅空气瓶泄放管路等。

钢质海船中,供主机启动用的主空气瓶至少设两个,不补充充气的情况下,其总容积满足主机启动次数的需要。可换向的主机,从冷机正倒车交替连续启动,每台主机不少于12次。不可换向主机,从冷机连续启动,每台不少于6次。

设置一个辅空气瓶,在不补充充气的情况下,容积满足一台柴油发电机组启动3次的需要。设置一台应急空压机,其排量应满足"瘫船启动"时间要求。

通常机舱启动空气系统工作压力为3.0MPa(主要取决于被启动对象的需求),管材通常选用船用无缝钢管。

主空压机和主空气瓶的泄放通常引至带盖的漏斗内。主空气瓶安全阀的排出端引至烟囱顶部适当高度,若确实不能引到烟囱顶,则需要引至其他机舱外安全区域,并考虑周围状况,避免伤人。

每台空压机的排出管应直接接至每只启动空气瓶。在空压机和空气瓶之间设有油气分离器或过滤器,用以分离并泄放空压机排气中所含的油和水。

主、辅机启动空气管路的最低点应设置泄放阀。

在通往柴油机的启动空气管路上,应设有截止止回阀或等效设施,以保护压缩空气管路不受气缸内爆炸气体的影响。

主空气瓶除了配置必要的阀门外,还应该配置压力表和压力传感器,以便随时监测主空气瓶内的压缩空气压力。

设置控制主空压机启、停的压力开关或压力传感器,满足空压机自动启停需要。

4.2.3 生活污水处理系统

生活污水处理系统是保证船员正常生活,并减少对海洋环境污染的重要系统,该系统主要是对来自生活区的黑水、灰水、病房水、厨房污水进行处理、储存、通岸、排放,对于受控区域,应先将黑水、灰水进行收集储存,待进入排放区后,可直接排入海中。生活污水处理系统原理图如图4.2.3所示。

主要配置的设备有污水处理装置、生活污水排放泵、撇油器、生活污水收集柜和灰水收集柜等。

污水处理装置主要有生化法和物化法两种型式。

生化法采用培植大量细菌消化生活污水中的有机物质,并对其进行处理。常用曝气维持细菌群。通过好氧菌为主的活性污泥以分解生活污水。当含有细菌的被分解的生活污水进入消毒腔内时,再用消毒剂将细菌杀死,这时才可将生活污水排出舷外。

第四章 轮机及电气设计

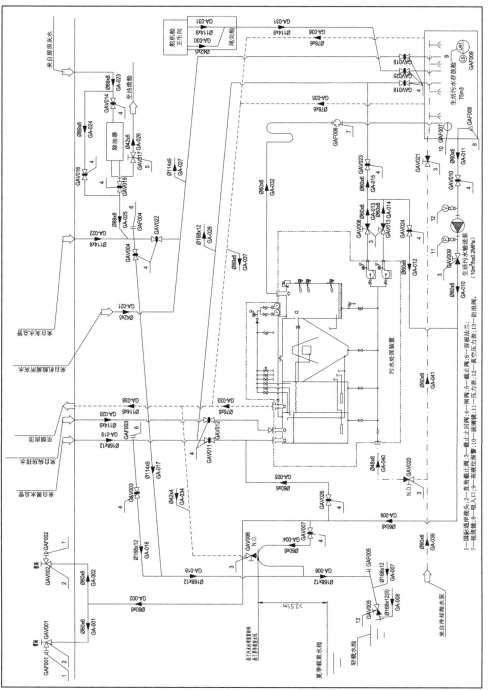

图 4.2.3 生活污水处理系统原理图

物化法采用物理原理对生活污水进行分离,并将分离出的固体予以储存,并在以后进行粉碎排出,对分离的污水用化学药剂进行消毒并排出舷外。

本案例船舶采用生化法生活污水处理装置,该型式目前在大中型船舶中被广泛采用。

污水收集舱:对于航行于有生活污水禁排要求的区域(如特殊区域或港口)的船舶,应设置足够容量的污水收集舱。

污水收集柜容积计算见式(4-2-2),结果如表4-2-2所示。

$$V_S \geq 10^{-3} \cdot P \cdot D \cdot q \qquad (4-2-2)$$

式中:V_S 为生活污水收集柜的容积(m^3);P 为船上乘员人数(人);D 为需容纳生活污水的天数(天);q 为每人每天产生的生活污水量(L/人·天)。

生活黑水量 q_1:真空便具 $q_1 = 35$ L/(人·天);常规便具 $q_1 = 70$ L/(人·天);

生活灰水量 $q_2 = 110$ L/(人·天)。

表 4.2.2 污水收集柜容积计算结果

序号	项目	符号	单位	取值或公式	结果
1	船上乘员人数	P	人	已知	25
2	每人每天产生的生活污水量	q	L	已知	180
3	需容纳生活污水的天数	D	天	已知	7
4	需要的生活污水收集柜容积	V_S	m^3	$P \times D \times q \times 10^{-3}$	31.5
5	实际的生活污水收集柜容积		m^3	根据客户要求	75.9

4.3 机舱布置

4.3.1 机舱平台的划分原则

机舱布置首先衡量机舱的总高、总长、宽度等尺寸,以满足主机的布置、吊缸、抽轴、通道等要求。在基本设计和主机选型阶段充分考虑这些要素,并初步确定主机安装位置。详细设计阶段,机舱布置在总布置图的基础上,对主机定位进行校核,同时将机舱内主机周围上下空间分隔成若干层平台,用以安装各种设备。平台的层数越少越好,以满足设备布置需要为原则。各层平台的高度需满足设备拆卸及平台下面的管路、风道等空间,以及通道区的高度要求。平台划分时,优先考虑安装主发电机组的平台,以满足发电机布置、吊缸、维修等要求。根据双层底高度、轴线高度、主机空冷器下通道高度等因素确定底层高度。对于中大型散货船机舱下平台高度一般与主机上走台高度尽可能对齐,保证主机顶撑的结构加强,以及人员通道畅通。

以10万吨级散货船机舱布置为例,见附录一。

(1) 机舱底层距基线 4800mm。

① 与主机下走台高度基本一致,便于进入主机检修门进行维护检修。

②距主机空冷器下平面高度约2120mm,保证通道高度满足要求。

③距离底部舱顶高度2265mm,便于底层下方管路布置以及船员进行正常的巡视检查。

(2)机舱下平台距基线10650mm。

与主机上走台相同高度,既保证了机舱平台与主机走台之间的通道畅通,又保证主机上走台下方的主机侧向支撑,与船体强结构的固定连接。

(3)机舱上平台高度距基线14800mm。

①与下平台之间层高4.15m,可以保证机舱下平台大型设备的拆卸高度,主要考虑层高可以满足分油机的吊运高度、压载水处理装置滤器的拆卸高度、主机滑油自清滤器滤芯的拆卸高度、中央冷却器的安装高度。同时预留足够的高度用于平台下的管路、风道、电缆的布置。

②与上甲板之间层高5.7m,可以保证机舱上平台大型设备的拆卸高度,主要考虑层高可以满足柴油发电机组上方吊梁的吊缸高度。

4.3.2 机舱设备、舱柜、房间布置原则

将功能关联的设备尽可能布置在一起,使其布置紧凑、合理。按其功能不同(如船舶系统、冷却水、燃油、滑油、电站等)分区布置,以便维护使用并节省管路。设备布置应考虑与主机的接口位置尽可能近,最大限度减少管系长度,降低空船重量。所有海水泵均应布置在压载水线以下。燃油和柴油驳运泵、主机滑油净油机供给泵等,由于要抽吸机舱双层底燃滑油舱内的燃滑油,布置应略低于机舱底层,以尽量减小吸入阻力,满足驳运泵自吸高度要求。其他各泵均应按其功能特点妥善布置。有特定安装高度要求的液体柜,如艉管滑油重力油柜、淡水膨胀柜、温水箱、污水收集柜、焚烧炉点火用柴油柜,以及MAN主机的扫气箱泄放柜等均应按要求分别布置相应的位置。燃油相关设备如燃油分油机等避免布置在集控室下方,分油机区域与主干电缆不能布置在一起。

1. 主机的布置要点

(1)主机前端(底层),保留足够的空间以布置自身管路及冷却海水泵、压载泵等泵组和海水总管、舱底压载等管系。主机两侧留出必要的管路空间和维修空间。

(2)主机纵向定位时,保证主机油底壳出油口位于相邻两挡肋板之间,主机基座螺栓孔与肋板尽量减少位置重叠。必要时可以与主机厂家协调修改主机油底壳出油口位置。

(3)主机纵向定位时还应考虑到机舱平台开口的位置。平台开口的前后端尽可能位于强肋位,主机(包括走台)完全位于开口当中。

2. 发电机组布置要点

(1)发电机组之间的通道大于等于600mm,机组与舱壁距离大于等于800mm(600mm为通道,200mm为舱壁上安装设备管路),与支柱间距离大于等于200mm,发电机组布置成使其转轴中心线与艏艉平行以减小振动。

(2)发电机组的布置应考虑主干电缆的走线方便,常规在发电机组下方预留至少600mm 的电缆走线空间。

(3)发电机组的布置位置,应具有足够的通风,以保证发电机组的正常工作。通常根据发电机组的柴油机燃烧所消耗空气量,推算增压器处的送风量。根据发电机组的散热量推算用于散热的通风量。

(4)发电机组的上方,设置吊梁和滑车供维修用。吊梁高度需满足吊缸要求。发电机组四周空间还应满足缸头、缸套、活塞、空冷器、主轴承等部件的拆卸维修空间。

3. 泵的布置要点

(1)泵的安装高度应充分考虑泵的自吸能力。在船舶允许的最大横倾或纵倾下,使无自吸能力的泵保持正压头,有自吸能力的泵吸口与工作液面垂直距离尽可能小于4000mm,对高温水(如炉水循环泵,易产生汽蚀余量不足)、高黏度液体输送泵(如重燃油供给泵,易导致吸入段阻力过大)等情况,其布置位置应予以重点考虑。常见泵的型式及安装高度见表 4.3.1。

表 4.3.1 常见泵的型式及安装高度

泵	系统	泵型式	自吸	安装高度
海水冷却泵	海水冷却系统	离心泵	否	轻载水线下,尽可能低
淡水冷却泵	淡水冷却系统	离心泵	否	由膨胀水箱提供吸口正压,安装高度无明显限制
主滑油泵	主滑油系统	深井泵	否	由舱内液位提供吸口正压
压载泵	压载水系统	离心泵	是	机舱底层
舱底水泵	舱底水系统	离心泵	是	机舱底层

(2)卧式泵的布置,使其回转轴线沿船的艏艉方向布置。

(3)泵的布置应考虑所属系统的管系原理,以满足管路系统的设计功能,如互为备用的泵应并列布置。位于花钢板之下的立式泵,应将其电机露出花钢板,泵及管系不遮挡人孔盖。

4. 其他辅助设备布置要点

(1)对液体流动性差的有关设备,注意其位置要满足管道布置要求。如净油机的油渣排出管,污水处理装置的粪便水进入管尽量短,其水平倾斜度(或垂直倾斜度)考虑设备的要求。

(2)海底阀箱的布置,应使主海水冷却泵有不少于两个舷外海水进口,并布置在机舱的艏部。内河船应位于压载水线下 300~500mm,海船应在船舶横倾 15°与船舷交点位置以下。

5. 维修空间和起重设备布置要求

(1)所有机械设备都要考虑维修拆装空间和场地,如主辅机的吊缸高度,各种换热器管子的拆装空间等。

(2)对人力不及的较重的机械零部件,应备有起吊设备。大型船舶的起重机,涉及起吊备件,机修间和物料间的物件进出机舱,并与整船吊运线路衔接。

(3)对不经常拆装的机械设备,上方应设置小吊梁或吊装眼板。

(4)机舱吊口的大小应考虑发电机或发电机转子以及其他重、大备件的进出。

6. 舱柜布置要点

(1)下列相邻舱柜之间应设置隔离空舱:滑油舱柜与燃油舱柜、滑油舱柜与淡水舱柜、燃油舱柜与动力锅炉水舱柜、燃油舱柜与淡水舱柜。

(2)对于油船机舱或其他机器处所,常采用货油泵舱或燃油舱将机舱与货油舱(或污水油水舱)隔开,否则其间应设隔离空舱。

(3)布置淡水膨胀柜、滑油重力柜、气缸油测量柜及靠重力供油的燃油日用柜时,应根据其具体要求仔细校对其安装高度。

(4)燃、滑油舱柜尽可能成为船体结构的一部分。如在机舱内时,尽量保证它们的垂直侧面之一,连续于机舱限界面。位于机舱平台上的燃、滑油舱一般顶部留出800mm、底部留出600mm的空间。

(5)燃、滑油舱柜不布置在高温表面(排气管、锅炉)上方。轻柴油柜和燃料油柜不宜相邻布置以免轻柴油被燃油舱加热。

7. 集控室、机修间和物料间布置要点

(1)集控室尽可能设在机舱内振动和噪声较小的地方,与梯道或电梯(若有时)布置在同一船舷,并有两个尽可能远离的出入口通道。集控室的位置也应考虑电缆通道的走向。

(2)集控室尽可能与机修间布置在同层。机修间及物料间在同一层甲板上相邻布置,以便两室之间搬运物料。

8. 以10万吨级散货船机舱布置为例(见附录一)

(1)底层主机前端保留足够的空间布置冷却海水泵、压载泵、消防总用泵、舱底总用泵等泵组和海水总管、舱底压载等管系。

(2)主机两侧留出必要的管路空间和维修空间,左舷布置日用舱底泵、造水机海水泵、舱底水油水分离器、滑油输送泵,右舷布置油渣泵、燃油输送泵、轻柴油输送泵、主机扫气箱泄放柜、滑油分油机供给泵。

(3)主机后端布置主滑油泵、艉管滑油输送泵、艉管密封系统相关设备。

(4)机舱下平台左舷艏部集中布置压载水处理装置相关设备,下平台左舷艉部集中布置主机滑油相关设备,包括主机滑油冷却器、主机自清滑油滤器、主机滑油旁通滤器,以及高低温冷却水相关设备,包括低温冷却水泵、中央冷却器、主机缸套水冷却泵、主机缸套水冷却器、造水机等设备。

(5)机舱下平台右舷布置分油机室,集中布置燃滑油分油机以及主辅机供油单元等设备。

(6)机舱上平台左舷艉部集中布置生活用冷热水系统相关设备,包括淡水泵、淡水压力柜、消毒器、矿化装置、热水柜、热水循环泵等设备,左舷艏部布置集控室和轻柴油舱。

(7)上平台右舷艏部集中布置压缩空气系统相关设备,包括主空压机、应急空压机、工作空压机、主空气瓶、辅空气瓶、工作空气瓶、控制空气瓶、控制空气干燥器等设备,右舷艉部布置机修间、机舱备品间,舷侧布置燃油舱柜。

4.3.3 机舱通道布置

机舱至少有两个通向干舷甲板或舱壁甲板的出入口,两个出入口的布置尽可能互相远离并出入方便。小型船舶梯道可仅设一个,梯道与花钢板的倾角小于等于60°,扶梯净高小于等于4000mm。当船的型深大于15m时考虑设机舱电梯,但机舱电梯不得视为逃生通道。此外设有从底层直至敞开甲板上的逃生通道。机舱底层和主甲板下各层主平台上,均设置可进入逃生通道的门。集控室及机修间需要设置带有围壁的应急脱险通道,可分开设置也可根据实际布置情况共用一个。

以10万吨级散货船机舱布置为例,见附录一。

(1)本案例船舶机舱共设置2条常规逃生通道,1条从底层到主甲板的应急逃生通道和1条机修间独立应急逃生通道。

(2)机舱上平台艏部布置一部通往主甲板斜梯,艉部布置一部通往烟囱围井的斜梯。

(3)机舱艏部左舷靠近船舯位置布置从底层直至主甲板的应急逃生通道。

(4)集控室可以直接进入底层直至主甲板的应急逃生通道。

(5)机修间设置独立的应急脱险通道至主甲板。

4.4 电气设计

电气专业的详细设计主要任务,是船舶电力供应体系,服务主辅机控制,监测船舶安全及生活设施等方面的系统设计。本节结合案例船型10万吨级散货船,逐项介绍各典型系统设计特点。

4.4.1 电力一次二次系统

通常的散货船电力系统是由发电系统和配电系统两部分构成。发电系统又分为主发电机系统和应急发电机系统。对应的配电系统也分为主配电系统和应急配电系统。每个配电系统都有一个配电盘,分别称为主配电盘和应急配电盘,以及若干正常分电箱和应急分电箱(主分电箱习惯称为正常分电箱)。

上述体系中,直接和配电盘有电气连接的这部分称为一次系统;通过分电箱供电的称为二次系统。用于动力供应的电源,一般采用AC440V 60Hz的三相三线绝缘系统;另外的照明和小功率用户,采用 AC220V 60Hz 单相供电,电源来自几台变压器,变压器直接连接到配电盘。

主发电机系统通常由 3 台发电机组成,运行其中的 1~2 台应对船舶的各种工况,另外 1 台作为备用。当运行发电机发生故障导致电网失电时,备用发电机在 PMS(电站功率管理系统)的控制下,首先自动启动,然后自动同步并车投入电网,从而恢复供电。如果 45s 之内供电没有恢复,应急发电机将自动启动,连接到应急配电盘,保障重要的应急设备第一时间恢复供电。结合配电系统的分段设计、双路供电或双套系统,共同组成电力系统的冗余设计,以便应对航行中的恶劣、突发情况,提高供电的连续性。

如图 4.4.1 所示,电盘中间设有联络开关,3 台发电机分布在两侧,双套设备两侧各有一套,互为备用。主滑油泵、主海水泵、主淡水泵等重要负荷,其启动器与配电盘组合,称为组合启动屏。通常 AC220V 供电、经由外部房间的变压器,降压后回到电盘一端的馈电屏上。虽然这个馈电屏也与主配电盘组合,但它和主配电盘并没有电气连接。有时也会因为空间原因,将馈电屏单独布置。

案例 10 万吨级散货船,如图 4.4.1 所示,将两套 DC24V 充放电盘也放到本系统图中。一套机舱充放电盘是按照入级的船级社规范,额外单独布置,主要给发电机和配电盘使用。另一套总用充放电盘,供应其他的全船负载。

标注说明:

(1)联络开关所在同步屏,用"SYN. PANEL"字符及相应符号表示。

(2)3 台发电机所在屏分布在联络开关两侧,用"G1~3 No.1~3 Main generator"字符相应符号表示。

功率较大或者较为重要的设备,会直接连接到一次系统,例如锅炉、锚绞机、造水机等,包括变压器的供电。而一些功率不太大(小于 5kW)但非常重要的设备,也会连接到主配电盘或者应急配电盘上。平时应急配电盘的电源也来自主配电盘,而只有应急发电机运行时,应急负载的电源才是真正的应急电源。应急负载如舵机、应急消防泵、应急变压器等。

短路电流计算和选择性保护分析,通常采用 CCS 发布的 COMPASS 软件进行,用于对电力系统的开关选择、电缆选择进行校核,以实现对电力系统的安全保护和分级切断功能。这里需要提供发电机的相关参数、电缆的长度及规格、开关的型号和分断能力,以及单线图等。

电压降计算主要是核对电缆规格选取是否合适,规格既不能选择太大,也不能选择太小,太大不经济,太小不满足规范,因此需要根据计算结果综合考虑。例如一个负载功率是 15kW,选用 3×4 规格的电缆就可以了,但压降计算时发现压降超标,因此原来选用的规格就偏小,不满足规范,需要改用 3×6 规格的电缆。此时,选用 3×10 规格当然满足压降要求,虽然不经济,但综合考虑结果,仍选用 3×6 规格。同样的,压降可以采用 COMPASS 软件进行计算和核对。

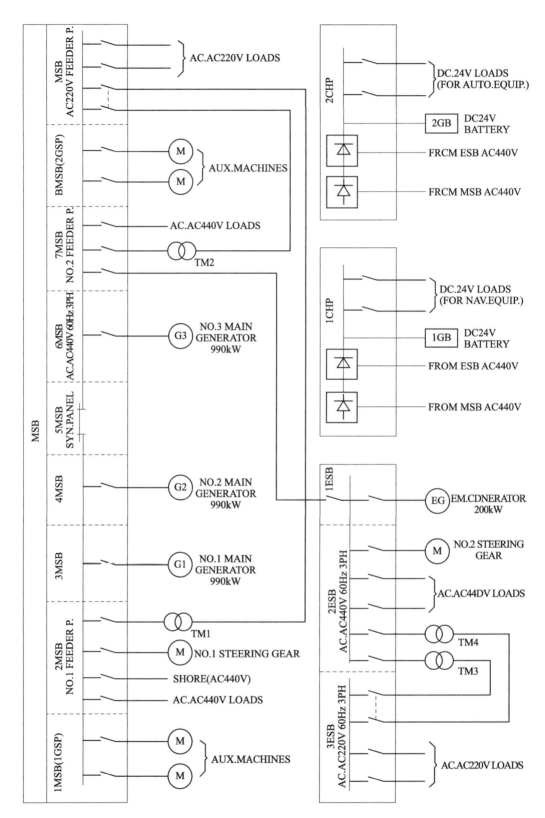

图 4.4.1 电力系统基本馈线图

顺序启动压降计算,则是用于核对一次系统供电能力,当电网失电到恢复供电时,如所有重要负载同时启动,将对电网造成冲击,因此通过延时部分负载的供电时间,逐一将负载增加到电网上。首先是获取发电机厂家的启动参数,其中各级功率的百分比代表的是发电机带负荷分步启动的能力;然后计算并不断调整负载的启动顺序,从而实现每一级的压降都控制在可接受的范围之内。调整的原则是重要负载尽量早供电,一般可以分 5 级启动。

为保障供电连续性,当某一工况发生功率不足情况时,需要对非重要负载,例如空调等进行自动脱扣,降低电网总负荷,同时发出信号告知船员进行故障处理,这个称为优先脱扣。也可以按照设备功率和非重要的程度,分级别进行脱扣,这些信息也需要标注在本系统中。

另外,本系统还需要考虑应急停止的需要。当机舱失火等情况发生,需要按照提前设置好的设备清单,一键自动停止相关的设备运行,例如风机/油泵,避免造成损失扩大。这些信息应标注在电力一次系统图的各负载上,便于船东船检审图,以及设备厂家配套使用。

4.4.2 电力负荷计算

本节以 10 万吨级散货船为例,进行电力负荷计算。

电力负荷计算实际上是电力负荷估算,在基本设计时完成初步估算,在详细设计阶段各设备的实际功率都确定之后,再次进行电力负荷计算,也是对发电机选型进行的校核。

计算中采用的二类负荷法,主要是将负荷分为连续供电设备和间歇性供电设备。通过对各种工况下各设备的运行情况进行登记,标注同时使用系数,从而估算该工况下的发电机消耗功率。同时使用系数是针对间歇性负载而言,主要考虑到这些负载在相应的工况下,不会在同一时间全部都投入使用,通过适当选取 0.4~0.5 的系数,进行模拟估算。案例 10 万吨级散货船的计算汇总页如表 4.4.1 所示。

负荷系数反映的是设备实际从电网分配的功率,由于设备功率都有余量,从而需要通过该系数进行经验性调节,以便尽量反映该工况下的实际需求。例如舵机功率很大,但在正常航行时只需要小角度偏转,作为连续负荷,系数可以取比较小的 0.2~0.3,从而体现在计算表中的功率消耗并不大。而在进出港工况下,经常需要较大舵角,此时系数可以适当提高。

设备确定后,得到电负荷的额定功率、使用的数量等信息,计入计算表格,分别汇总各工况下的总功率。通常按照正常航行工况运行一台发电机,使用 70%~90% 的功率进行发电机选型,同时需要兼顾各工况的情况,以保障必要的经济性指标。

计算书对负载还按照用途进行细分分组,但仍然属于二类负荷法。有重要设备组、空调通风组、机修组、厨房洗衣设备、甲板组、照明、通导共 7 组。

表 4.4.1 散货船电力负荷计算汇总表

No.	Consumer	load		P kW	Set	ELECTRIC POWER BALANCE																	PAGE 9
						Normal sea Service				At port (In/Out)				At Loading/unloading				Harbour Service				Emergency Service (FIRE IN E/R 机舱失火)				Emergency Service (NON FIRE 非失火)				Remark
						Load Factor	Use Set	C.L. kW	I.L. kW	Load Factor	Use Set	C.L. kW	I.L. kW	Load Factor	Use Set	C.L. kW	I.L. kW	Load Factor	Use Set	C.L. kW	I.L. kW	Load Factor	Use Set	C.L. kW	I.L. kW	Load Factor	Use Set	C.L. kW	I.L. kW	
	CONTINUOUS LOAD							756.3				1139.7				169.7				161.9				137.1				124.1		
	INTERMITTENT LOAD								149.5				189.9				386.1				404.9									
	INTERMITTENT LOAD DIVERSITY FACTOR								0.4				0.4				0.4				0.4									
	INTERMITTENT LOAD REQUIRED POWER								59.8				76.0				154.4				162.0									
	TOTAL REQUIRED POWER (kW) INCLUDING BALLAST WATER TREATMENT							816.1				895.1				324.1				323.8				137.1				124.1		
								1336.6				1215.6				844.6														
	RUNNING GENERATORS CONDITION																														
1	RUNNING GENERATORS (kW × SET)							990×1				990×2				990×1				990×1				200×1				200×1		
	STANDBY GENERATORS (kW × SET)							990×2				990×1				990×2				990×2				0				0		

续表

PAGE 9

ELECTRIC POWER BALANCE							
	load	Normal sea Service	At port (In/Out)	At Loading/unloading	Harbour Service	Emergency Service (FIRE IN E/R 机舱失火)	Emergency Service (NON FIRE 非失火)	Remark
	LOAD FACTOR(%)	82.43%	45.21%	32.74%	32.71%	68.57%	62.07%	
*2	RUNNING GENERATORS (kW × SET)	990 ×2	990 ×2	990 ×2				
	STANDBY GENERATORS (kW × SET)	990 ×1	990 ×1	990 ×1				
	LOAD FACTOR(%)	67.50%	61.40%	43%				

NOTES:
1. C.L.: CONTINUOUS LOAD
   I.L.: INTERMITTENT LOAD
2. * BALLAST EXCHANGE AT SEA, CARGO HOLDING & ARRIVAL OR DEPARTURE
3. CONDITION 2:WITH BALLAST &TIE3

计算工况分为正常航行(Normal sea Service)、进出港(Port In/Out)、装卸货(Loading/unloading)、停泊(Harbor Service)以及应急(Emergency Service FIRE IN E/R & NON FIRE)。由于需要在进出港之前的航行中同时进行压载水置换,会消耗较多功率,故对各工况下的压载也应进行汇总计算。

散货船的计算汇总页如表4.4.1所示。

本计算结果也用于校核轮机专业的发电机选型,案例中单台发电机电功率需要990kW,相应的柴油机配套功率按此选择,尽量避免跳挡选型的情况。同时,如果功率比较紧张,设备订货时选用功率需求较小的厂家。

4.4.3 内部通信及报警系统

内部通信系统主要由自动电话、声力电话、广播对讲系统等组成,用于船舶各场所内部联络的需要。其中自动电话和楼宇电话系统类似,由程控交换机和电话线、座机构成。声力电话是用于几个重要场所的直通电话,不依靠电力就可以在关键时进行联络。广播系统用于全船喊话,以及舯艉等场所进行对讲联络。

船舶通用报警系统,包括弃船报警和其他船员定义的报警信息,通常利用广播系统的扬声器进行报警。在生活区有时也增加一些电铃,机舱区和机舱报警灯柱作为机舱区域的发声装置,也作为通用报警的一部分使用。

机舱监测报警系统是独立的一套监测报警系统,用于对主辅机和各种设备进行必要的状态监测,出现偏离正常值的情况,及时通知船员进行处置。按照船员工作配置值班呼叫排序,优先呼叫值班船员,未得到响应,则会逐步扩大呼叫范围,直至全船报警。

监测报警系统,一般由主机、发电机、电盘、各辅助机械系统、电气及其他系统等构成。

4.4.4 照明系统及布置

照明系统虽然功率不大,也是一个重要的系统。和电力系统一样,照明系统也分为正常照明和应急照明,分别由两套变压器供电,各自都是一台正常使用,另一台作为备用,故障时自动切换,简称"一用一备"。其中,应急照明系统作为全船照明系统的一部分,通常占比为35%左右,也就是平时作为正常照明使用。

照明系统的设置,主要是按照区域,分别配置一些正常照明分电箱和应急照明分电箱。然后,按照每个支路布置一定数量的灯具,例如少于21个灯点。支路上的开关设置,则按照需要设置0~2个,0为不设置,2为双门往复控制。本系统设计时,通常按照需要将相关专业的布置图作为背景,先进行布置,然后再到系统图中进行支路配置和设备/电缆编号。另外,插座也在本系统中,通常自成一个支路,有的分散到各个分电箱,也有的将所有插座单独汇总到一个分电箱中。

照度计算是对照明系统的布置是否合理进行校核。由于各个灯具厂家的灯具照度不尽相同,通常这部分计算可由设备厂家完成。需要提供相应的照明布置图,以便进行典型区域的照度计算,根据结果查看是否满足建造说明书的要求,适当地调整数量和布置。目前 LED 照明逐渐普及,在同等照度要求下,相应的照明总功率有所下降。

4.4.5 火灾报警系统

船舶火灾报警系统,用于船舶火情的探测和报警。火灾报警系统应按照规范要求间隔一定的距离,选取适当类型的探头进行布置,布置时注意各个回路的走向。设计中主要关注型号选取、防爆或非防爆等信息。出现火情使用的报警灯/铃,一般也和通用报警系统共享。

4.5 机电设计各阶段

4.5.1 传统设计各阶段

以下是传统船舶设计中各阶段的相关工作及具体分工。

在基本设计阶段,机电专业完成主要设计容量估算、电力负荷估算等,初步确定机舱等重要区域的主要设备布置,初步确定主机、发电机组等主要系统及设备技术参数。另外,在合同技术说明书的机电部分,明确所有的设备、设施的详细技术规格、数量、性能、材质、特性等,对主机、轴系、柴油发电机及应急发电机、锅炉、其他辅助机械、船舶系统、电力、自动化、照明、火警、通导以及生产设计的通用要求等进行描述限定,为后续的详细设计和生产设计提供指导依据。

基本设计的主要图样和技术文件将作为下阶段详细设计的输入依据。基本设计阶段做出的初步估算,在详细设计中还将进一步校核及细化。详细设计的结果需要重新检查选型情况,但通常要避免出现颠覆性修改,这对基本设计的估算水准提出较高的要求。

机电详细设计是根据船舶建造合同及其技术附件的要求,按照有关船舶规范、规则和公约等规定,通过完成具体技术项目的布置安装、计算和关键图纸的绘制,解决设计中有关技术问题,最终确保船舶机电部分全部技术性能、各项重要材料和设备选型及订货要求,以及相应的技术要求和标准等。

详细设计负责的主要是系统的构成和功能,生产设计则担负具体的设备布置任务,主要关注操作维护的便利性和相关专业直接的干涉协调等工作。

在全面采用 3D 建模布置的生产设计中,设备位置来源于详细设计的初步定位。例如,设备放在房间内还是房间外,是由详细设计决定,而放在左手侧还是右手侧、高度多少,是由生产设计决定。对于电缆托架,在详设阶段几乎不考虑,电缆在图纸上只有短短的一根线,而生产设计则需要关注电缆托架的走向,托架宽窄的选取是否满足电缆敷设系数的限定,采用双层还是单层的电缆托架等。其中,电缆的粗细、型号和数量应依据详细设计的计算而定。

3D建模干涉检查的结果可直接指导生产。3D模型可输出包括舾装件布置图、特殊支架制作图、设备托盘表、舾装件托盘表，以及电缆托盘表。托盘是按照区域和分段进行划分的，施工单位直接按照图纸施工。通过核查实船布置与三维建模是否一致，作为优秀设计的目标和检验标准。

基本设计提供的是系统框架及报价信息，详细设计提供的是功能和原理方面的实现，生产设计提供的是设备布置和线程走向的具体实现，此三者是上下道工序、相辅相成。

4.5.2 三维一体化设计各阶段

随着设计工具和方法的不断进步，人们对于船舶设计质量、效率和成本等要素的优化配置有了更高的要求，但传统设计中基于图纸在不同设计阶段传递数据的方式逐渐暴露出很多弊端，成为船舶设计数字化技术发展的瓶颈。例如详细设计阶段的设计图纸在生产设计阶段需要人工翻模，浪费人力资源的同时会产生人力差错。不同专业的信息分散在不同的图纸上存在图纸信息不对应等错误，详细设计阶段的设计方案在生产设计阶段才能进行验证，存在技术风险问题。为解决上述问题，三维一体化设计思想应运而生，并在当今的船舶设计中得到了广泛的推广和应用，成为未来设计技术发展的新趋势。

在三维一体化设计中，模型是一体化设计的核心，全生命周期统一数据源理论是一体化设计的精髓。三维一体化设计主要包含以下三个方面：

（1）统一的数据源在不同设计阶段中传递并逐步被细化和完善，有效减少人工翻模成本，避免设计差错的传递。

（2）基于统一数据源，实现不同专业间的实时协同，有效改善专业间因沟通不畅造成的设计不匹配不同步等问题。

（3）统一数据源实现不同领域的多模合一，如CAD模型用于CAE分析，用数据直接驱动建模等，有效提升领域间的协同能力。

在基本设计阶段，建立初步的船舶模型，主要用于对总体布置方案的可行性进行综合评估，以避免因基本设计考虑深度不足，而导致在详细设计阶段推倒重来。

在详细设计阶段，将继承基本设计阶段产生的数据模型并进行布置细化，并同步开展原理图的设计。模型方面主要包括总体分舱模型的计算验证、结构模型的细化及有限元分析。机电舾专业设备、管系、风管、舾装件、电缆支撑件等的综合布置和综合评审，如设计模型转流体分析模型实现机舱及货舱通风效果CFD分析，基于模型的重点管路阻力分析和风管阻力分析等。由此可见，一体化设计模式可实现统一数据源的模型转换，有效减少重复建模，大幅缩短有限元分析和流体数值分析计算周期，提高详细设计的设计深度和设计质量。原理图主要包括轮机和电气专业的管系原理图和电气原理图设计，这些原理图采用二维方式设计，并基于统一的数据源与三维模型实现关联，可实现二维驱动三维的辅助建模，从而使三维模型中的对象与二维原理图一一对应。同时，生产设计可以提前介入，如对详细设计已确定的内容进行建模，并同步对详细设计方案进行验证和调整，以避免船级社送审后产生修改而导致重新送审,有效降低因该阶段设计深度不足导致的返工成本,使详细设计精细化程度更高、方案可行性更高、质量更好。

在一体化设计中,由于详细设计阶段已经将可能导致大的方案性修改的内容基本协调完毕,在生产设计阶段,将继续细化模型的生产信息,进行模型干涉检查,并按船厂施工要求出施工图纸,以满足船厂的施工建造要求。随着技术的进步,现如今行业内已开始出现模型直接下车间的案例,成为未来发展的新趋势。

总之,三维一体化设计各阶段,依然存在递进关系,但出现越来越多的并行周期,以缩短项目总的设计周期。基于统一模型,设计任务被不断提前,多方协同和模型综合评审等设计模式,有效减少设计深度不足导致的偏差,不仅降低设计成本,还确保设计方案的可行性。一模多用有效减少人工翻模,提高模型质量,缩短有限元分析和流体数值分析的周期,提高船舶设计技术。统一数据源可有效减少多阶段、多专业、多领域的协同,避免因数据量不全面导致的方案设计差错。

三维一体化设计正在逐步通过数字化的方式,将质量、效率和成本作为综合目标不断寻优,使船舶设计走向一个基于全生命周期统一数据源的新型模式。

1. 船舶系统按照不同的使用功能,分为全船性管路系统和动力管路系统两大类,请分别说明这两类系统的功能,并列举各自的典型系统。

2. 如何保障船舶供电的连续性?

3. 额定功率都是75kW的甲板机和主滑油泵,为什么在计算表中消耗不同的计算功率?

第五章 机电舾三维设计

本章介绍生产设计中进行船舶区域内各项目、系统等要素三维模型布置的方法；运用 CADMATIC OUTFITTING 软件实施三维一体化设计方法；以及根据船厂的具体施工条件和管理体制，按施工阶段和类型进行分解出图的方法。

5.1 原理图的设计出图

5.1.1 典型原理图设计思路

船舶详细设计阶段，需要在基本设计基础上细化完成船舶各系统的详细设计，并同步完成相应的原理图图纸，进而以图纸作为信息载体完成船东、船级社、船厂的审查认可流程，待设计人员关闭图纸所有意见后，形成最终的完工版本图纸用于指导生产设计放样、船厂施工以及船东船检现场核查等工作。

机电舾专业的原理图设计大多数图纸仅为纯原理性设计，如4.2节所述。本章以49000t化学品船为例，原理图如图5.1.1所示。以轮机专业为例，在原理图实际设计中，一般仅反映设备与设备、设备与管路以及管路与管附件间的相对位置和管路连接控制关系，并不直接反映设备、管路及管附件的真实定位及布置。原理图具有方案修改速度快，不同项目间通用性强等特点，是船舶详细设计中被广泛采用的设计手段之一。

详细设计阶段设计完成的完工版本原理图将作为生产设计阶段管路放样的指导文件，在生产设计阶段基于船体三维模型环境完成实际的管路布置、管路加强设计、管段加工工艺设计等，最终形成施工图和安装图指导船厂的生产加工与安装。

在传统的设计模式下，生产设计阶段通常需要人工对照详细设计完成的原理图进行管路放样设计，效率较低且易出错。有别于传统的设计方式，CADMATIC平台提供了较好的二三维设计校验机制，即在 CADMATIC 中完成原理图设计的基础上，软件自身会依据原理图的连接关系及拓扑关系智能地给出管路放样建议，并可以实现原理图中设备、管附件等对象与三维模型的对应关系检查，确保二维原理图与三维模型的一致性。

在 CADMATIC 平台中设计原理图是通过 Diagram 模块来完成的，一份 Diagram 图纸的数据主要分为两部分进行存储：模型数据对象和草绘对象。模型数据对象是指与三维模型相关的数据对象，包括设备、管路、管附件、电缆、自动化仪表等，这部分数据将在图纸发布到三维空间以后与三维模型进行数据校验，存储于 SQL Server 数据库内；草绘对象主

第五章 机电舾三维设计

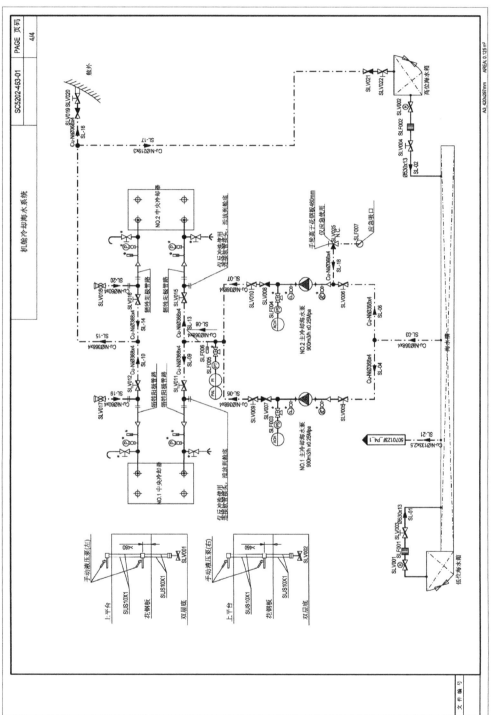

图 5.1.1 典型原理图示意

要包括图纸注释、技术要求、典型图等,这部分数据与模型并无直接关联,仅用于图纸上的信息描述说明等,通常也称为 Drafting,存在于 CADMATIC 的项目服务器中。

对于模型数据对象,Diagram 是通过模板预先定义在系统内的,主要分为设备、管路配件、管系、电缆、驱动头、仪表等,对于设备模板由于在不同项目中使用的设备常常会有所不同,因此需要经常性地追加模板定义;而对于其他模板对象,由于大部分都是采用相关国家标准及船舶标准,一次性在系统内完成预定义即可满足使用要求。

对于草绘对象,与传统的二维设计软件思路基本相同,即通过文字、直线、圆弧、样条曲线、标注、块等图元设计出需要的图形。除此之外,草绘对象还支持从外部软件导入的相关功能。

船舶是由非常纷繁复杂的船体结构和大量船舶设备、型材、管路、电缆等零部件有机构成的整体,各零部件有效协同工作实现了船舶的各项功能。在传统设计中,各专业较为独立地完成设计,仅在专业交叉部分各专业通过口头或书面协调的方式确认设计方案的准确性;而在一体化设计中,各专业在同一平台内协同工作,不同专业的数据交错在一起,数据的分类和筛选成为一项非常重要又非常有意义的工作。通常系统是一体化设计中对象分类最基本的方式之一。基于船舶的功能性划分,将船舶拆分为若干个大大小小的系统,再将船体结构、设备及零部件等对象根据其功能和用途不同划分到特定的系统中,各专业只需基于各自的系统完成相应的设计即可。在 CADMATIC 平台中,Diagram 二维原理图设计模块中使用的系统定义与 Plant Modeller 三维设计模块是完全对应的。在 Plant Modeller 中每个模型都必须属于一个系统,因此 Diagram 中与之对应的对象也必须属于相同的系统。通常,为妥善完成一体化设计任务,实现各专业有效协调,避免专业间的干涉,设计工作开始前,需要在 CADMATIC 平台内预先定义一套标准化系统。如图 5.1.2 所示,Object 列为系统的名称,ID number 为系统的唯一身份编码,Color index 为系统模型显示的颜色索引,在 Plant Modeller 模块中不同系统的模型均以系统定义中的颜色索引所对应的颜色渲染显示,以便用户进行区分。

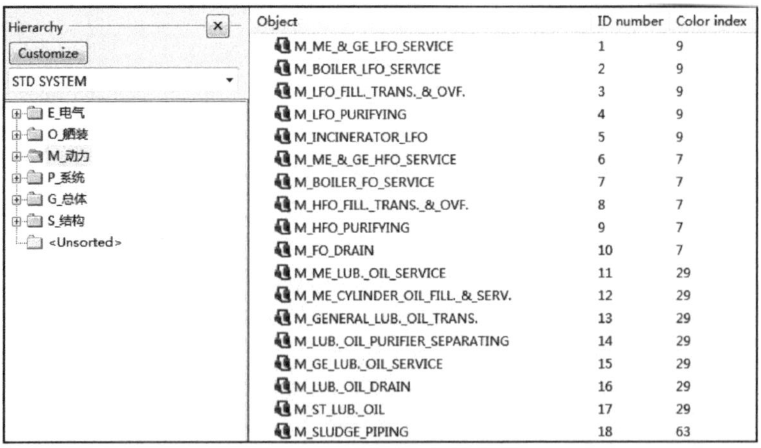

图 5.1.2 CADMATIC 标准化系统定义

标准化系统定义与 Diagram 系统原理图设计相匹配,在对指定系统进行原理图设计时,通常要求在系统基础上细化到管路级别,对系统内包含的所有管路进行编号,再分别对不同编号的管路进行设计,管路上的管附件与管路编号绑定,这样在进行三维建模时,系统可以基于管路编号精准的识别对应管路上的管附件,实现二三维模型的一致性校验等功能。为了使管路编号易于识别和管理,管路编号一般以系统代号为前缀,而系统代号储存在标准化系统定义中,为系统名称的标准化缩写,行业内常以两位英文字母表示。如图 5.1.3 所示,MB 为 M_BOILER_LFO_SERVICE 系统的系统缩写代号,MB-001~MB-006 为当前系统已定义的管路。

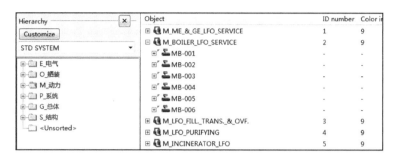

图 5.1.3　CADMATIC 管路定义

基于以上软件的介绍,使用 Diagram 设计典型原理图的主体思路如下:

（1）整理原理图涉及的相关设备图纸,建立对应的 Diagram 设备小样模板。

（2）建立对应的系统及管路,一个系统的管路通常有多个,CADMATIC 平台可以根据需要选择单独或批量建管路的功能。

（3）创建图纸,完善图框、标题栏、图纸履历表等图纸信息。

（4）完善技术要求、管路系统说明等描述性的草绘(Drafting)内容。

（5）选择切换到对应的系统及对应的管路。

（6）考虑原理图图面的大体布局,基于 Template Bar 布置系统中的主要设备,同时设置设备属性并关联对应的三维模型。

（7）基于系统的实际工作原理,将管路与设备连接,完成管路系统设计,并同步设置管路属性,设计时不同的管路之间应注意切换管路编号。

（8）在管路上添加阀门、温度计、压力表、传感器等管附件,设置管附件的属性并关联对应的三维模型。

（9）增加典型图等其他必要的图纸要素。

（10）生成并导出阀件、附件、管材汇总明细表,计算重量并汇总。

5.1.2　原理图设备小样模板制作

船舶系统原理图设计通常是针对设备外部管路的原理性设计,重点关注设备接口限界面以外的管路系统部分,对于设备内部的管路原理由设备厂家在产品设计时完成,通常以AutoCAD图纸的形式提供给船舶设计机构。当然,为更好地完成船舶系统原理图设计,设计师也必须对设备内部原理有较为深入的了解。在Diagram模块中,模板对象可以看作图块与属性的集合体,其数据存储于SQL数据库中。模板对象可与三维模型建立一对一的属性数据关联,从而实现二维驱动三维建模,因此,设备小样在使用前必须预先创建成模板对象,切不可直接导入作为背景,否则便失去了一体化设计的真正意义。综上所述,掌握正确建立模板对象的方法对于Diagram设计原理图非常重要。

在Diagram中定制模板对象主要涉及2D Symbol Headers、2D Symbols和Object Templates三个子功能模块,其在数据库目录中的位置如图5.1.4所示。

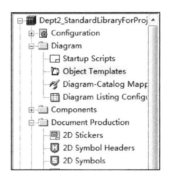

图5.1.4 CADMATIC定制模板对象相关子模块

2D Symbol Headers和2D Symbols主要负责图块的几何外形显示,其数据存储于COS数据服务器中。2D Symbols除了支持二维图形设计及AutoCAD图块导入以外,还支持通过脚本运算实现逻辑标注以及生成个性化的图形样式等。2D Symbols脚本使用几何描述型语言编写,通过2D Symbol Headers模块可定义2D Symbols头文件,一般包括样式、字体、线宽等全局变量。在编译时头文件中的数据被2D Symbols脚本集中调用,系统内的所有可用2D Symbols将被合并同步完成编译。数据库中2D Symbols的创建提供了两种方法,即通过系统自带的图形界面编辑器编辑或直接编写脚本代码源文件。

Object Templates负责对2D Symbols图块进行包装,附加基础属性信息等内容,其数据存储于SQL数据库中。Object Templates中定义的属性数据可与Plant Modeller模块中对应的三维模型进行关联,从而实现二三维数据的交互和统一。模板对象所包含的属性Menu Item Data与SQL数据库中的COMPLOOKUP数据表相联系,COMPLOOKUP数据表中基于唯一的查询编码定义了一套标准数据,在模板对象定义时,将对应的查询编码填入Menu Item Data属性中,系统即可在该模板对象被使用时自动从COMPLOOKUP数据表中读取对应的标准数据并显示在模板对象实例的属性中。

以下案例以定制应急发电机设备小样模板为例,演示了在Diagram中建立模板对象的一般流程。

(1)在AutoCAD中完善好小样模板的外型,将图形中的所有块炸开,所有图元设置为0层,并将小样的定位基准点移至坐标原点,如图5.1.5所示。

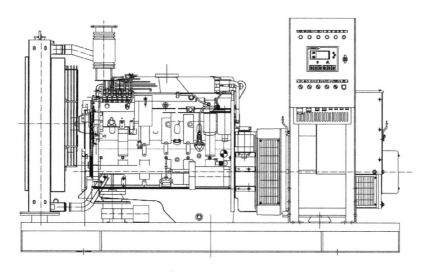

图 5.1.5　AutoCAD 中设备小样原始外型

(2)打开 Document Production 下 2D Symbols 分类,新建一个名为 TEST_EG 的 Symbol (可以直接通过 NEW 新建,或是复制一个原有的 Symbol,并清空内容,推荐使用后者,可以免去属性设置),如图 5.1.6 所示。

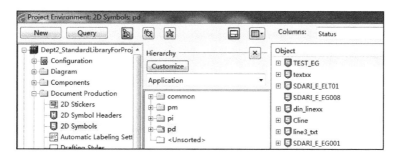

图 5.1.6　在 CADMATIC 数据库中创建 2D Symbols

(3)双击 TEST_EG 文件并通过系统自带的 Symbol 编辑器打开,通过"Insert"菜单下的"DrawingFile"命令,导入步骤 1 中设置好的 AutoCAD 设备小样文件,并将小样模型移至坐标原点。

(4)调整小样图的比例,基于设备厂家资料中的外部接口位置,利用"Insert"菜单下的"Node Diection"和"Nodes"功能,为设备小样增加接口连接点,如图 5.1.7 所示。

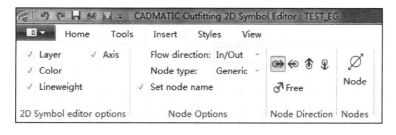

图 5.1.7　2D Symbols 编辑器中增加连接点的菜单

（5）设置图层、颜色、线型、线宽等属性，保存并关闭文件，以完成 2D Symbols 的定义。定义完成的 2D Symbols 小样图如图 5.1.8 所示。

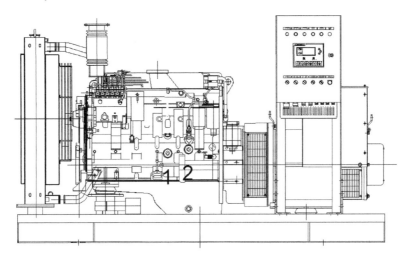

图 5.1.8　2D Symbols 编辑器定制的设备小样

（6）进入 Object Templates 的设备目录，新建一个设备模板，编辑界面如图 5.1.9 所示。

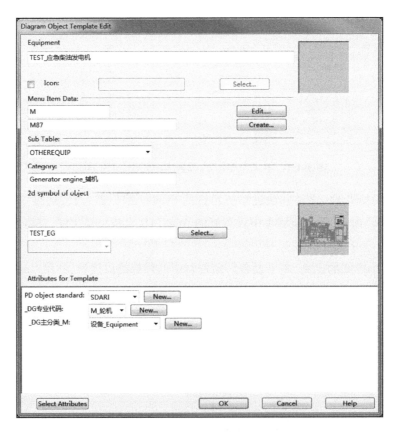

图 5.1.9　Object Templates 模板对象编辑窗口

依次完成如下设置即可。

如需显示为图标,则勾选 Icon,选择定义好的图标即可。

Menu Item Data 设置中第一行(示例为 M),为模板实例化使用时的编号前缀,第二行(示例为 M87)与 CompLookUp 标准数据表中的数据编码相对应,通过"Edit"和"Create"选项可以对当前的数据编码进行编辑或新建,此处对应值如图 5.1.10 所示。在模板实例化时对应的 CompLookUp 信息,将自动读取并附加到对象属性上。

Sub Table 副表根据实际情况进行选择。

Category 主要用于模板树分类,同一类型模板设置成一样即可。

2d symbol of object 应选择关联预先定义好的 2D Symbols。

其他属性根据实际情况填写即可。

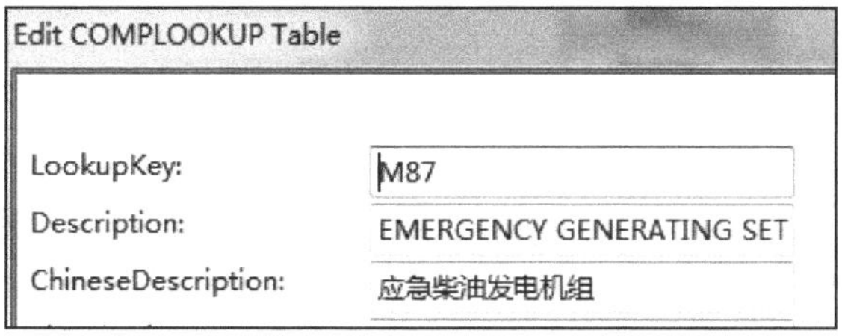

图 5.1.10 模板对象 CompLookUp 编辑窗口

(7)至此,设备小样模板制作完成,在 Diagram 绘图模块中通过 Template Bar 直接调用使用即可,如图 5.1.11、图 5.1.12 所示。

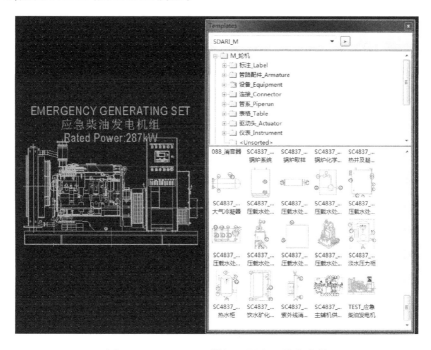

图 5.1.11 Template 模板工具布置设备小样

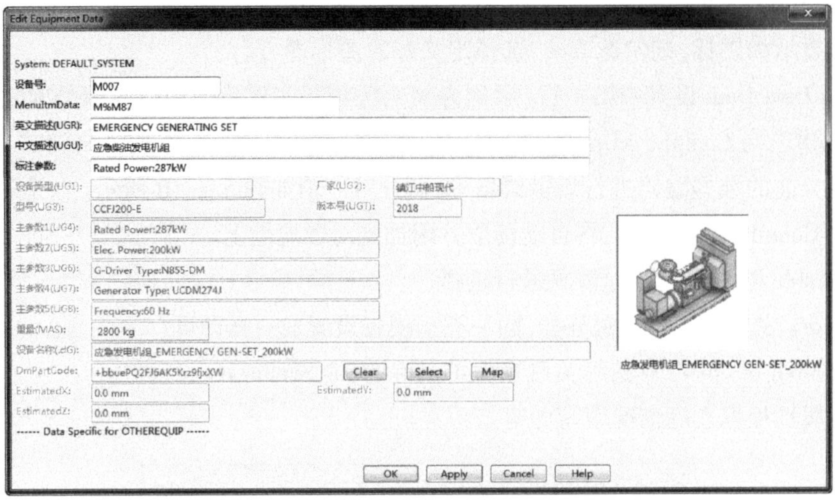

图 5.1.12　设备模板对象的属性

5.1.3　二三维校验机制

CADMATIC 设计平台提供了一套较为完整的通过二维原理图驱动三维建模的机制，在详细设计阶段由于船东、船厂、船检的意见等原因，原理图的方案设计修改较为频繁，图纸版本随时可能发生变化，基于这个原因，原理图并不适合实时与三维模型进行同步，而是将原理图意见关闭后的最终版本与三维模型同步即可。为此 CADMATIC 平台采用了原理图发布机制，只有将原理图正式发布至三维空间，系统才会启动和响应二三维校验的相关功能。

在 Diagram 原理图设计完成并发布至三维空间之前，应对图中的设备及标准件进行三维模型关联检查，确保每一个二维对象与对应的三维模型进行了正确的关联，这样在图纸发布以后，才能在三维空间内完成二三维校验、拓扑关系检查等功能，减少设计差错。

进行设备的二维对象与三维模型映射前，应在 CADMATIC 设备库内完成对应设备的三维建模，并确保主要外形尺寸与接口数据正确。逐个选择 Diagram 原理图中的设备对象，右键选择"EditData"打开属性编辑窗口，点击"DmPartCode"属性上的"Select"按钮，并在设备库内选择对应的三维模型即可完成关联，然后通过 MAP 按钮实现二维对象和三维模型对象的接口映射，如图 5.1.13 ~ 图 5.1.16 所示。

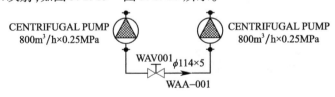

图 5.1.13　Diagram 二三维校验示例原理图

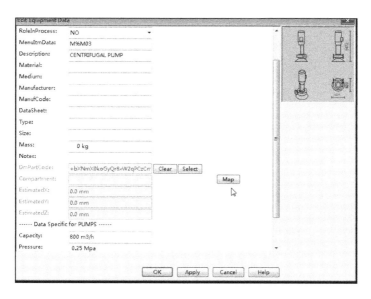

图 5.1.14　Diagram 设备属性编辑窗口

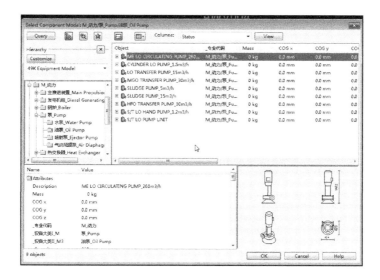

图 5.1.15　设备三维模型映射选择窗口

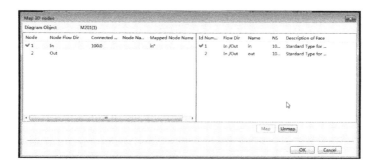

图 5.1.16　设备接口二三维映射配置窗口

对于标准件与设备的二三维映射方法类似,如图 5.1.17、图 5.1.18 所示。

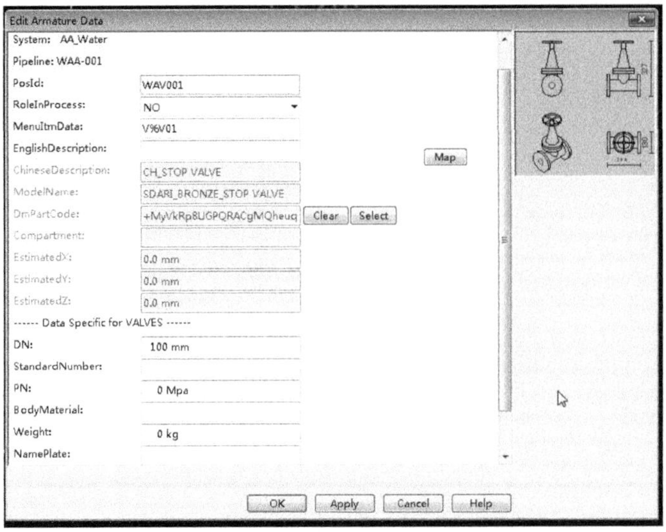

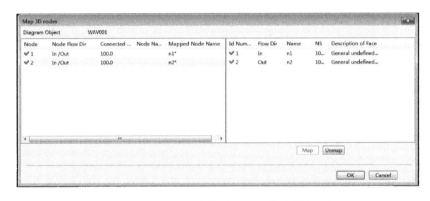

图 5.1.17　Diagram 标准件属性编辑窗口

图 5.1.18　Diagram 标准件接口二三维映射配置窗口

由于管路通径会作为主参数进行二三维校验,因此需要检查所有管路和标准件的通径是否都已正确设置。以上所有项目配置检查完成后,通过 File 菜单下的 Release/Update Integration to 3D 功能,将图纸发布至三维空间。图纸成功发布以后,在 Diagram 图纸管理器内,图纸前面以"+"号表示,如图 5.1.19 所示。

Diagram 原理图成功发布以后,打开 Plant Modeller 模块,通过点击"Layout→Equipment→Insert"菜单布置设备,选择原理图对应的系统,已发布且未布置的设备会自动出现在对话框中,如图 5.1.20 所示(本例中使用的系统为 AA_Water)。

逐一选择对应位号的设备进行布置。如果在之前 Diagram 原理图中设置过参考区域,在设置布置时会自动放置对应的坐标,否则需要手动进行定位,如需旋转可以右击选择 Rotate 功能旋转至所需要的方向,如图 5.1.21 所示。

关于设备的属性,一般有三种方式为 Plant Modeller 中的设备模型设置属性,如

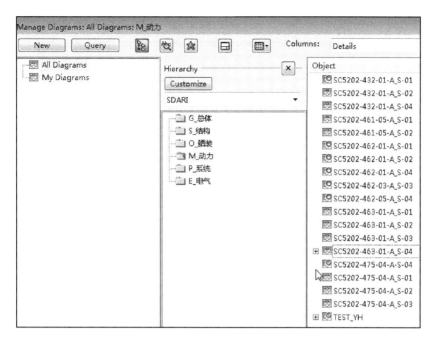

图 5.1.19 Diagram 图纸管理器窗口

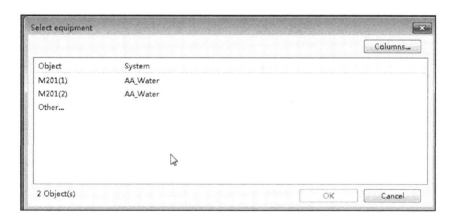

图 5.1.20 Plant Modeller 设备布置选择设备窗口

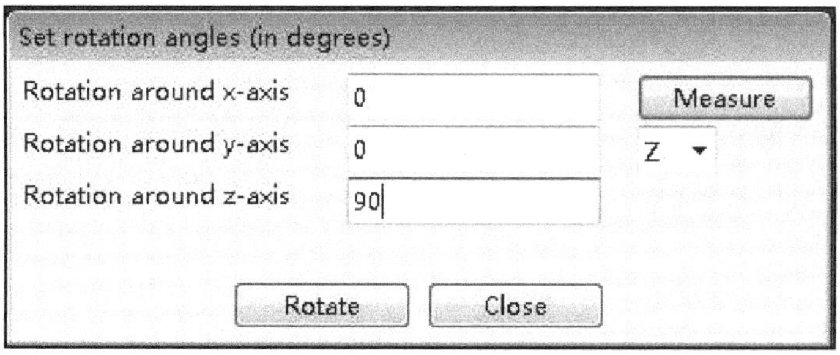

图 5.1.21 Plant Modeller 设备布置设计旋转角度窗口

图 5.1.22 所示。

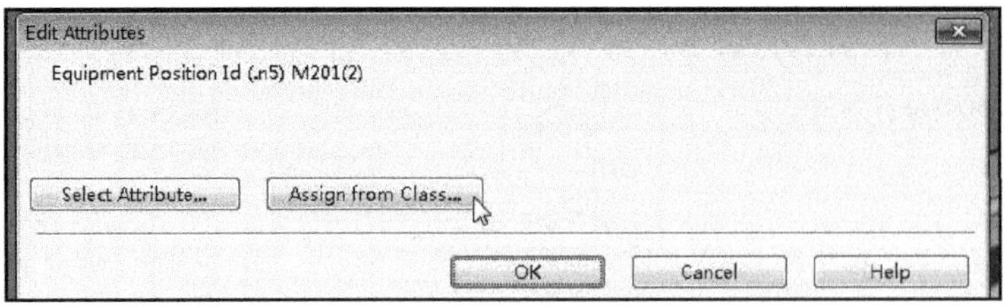

图 5.1.22　Plant Modeller 设备属性设置窗口

在 Diagram 内通过定义 Integrated Attributes 将属性传递至 PM 中,例如 PosID、中文描述、英文描述、备注等。这部分属性将由系统自动生成,无需人工定义。

通过 Select Attribute 按钮手动为设备增加属性,此功能单个属性进行添加,效率较低,一般不推荐。

通过 Assign from Class 附加属性类的方式一次性为设备增加多个属性。属性类是预先在系统内定义好的,操作简单,也不容易出错,推荐使用此方法作为 Integrated Attributes 属性的补充。如图 5.1.23、图 5.1.24 所示,演示使用属性类为设备批量增加属性。

图 5.1.23　Plant Modeller 设备属性类选择

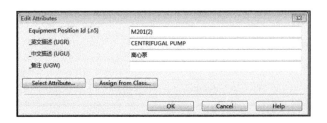

图 5.1.24　Plant Modeller 设备属性添加窗口

文中两个示例泵组布置完成后如图 5.1.25 所示。

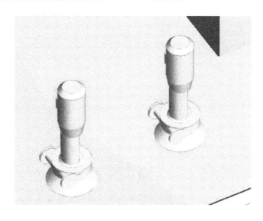

图 5.1.25　示例泵组设备模型

设备布置完成以后,应布置对应的管路系统。切换至 Piping 菜单,选择管线所使用的管路等级、连接形式等参数,点击"Route"功能,随后将光标移动至需要接管的法兰附近,按快捷键 Q(拾取连接点)、P(读取连接点属性)回车弹出管线规格书选择对话框,此处如果在 Diagram 中定义了设备的接口映射,系统、管线及规格书将会按 Diagram 的逻辑关系自动锁定,否则需要用户手动进行选取,点击"OK"进入下一步骤,如图 5.1.26、图 5.1.27 所示。

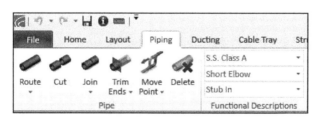

图 5.1.26　设置管路布置菜单

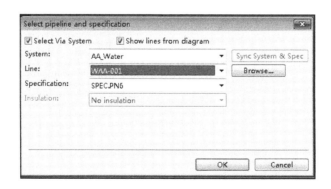

图 5.1.27　系统、管线、规格书选择窗口

此时系统已在模型中用红白引导线标记出此管线的大致走向,其拓扑关系与 Diagram 原理图相同,参考此走向完成管线布置即可。同时,如果在 Diagram 内为每一个设备设置好了接口映射,系统红白引导线将会直接接至目标法兰。如果没有完成接口映射,则红白

引导线将会终止于设备本体上,如图5.1.28所示。

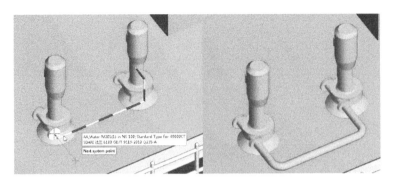

图5.1.28　管路布置引导线与管路布置模型

选择"Insert→Valve"功能。将鼠标移动至管线上,按快捷键L,回车,在弹出的对话框会显示该管路上未布置的阀附件列表,如图5.1.29所示。逐一选择后进行放置即可完成管路布置,完成的模型如图5.1.30所示,此模型与Diagram原理图是完全对应的。

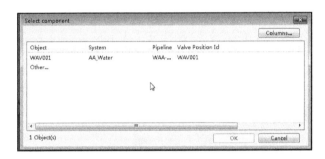

图5.1.29　当前管路上发布了但未布置的阀附件列表

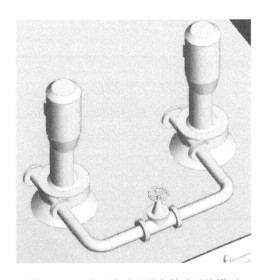

图5.1.30　布置完成的设备管路系统模型

在Plant Modeller中提供了管理Diagram中设备和标准件的功能,常规情况下都是先设计原理图再进行三维建模和布置,此时可以通过此功能核实 Diagram 内的设备和标准件是否已在三维空间中布置;而对于一些特殊项目,往往也会有先建模后出原理图的情况,在这种情况下,可以通过此功能进行手动二三维关联。

选择使用"Tools→Diagram→Manage Integration Objects"选项,可以看到对应系统相应管线下的设备和标准件是否在模型内进行了布置。如果显示为 No 表示未布置,此时可以右键手动进行关联;显示为 Yes 表示已正确建模和布置,如图 5.1.31 所示。

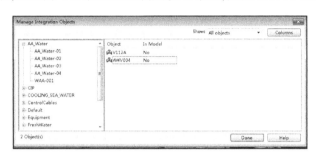

图 5.1.31 Plant Modeller 中的 Diagram 对象检查窗口

对于管系拓扑关系检查,启动"Tools→Diagram→Compare Topology"选项,选择需要检查的 Diagram 图纸,之后自动打开检查结果对话框。在对应的系统下可以看到,显示为绿色对号表示已正确布置,显示为黄色表示未布置,如果显示为红色表示布置与 Diagram 相冲突,需要进行修改和调整,如图 5.1.32 所示。

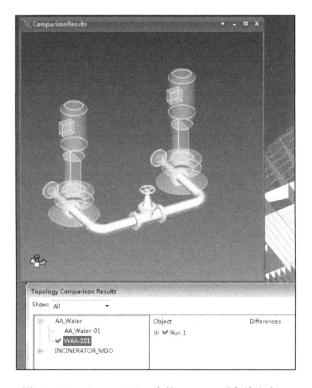

图 5.1.32 Plant Modeller 中的 Diagram 对象检查窗口

通常在一个系统完成所有模型布置以后,还需要进行 Plant Modeller 与 Diagram 的一致性检查,以确保模型布置的准确性。激活"Tools→Diagram→Compare With Diagram"菜单,在弹出的窗口中设置需要比较组件(设备、标准件、电缆)的类型,检查范围一般设置为被当前用户 CheckOut 的所有模型,也可以通过 Define set 自行定义检查范围。设置好后点击"OK",如图 5.1.33 所示。

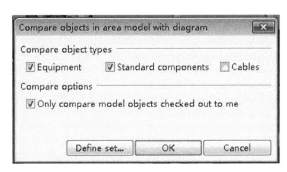

图 5.1.33　Plant Modeller 与 Diagram 一致性检查配置

在检查结果对话框中会自动列出 Plant Modeller 与 Diagram 不一致的项目,选中条目并点击"Resolve Differences"可以查看详细信息,如图 5.1.34、图 5.1.35 所示。

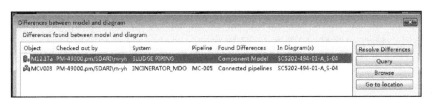

图 5.1.34　Plant Modeller 与 Diagram 一致性检查结果

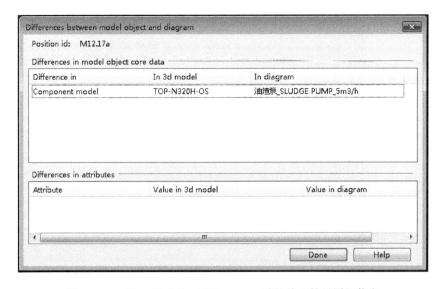

图 5.1.35　Plant Modeller 与 Diagram 一致性检查结果详细信息

右击选择需要修改的项目,可以方便地查看 Plant Modeller 或是 Diagram 中对应的模型,也可以直接选择项目库里的模型替换有问题的 Plant Modeller 模型,当冲突解决完成后,对应的条目自动消失。

在项目的设计进行过程中,随时可以在 Diagram 内方便地查看三维模型布置的进展情况,在 Diagram 内选择"Tools→ Compare Objects→All Objects Installed into 3D Model",此时将在 Diagram 内以白色高亮显示所有已经在 Plant Modeller 中完成布置的管线、设备及标准件,如图 5.1.36 所示。

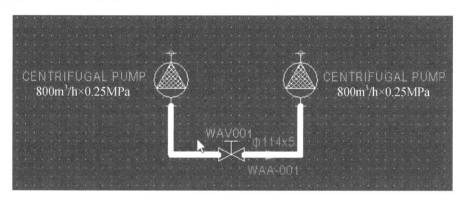

图 5.1.36 Diagram 高亮显示模型布置

在 Diagram 中的图纸发生修改后,需要重新使用 Release/Update Integration to 3D 功能发布至三维空间,然后在 Plant Modeller 中选择"Model→Reload All Objects"进行数据更新。

而如果在 Plant Modeller 中对数据模型进行修改后必须要保存至 COS 服务器,随后在 Diagram 内执行"文件→Update to COS"功能将数据进行同步。

完成同步后,即可在模型空间或是 Diagram 内执行相关的数据校检工作。

 上机题

在 Diagram 模块中,新建一份图纸,并参考图 5.1.37 完成原理图设计。

学习要点:

1. Diagram 新建图纸的方法。
2. 如何使用 Drafting 画图。
3. 如何使用 Template Bar 画图。
4. 如何配置二维对象与三维模型的关联。
5. 图纸发布与二三维校验。

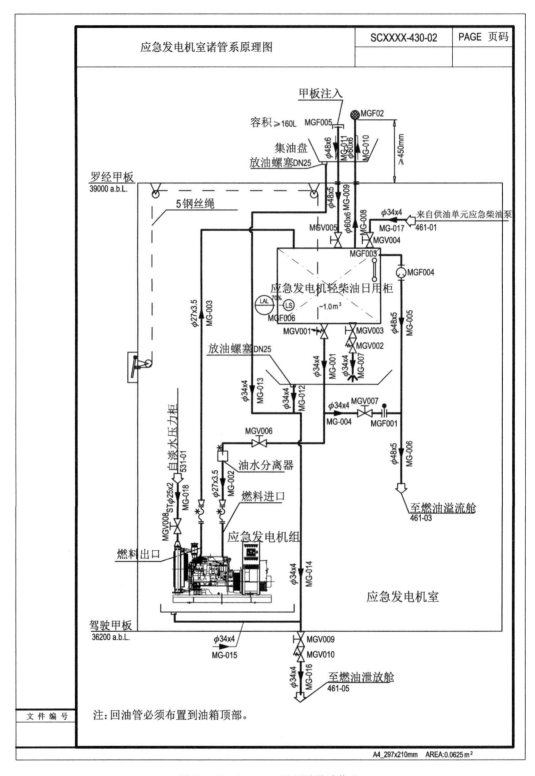

图 5.1.37　Diagram 原理图设计作业

5.2 建模与模型库管理

5.2.1 模型库管理

在 CADMATIC Plant Modeller 环境(以下简称 PM 环境)中,模型主要包括以下类型:
(1)设备(equipment)。
(2)铁舾件(structural component)。
(3)标准件(standard component)。
(4)其他(船体结构模型、维修空间模型、通道模型等)。

其中前三种在 CADMATIC 软件中被归类为 Components,是模型库管理的主要对象,这些模型的定义部分由 GDL(Geometric Description Language)构建,包含外形、连接点以及属性等定义,也被称为 GDL 对象。模型库包括标准库(后缀名为.lib)和项目库(后缀名为.pms),通常将各个项目通用的设备和组件对象放置在标准库里进行管理。管理界面位于标准库的 Components 分支中(File→Environment→All Library and Project),如图 5.2.1 所示。

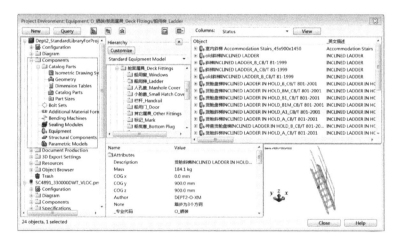

图 5.2.1 CADMATIC 模型管理界面

其中,"设备"位于 Equipment 子分支,"铁舾件"位于 Structural Components 子分支,"标准件"位于 Catalog Parts 子分支。GDL 对象中,"设备"与"铁舾件"类似,可以进行参数化建模,其分支下的参数化模型被称为 Parametric Models。"设备"必须定义一个 Node point,用于与其他类型模型之间的连接;"铁舾件"不需要 Node point。"标准件"由 CatalogPart、DimensionTable 和 Geometry 三部分组成,Geometry 用于存储 GDL 参数化建模数据,DimensionTable 用于存储标准件适用的尺寸表,CatalogPart 用于封闭标准件对象,通常标准件带有 Node point。

模型库包含了机电舾等各专业的内容,种类纷繁、数量巨大,为了便于查找和管理,必须进行合理的分类。除了专业之间的区分,专业内部也要进行详细的分类。

模型的外形定义应在尽可能精简的情况下包含足够的细节。

模型的命名应满足一定的规则,其名称通常是指设备的 Description 属性,是查找设备最常用的依据,应包含中英文描述和必要的参数信息。中英文描述应具概括性且不包含歧义,参数信息在保证模型的名称唯一的前提下尽可能精简。

模型的属性是查找和统计过程中所依据的重要信息,完善的模型除了准确的外形,同时应该具有详细的属性。属性包括软件自带和用户定义的部分,出于专业的需要,用户需要大量的自定义属性。属性的管理工具位于 CADMATIC desktop 界面(Object→Manage COS→Common Configuration→Database Schema→Attributes),如图 5.2.2 所示。

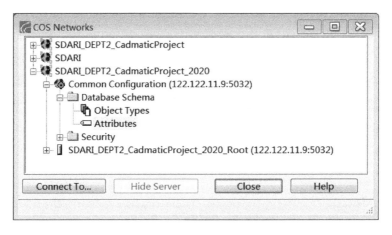

图 5.2.2　模型属性管理界面

属性定义的窗口如图 5.2.3 所示。

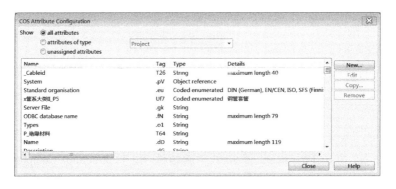

图 5.2.3　模型属性定义界面

属性定义包括名称、标签、类型和描述等内容。属性定义后,即可赋予需要使用的对象。该界面包括 CADMATIC 所有实体类型和非实体类型对象的属性的定义。针对模型库,属性赋予的对象类型主要包括 GDL 对象(GDL for Equipment,GDL for structure,GDL for standard Part)、Parametric Model 和 Model object 等实体类型。模型库的对象可以理解为存在两个状态,一个是模型库的定义状态,即 GDL 对象和 Parametric Model 对象;另一个是调入 PM 环境后的参照状态,即 Model object 对象。处于模型库定义状态的对象的属性是全局性的属性,一旦修改,则位于 PM 环境的参照对象相应的属性也会修改;而处于 PM 环境下的 Model object 对象的属性是局部性的属性,一旦修改,只影响 PM 环境下某个单一对象,不影响模型库和 PM 环境中其他同名对象的相应属性。

模型通用属性和特定属性的区分,可以通过上述对于不同对象赋予属性的方法来实现。例如,对于所有型号为"A0 级 700×1800"的防火门,其通孔尺寸是一致的,则"通孔尺寸"可以作为全局性的通用属性赋予 GDL for Equipment 和 Parametric Model 对象,即模型库的定义状态;而同样型号的防火门可能拥有不同的附件,例如闭门器、定门器、电磁吸等设施,则"附件"属性应作为局部性的特定属性赋予 PM 环境下的 Model object 对象,即模型库的参照状态。

由于各专业的属性定义和赋予都是在同一个窗口界面进行,所以属性名称(Name)最好以专业的前缀进行区分,同时加以注释(Detail)说明属性的用途。属性的数据类型(Type)可根据需要进行设置,同时可以指定数据的范围,如最小值、最大值、字符串个数等。属性的标签(Tag)一般可由软件随机分配,由于属性标签将影响统计以及二次开发功能的使用,所以一旦设置,无特殊需要一般不要修改。

5.2.2 设备建模

设备建模主要是指 Component Modeller 中的 equipment 部分,可涵盖各专业大部分的设备,例如轮机专业的燃滑油设备、排放控制设备、机修设备、舱柜、轴系、推进装置、液货系统、供水、消防、空冷通设备等,电气专业的配电、内通、照明、自动化、通导设备等,舾装专业的舱室设备、甲板机械设备、舱面属具、救生消防等。其中,大部分设备具有参数化的特点,例如门、窗、盖、系泊属具,各种梯子等。对于这些设备,可使用参数化建模的方法,先定义好设备的参数、外形和属性,即定义 GDL 对象,然后通过设置参数和属性衍生出各种参数的子设备,即 Parametric Model 对象。对于不具备参数化建模的设备,例如救生艇、雷达桅等设备或组件,可以使用结构的方式或者外部模型导入的方式生成模型。

设备模型的名称、插入点、定义方向等应根据专业的特点和需要制定相应的标准,应具备一些基本的属性,例如描述、重量、重心以及专业代码等属性,专业属性可根据需要进行定义和添加。

5.2.3 参数化建模

参数化建模是模型库管理中提高效率的一个重要工具,通过设置对象的参数和属性,生成 GDL 对象后,即可通过参数的设置生成若干参数化子设备。

参数化建模包括设备、标准件、铁舾件,由于设备和铁舾件参数化建模类似,所以这里仅针对设备参数化建模和标准件参数化建模进行阐述。

1. 设备参数化建模

设备参数化建模的交互式窗口可以在 CADMATIC desktop 界面生成 Component Manager 空间后直接进入编辑界面,如图 5.2.4 所示。

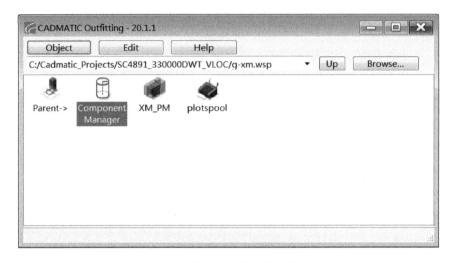

图 5.2.4　设备参数化建模启动界面

通过设置视图后,可选择生成对象的类型,输入必要的属性,即可进入 Component Manager 编辑界面。也可以在 PM 环境中,通过"File→Environment→Component Models"进入设备参数化建模的定义或编辑界面,此时的背景是当前的 PM 视图。设备参数化建模界面工具栏如图 5.2.5 所示。

图 5.2.5　设备参数化建模界面工具栏

交互式 GDL 建模界面提供了参数和变量定义及编辑、移动、旋转、镜像、复制等修改功能,以及三维基本体的生成工具,生成、编辑和修改过程均可以使用定义好的参数和变量,从而实现建模的参数化。

下面以一个直梯为例,介绍如何通过交互式窗口进行参数化建模。

首先规划模型的参数和变量。对于直梯,其参数定义见图 5.2.6,具体含义见图 5.2.7、图 5.2.8。

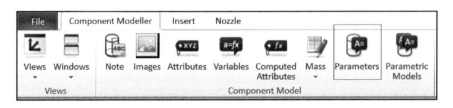

图 5.2.6　参数定义工具栏

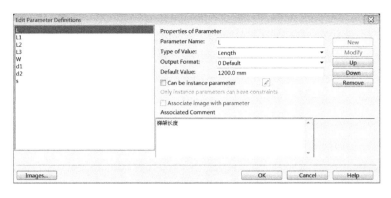

图 5.2.7　参数定义对话框

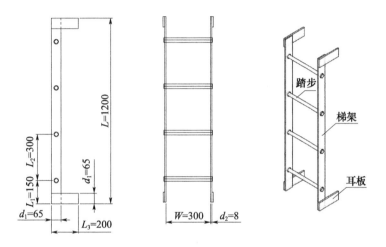

图 5.2.8　直梯参数的含义

然后确定建模时的坐标系,如图 5.2.9 所示。

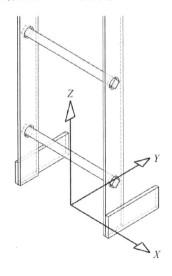

图 5.2.9　坐标系的确定

确定坐标系后，先创建梯架，可采用 Piped 即立方体的方法建模。Piped 的方法首先要确定 Origin 点，可根据参数定义点的变量 p1，如图 5.2.10 所示。

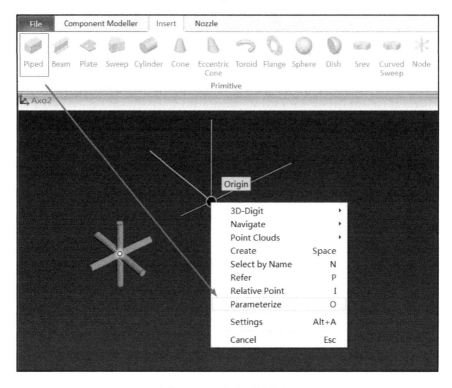

图 5.2.10　点变量的定义

在提示确定 Origin 时，可调出右键菜单，选取"Parameterize"，进行点变量的定义，定义过程可使用之前定义好的参数，如图 5.2.11 所示。

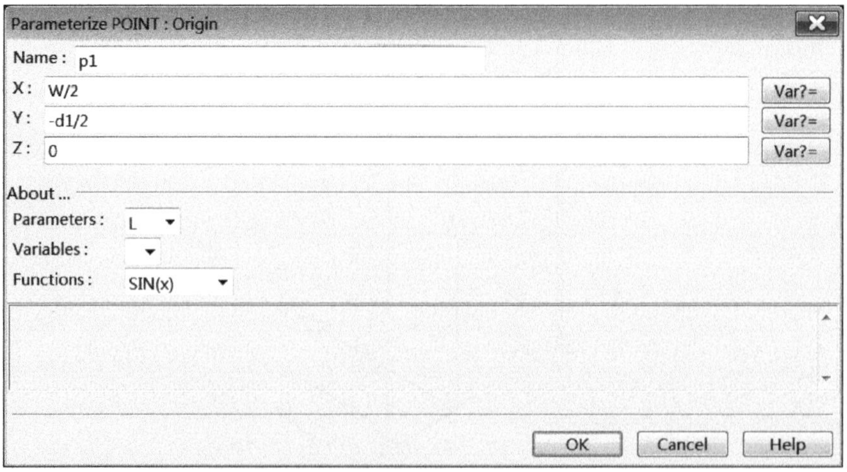

图 5.2.11　点 p1 的定义

然后输入立方体的长宽高尺寸，这些尺寸可使用定义好的参数，如图 5.2.12 所示。

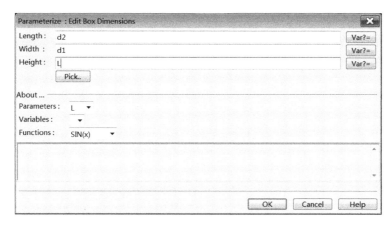

图 5.2.12　立方体的参数

生成的梯架如图 5.2.13 所示。按梯架的方法，生成下端的耳板，如图 5.2.14 所示。

图 5.2.13　梯架的生成　　　　　　图 5.2.14　耳板的生成

用复制的方法生成上端的耳板，如图 5.2.15 所示。

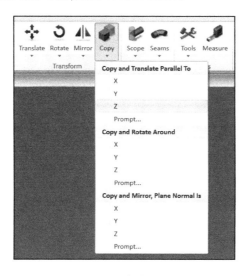

图 5.2.15　复制工具栏

按参数输入复制距离的尺寸,如图 5.2.16 所示。

图 5.2.16　复制的参数

复制的结果如图 5.2.17 所示。然后用镜像操作生成另一侧的梯架和耳板,如图 5.2.18所示。

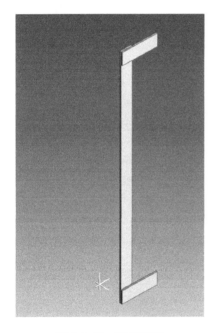
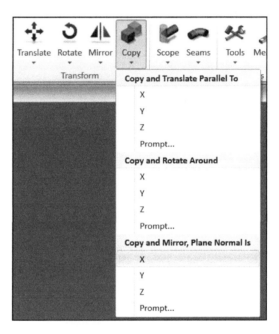

图 5.2.17　耳板复制　　　　图 5.2.18　镜像工具栏(XYZ 为镜像方向)

确定镜像方向后,选择镜像对象,确定镜像点,梯架的镜像点为原点(0,0,0),镜像结果如图 5.2.19 所示。

最后进行踏步的建模。踏步为 22×22 的方钢,可使用 Sweep 即拉伸截面的方法生成,先生成最下端的第一个踏步,选择"Sweep"工具栏,先确定拉伸的起点,暂时可取原点(0,0,0),如图 5.2.20 所示。

然后确定拉伸的第二点,调取右键菜单,可以选择相对点 Relative Point 的方式,以 X 方向确定另一点,如图 5.2.21、图 5.2.22 所示。

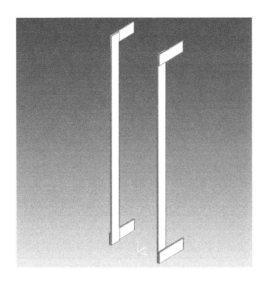

图 5.2.19　镜像结果

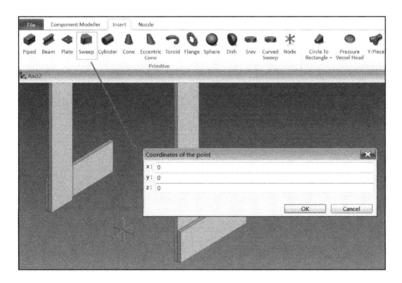

图 5.2.20　Sweep 拉伸

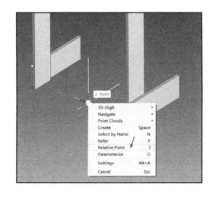

图 5.2.21　Sweep 点的选取

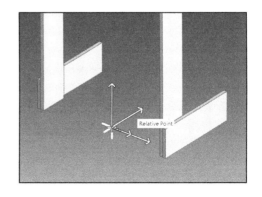

图 5.2.22　相对点的方向,按 X 键代表 X 方向

提示输入相对点的距离时,调取右键菜单,选择"Define"按参数定义,如图 5.2.23 所示。

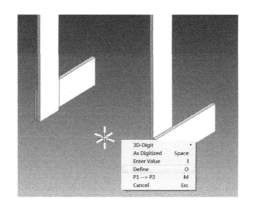

图 5.2.23　相对点的距离

按参数输入拉伸第二点的相对距离,即拉伸体(踏步)的长度值,如图 5.2.24 所示。

此时会显示拉伸截面的定义窗口,软件提供了一些常用的截面,这里选择矩形,如图 5.2.25 所示。

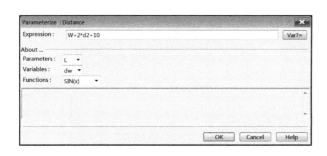 

图 5.2.24　拉伸体的长度值　　　　图 5.2.25　拉伸截面的定义

输入矩形的参数,即方钢踏步 22×22 的参数,如图 5.2.26 所示。

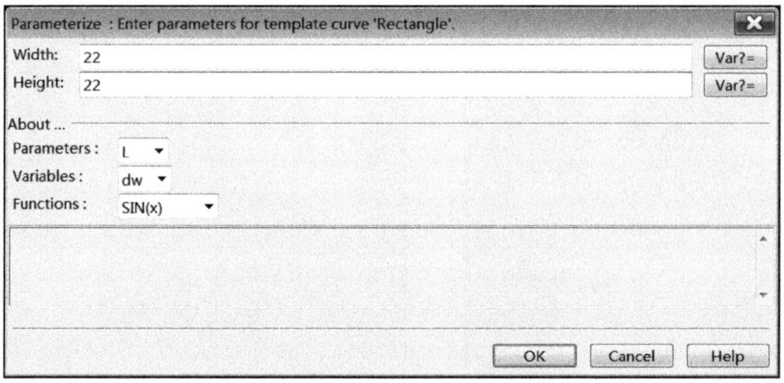

图 5.2.26　矩形截面的尺寸

此时会在原点朝 X 方向生成一个踏步,先沿 X 向旋转踏步 45°,然后将踏步移动至最下端的准确位置,如图 5.2.27~图 5.2.31 所示。

图 5.2.27 在临时位置生成第一个踏步

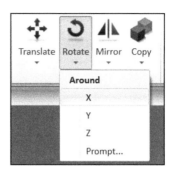

图 5.2.28 旋转工具栏

图 5.2.29 输入旋转角度

图 5.2.30 旋转后的踏步

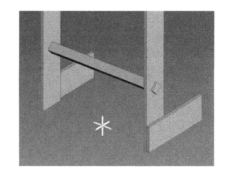

图 5.2.31 根据参数将第一个踏步移动至准确位置

最后可以通过多重参考复制的方法(Reference Copy)生成其他踏步,工具栏如图 5.2.32 所示。

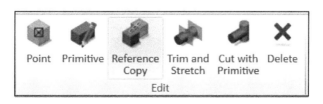

图 5.2.32 参考复制工具栏

选择生成的第一个踏步,按提示确定复制方向为 Z 向,将显示参考复制的参数对话框,按参数定义填入踏步的间距和复制个数,其中 INT 为取整函数,软件提供了三角函数、幂函数、开根函数等常用的数学函数,如图 5.2.33 所示。

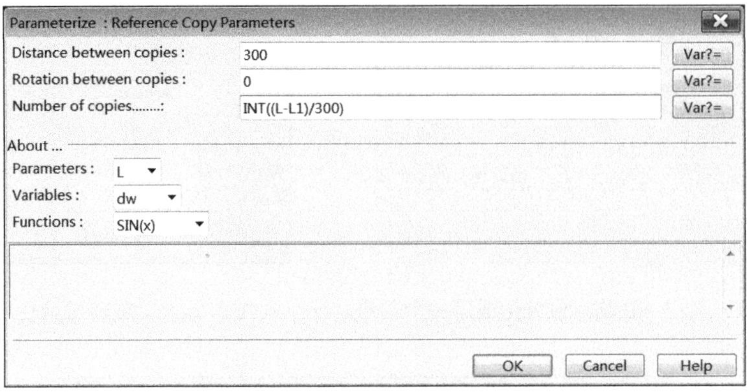

图 5.2.33 参考复制的参数

生成的结果如图 5.2.34 所示。

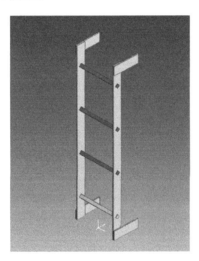

图 5.2.34 踏步多重参考复制

参考复制的特点是可将对象进行多重、带旋转的复制,并与复制的母对象建立关联。在本例中,当最下端第一个踏步有修改时,其他踏步也将随之修改。

以上就是直梯参数化建模的过程,对于 Equipment 设备,还需要添加一个节点 Node 的定义,工具栏如图 5.2.35 所示。

图 5.2.35 节点 Node 的定义

Node 可以作为一些管系的连接点,若为非管系设备,则一般可将该点定义至原点。根据需要可对设备加入相应的属性,属性工具栏如图 5.2.36 所示。

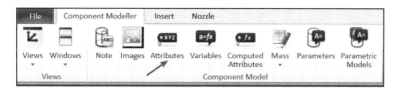

图 5.2.36　属性工具栏

常用的属性包括描述、中英文名称、材料、类别参数、重量重心等内容,如图 5.2.37 所示。

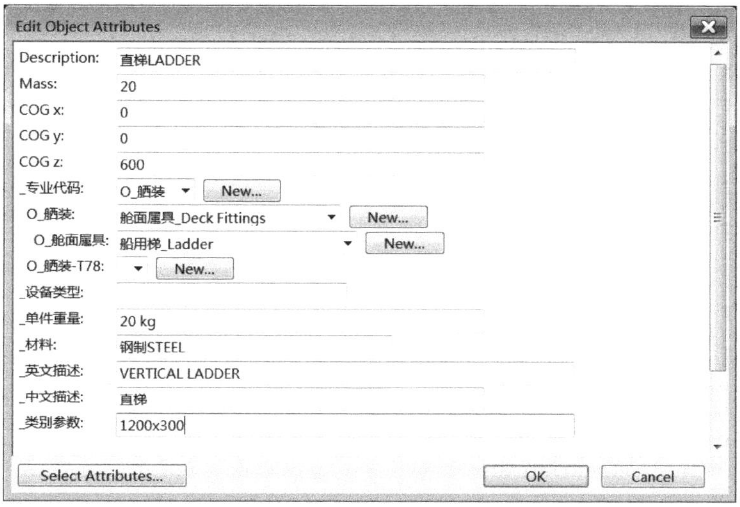

图 5.2.37　设备属性的设置

参数化模型定义好以后,就可以在 Parametric Models 工具栏中生成各种参数的子设备,如图 5.2.38、图 5.2.39 所示。

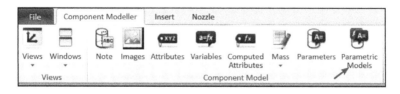

图 5.2.38　生成子设备工具栏

本例中,默认的直梯参数为 1200×300,在生成子设备的过程中,修改相应的参数即可生成新的子设备,例如 1800×300,同时可定义相应的属性,如图 5.2.40 所示。

在交互式建模中,CADMATIC 提供了必要的工具栏和右键菜单,通过这些工具栏和菜单的切换,用户可实现建模的过程。同时 CADMATIC 也提供了更为直接的编辑 GDL 的方式进行建模。GDL 是 CADMATIC 提供的一种几何描述语言,其全称为 Geometric Descrip-

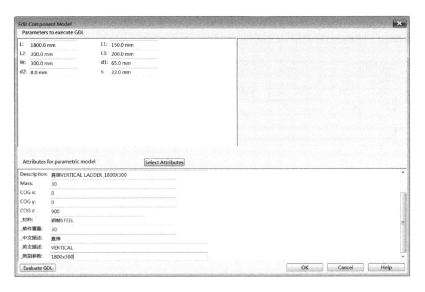

图 5.2.39　子设备的定义

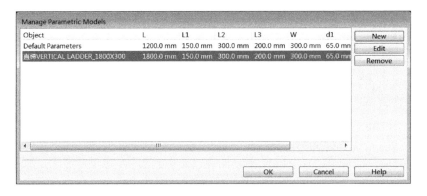

图 5.2.40　新生成的子设备

tion Language,提供了二维和三维基本对象的定义和操作函数。

二维基本对象主要包括点、线、面等基本对象,常用的函数如下:

(1)点 POINT。

POINT(x,y,z):通过坐标值定义点。

POINT(p0, dir, dist):通过已知点的相对方向和距离定义点。

POINT(p0, _ROTATE, p1, dir, angle):通过已知点的旋转定义点。

POINT(p0, _MIRROR, p1, dir):通过已知点的镜像定义点。

(2)向量 DIRECTION。

DIRECTION(dx, dy, dz):通过坐标值定义向量。

DIRECTION(p1, p2):通过两点定义向量。

DIRECTION(d1, _ROTATE, d2, angle):通过已知向量的旋转定义向量。

DIRECTION(d1, _MIRROR, d2):通过已知向量的镜像定义向量。

(3)曲线 CURVE。

以下是一个封闭线段的定义举例(/＊＊/之间的内容为注释)。

```
C1 = CURVE( 0,  0,    /*点a*/
            2000, 0,    /*点b*/
            2000,2000,  /*点c*/
            ARC,3000,3000, /*圆弧段圆心点d*/
            -1.572, /*圆弧角度*/
            2000,5000,  /*点e*/
            0,5000);    /*点f*/
```

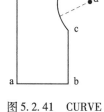

图 5.2.41 CURVE 生成实例

上述 CURVE 函数的结果如图 5.2.41 所示。

(4)截面 SECTION。

SECTION(contour, hole1, x1,y1, hole2, x2,y2,…):根据生成的线定义截面,可包含带孔截面的定义,截面主要用于拉伸体的生成。

三维基本对象主要包括:

(1)立方体 PIPED。

PIPED(p1, x_dir, y_dir, x_side, y_side, z_side)。

例如:

```
x_axis = DIRECTION(1,0,0);
y_axis = DIRECTION(0,1,0);
length = 400;
width  = 200;
height = 300;
p1     = POINT(320,-50,0);
exp_piped = PIPED(p1,x_axis,y_axis,length,width,height);
```

上述 PIPED 函数的结果如图 5.2.42 所示。

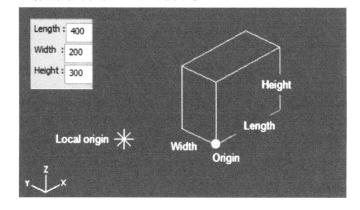

图 5.2.42 立方体实例

(2) 板 PLATE。

PLATE(p1, dir_thick, dir_x, sect, thickness);

PLATE(p1, dir_thick, rotation, sect, thickness)。

例如：

p1 = POINT(0,0,0);

x_axis = DIRECTION(1,0,0);

y_axis = DIRECTION(0,1,0);

c = atan(1)/45;

curve1 = CURVE(0,0,1000,0,1000,1000,0,1000);

curve2 = CURVE(250,250, arc,500,500,360 * c);

sect = SECTION(curve1,curve2,0,0);

exp_plate = PLATE(p1,x_axis,y_axis,sect,50);

上述 PLATE 函数的结果如图 5.2.43 所示。

(3) 拉伸体 SWEEP。

SWEEP(p1,p2, x_dir, sect);

SWEEP(p1,p2, rotation, sect)。

例如：

p1 = POINT(0,0,0);

p2 = POINT(0,0,400);

x_axis = DIRECTION(1,0,0);

c = atan(1)/45;

curve1 = CURVE(0,0,1000,0,1000,1000,0,1000);

curve2 = CURVE(250,250, arc,500,500,360 * c);

sect = SECTION(curve1,curve2,0,0);

exp_sweep = SWEEP(p1,p2,x_axis,sect);

上述 SWEEP 函数的结果如图 5.2.44 所示。

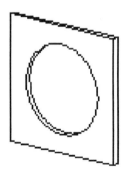
图 5.2.43 板的实例

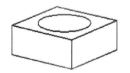
图 5.2.44 拉伸体实例

以上是常用的一些三维体的 GDL 描述。CADMATIC 还提供其他一些类型的定义,例如 Beam、Cylinder、Cone、Sphere、Toroid 等,具体描述可见 CADMATIC 的帮助文件。

2. 标准件参数化建模

标准件建模一般是指管系的阀附件、管材、型材、风管等一系列有标准表的零件,通常这些零件都有比较完整的国家标准。标准件建模工作需要参照相关国家标准等文件来完成。在实际使用中系统一般会根据某个主参数自动选择应用的等级,甚至可以直接统计参数,输出汇总表等。因此前期对于这些零件定义的规范性非常重要。

在 CADMATIC 中提供一套较为完整的标准件参数化建模方法,标准件建模主要分为三个步骤,即定义外形 Geometry,定义尺寸表 Dimensions Tables,定义零件系列 Catalog Parts。

Geometry 中定义零件的参数化外观,其建模方式与设备参数化建模几乎相同,但并不是所有标准件都需要定义外形,对于有些外形较为简单的标准件可以直接使用系统内置的外形,例如型材、管材等,但对于像阀件、附件这种形状比较特殊的标准件则需要先完成 Geometry 定义。

Dimensions Tables 主要定义与 Geometry 中定义的参数相对应的尺寸表。通过此尺寸表可以确定此标准件模型的完整型谱。在录入 Dimensions Tables 时应参照相关标准进行,以确保数据的准确性。

Catalog Parts 定义标准件模型的共有属性,并将此标准件的几何外形和尺寸表数据进行封装,是外界调用此标准件的唯一接口。

本节将以创建"船用截止阀(GB/T 587—2008)_1.6Mpa_AS 型"为例,讲述定义标准件的一般流程。AS 型、BS 型截止阀的结构和基本尺寸按标准选取,标准中的相关参数如图 5.2.45 所示。

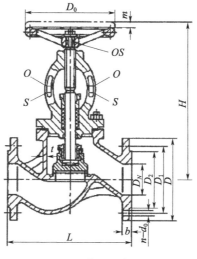

A型、AS型

公称压力 PN/MPa	公称通径 DN	结构尺寸 L AS型	结构尺寸 L BS型	结构尺寸 H_1 AS型	结构尺寸 H≈ BS型	壁厚 t	法兰 D	法兰 D_1	法兰 D_2	法兰 d_0	法兰 b	法兰 n/个	法兰 Th.	手轮 D_0	手轮 S	升程 /m	理论重量/kg AS型	理论重量/kg BS型
0.6	15	130	90			4	80	55	40	12	11	4	M10	80	8	7	3.9	4.0
	20	150	95	217	203	4	90	65	50	12	11	4	M10	80	8	7	4.7	4.5
	25	160	100				100	75	60	12	14	4	M10	80	8	7	5.4	5.1
	32	180	105	236	216		120	90	70		15	4	M12	100	9	9	6.6	6.4
	40	200	115	260	236	5	130	100	80	14	16	4	M12	120	11	11	8.7	8.4
	50	230	125	288	258		140	110	90		17	4	M12	140	12	14	11.0	10.5
	65	290	145	310	277		160	130	110		17	4	M12	140	12	19	17.1	15.8
	80	310	155	345	304	6	190	150	128		19	4	M16	160	14	26	22.6	21.7
	100	350	175	374	325		210	170	148	18	19	8	M16	180	14	35	33.7	29.9
	125	400	200	426	366	7	240	200	178		20	8	M16	200	17	44	45.4	44.4
	150	480	225	487	415		265	225	202		20	8	M16	200	17	57	67.9	62.9
1.6	65	290	145	335	301		185	145	122		17	4	M16	160	14	18	20.8	19.6
	80	310	155	366	325	6	200	160	133		19	8	M16	200	17	24	28.8	27.7
	100	350	175	427	378		220	180	158		20	8	M16	250	22	35	45.8	40.6
	125	400	200	465	405	7	250	210	184		22	8	M16	250	22	44	57.6	51.9
	150	480	225	524	457	8	285	240	212	22	22	8	M20	280	24	57	69.5	69.2

图 5.2.45 创建标准件建模示例参考数据

标准件建模的相关模块包含在 CADMATIC 数据库中,首先选中 Parent 点击"Object→Library and Project Databases"进入数据库,在"Components→Catalog Parts"分支下,包含标准件建模的所有相关模块。

选择"Geometry→New→GDL for Standard Part"命令新建一个几何外形。定义 Geometry 的名称并选择模型的几何类型,此几何类型为系统内置,根据实际情况选择即可,详细说明可见软件帮助文档,示例中的阀门应选择第 10 种,如图 5.2.46 所示。

选择连接点的连接类型,如图 5.2.47 所示。若进出口通径不相同,则应在 Nr of Nominal sizes 中选择 2。对于截止阀进出口通径是相同的,因此选择"1"。点击"OK"进入建模窗口,此时三个连接点和主要参数都已自动生成好,若位置不对可以进行人工调整,但注意必须使用参数化方式,否则可能会引发错误。

点击"Parameters"打开定义参数窗口,此处系统已自动定义好的 DN 和 L 是基于之前选择的几何类型得到,不能修改和删除,位置也必须保持在最前面,否则可能会引起模型错误。然后需要参照国家标准,在此增加所需要的额外参数。考虑到建模的复杂程度,对模型上一些无关尺寸允许进行一定简化,简化后的相关参数表及定义如表 5.2.1 所示,参数定义界面如图 5.2.48 所示。

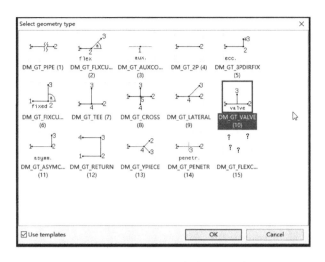

图 5.2.46　Geometry 几何类型选择窗口

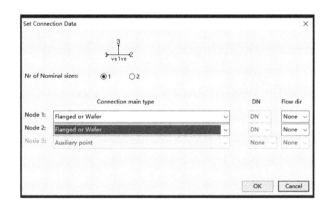

图 5.2.47　Geometry 连接点定义窗口

表 5.2.1　Geometry 参数化建模尺寸表

参数名	参数描述	默认尺寸	DN65	DN80	DN100	DN125	DN150
DN	通径	100	65	80	100	125	150
L	长度	350	290	310	350	400	480
D	法兰外径	220	185	200	220	250	285
b	法兰厚度	20	17	19	20	22	22
H	手轮高	427	335	366	427	465	524
D0	手轮直径	250	160	200	250	250	280
S	手轮截面直径	22	14	17	22	22	24

先定义位于原点处的法兰，选择"Flange"命令，然后使用快捷键 Q（抓取最近的连接点）拾取到原点，快捷键 P（读取连接点信息），快捷键 Shift + R（回退至上一个鼠标锁定点）防止鼠标移位产生的偏差，快捷键 Alt + X 锁定鼠标移动为 X 方向，方向锁定完成后，第二点的位置取决于法兰厚度，此时应通过参数化点来完成，否则模型将无法根据参数进

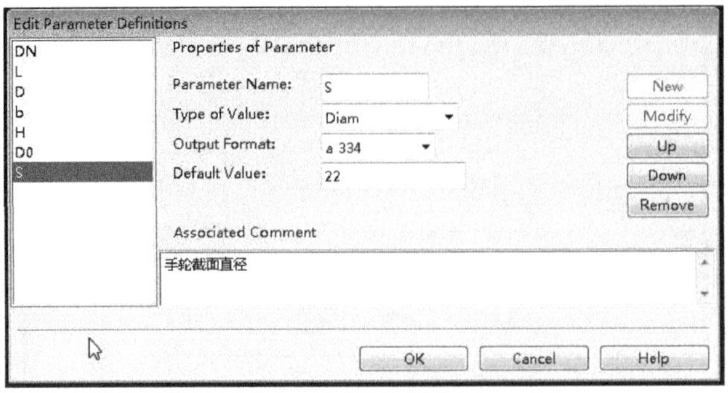

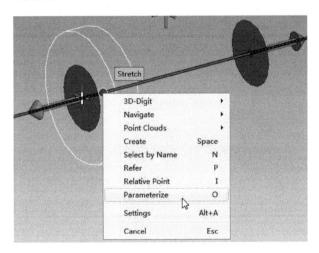

图 5.2.48　Geometry 建模参数定义窗口

行自动调整,右键选择"Parameterize 参数化点"命令,定义 p1 点,坐标为(b,0,0),如图 5.2.49、图 5.2.50 所示。

图 5.2.49　Geometry 建模参数化点菜单

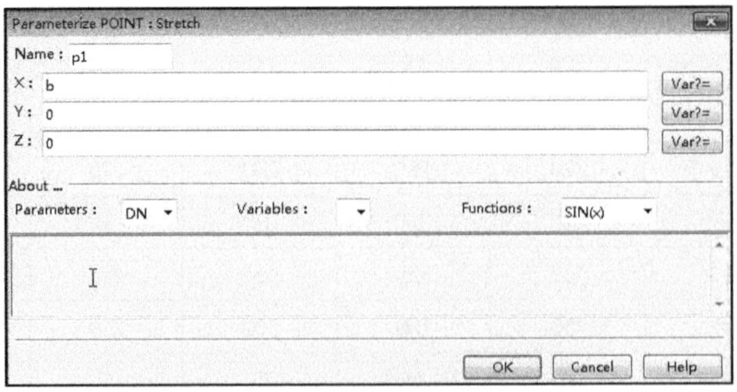

图 5.2.50　Geometry 建模参数化点窗口

法兰厚度定义完成后,点击右键选择"Scale Shape"设置直径,再右击选择"Define"进行参数化定义,如图 5.2.51、图 5.2.52 所示。操作中所有快捷键均在右键菜单中进行标识,因此所有关于快捷键的操作都可以通过右键菜单实现,但考虑到操作效率的问题,对于初学者建议参考右键菜单的相关功能并结合快捷键使用来帮助快捷键记忆,待熟练后主要命令应脱离右键菜单而直接使用快捷键来完成。

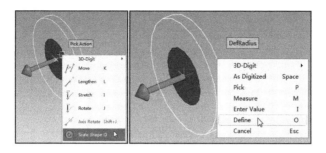

图 5.2.51　Geometry 建模参数化尺寸菜单

图 5.2.52　Geometry 建模参数化尺寸窗口

参数化法兰建模完成,如图 5.2.53 所示。其他建模过程与法兰参数化建模过程类似,不一一进行介绍,请读者举一反三,多加练习。最终完成的参数化阀门模型如图 5.2.54 所示。

图 5.2.53　Geometry 参数化建模　　　图 5.2.54　Geometry 参数化建模
　　　参数化法兰模型　　　　　　　　　　　参数化阀门模型

完成 Geometry 几何外形定义以后,需要创建尺寸表 Dimension Tables,尺寸表用来定义几何外形的所有型谱,数据与几何外型绑定。选择"Dimension Tables→New→Dimension Table"命令新建一个尺寸表,尺寸表配置界面如图 5.2.55 所示。

Geometry Shape 项的内容如果是自定义几何外形,应选择 GDL 并通过"Select"按钮选取对应的 Geometry 参数化模型,此时 Geometry Type 会自动根据 Geometry 几何外形的类

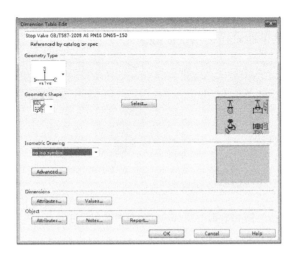

图 5.2.55　Dimension Table 配置界面

型设置。对于简单几何外形可以直接选择使用系统内置的形状,对应尺寸参数为系统内置,不能人为修改。本例中使用了自定义的 Geometry 几何外形,因此应选择 GDL 并通过 Select 选取关联对应的 Geometry 对象。

Isometric Drawing 不属于详细设计范围,此处不选。

Dimensions 中的 Attributes 会根据选择的 GDL 自动把参数导入进来。对于 Key Dim 项目主要用于模型布置时与其他零件的主尺寸进行匹配,由于管附件一般都采用通径进行匹配,因此此处的 DN 参数应设置为 Key Dim。副尺寸 Alt Dim 主要用于 Catalog Part 里面显示信息,为了显示方便,为 DN 参数增加 Alt Dim 属性并命名为"name"。此外,还需要增加重量 Weight 参数。设置完成后的参数配置界面如图 5.2.56 所示。Values 为参数值设置,系统提供有两种方式。一种是直接输入,另外一种是通过 Excel 编辑后导入。

图 5.2.56　Dimension Table 参数配置界面

Object 项里面的 Attributes 属性定义主要用于对 Dimension Table 进行动态分类、信息标识等,可根据需要进行定义。到此,Dimension Table 配置和定义已完成。

最后通过定义配置 Catalog Parts 对几何外形 Geometry 和尺寸表 Dimension Table 进行打包,形成标准件对象供 Plant Modeller 模型布置时调用。选择"Catalog Parts→New→Catalog Part"命令新建一个 Catalog Part,配置界面如图 5.2.57 所示。

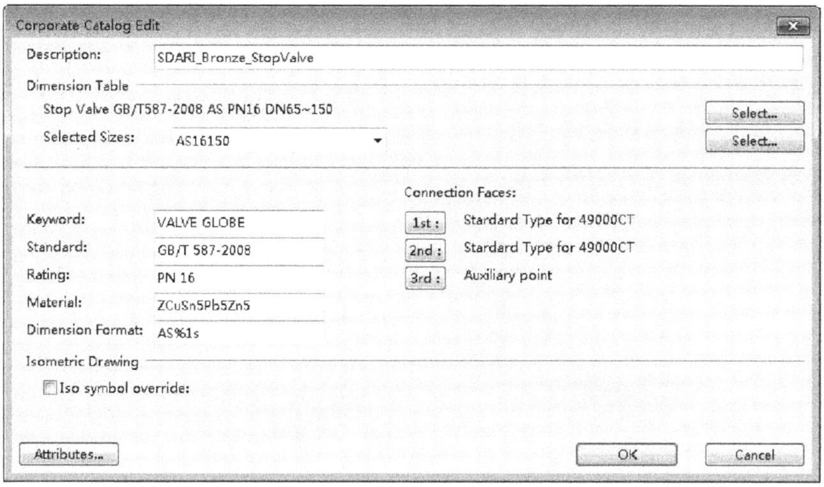

图 5.2.57　Catalog Part 配置界面

Description:名称需要在 Diagram 内关联模型时使用,使用中文会导致 Diagram 无法关联,应注意此处必须使用英文命名。

Dimension Table:先通过第一个 Select 选择使用的 Dimension Table 对象,再通过第二个 Select 读取并选择当前 Catalog Part 中使用的规格。Dimension Table 规格选择窗口所显示的数据格式依赖于 Dimension Format 中的字符串格式,因此必须在完成 Dimension Format 定义后第二个 Select 才会起作用。(Dimension Format 中%1d 表示 Dimension Table 参数值中的第一个十进制数字,%1s 表示 Dimension Table 参数值中的第 1 个字符串)

Connection Faces:连接面类型定义用于设置当前标准件的连接面型式,在 CADMATIC 系统中规定了一套连接面配对映射关系,即规定任一连接面类型可以与哪些连接面类型相连接,这样的机制可以很好地避免因连接面型式不匹配引起的设计失误,因此在建立标准件模型时此连接面类型定义应严格按实际情况设置选择。

此外,对于标准件在 Geometry 里定义的连接面属性并不起作用,实际连接时以 Catalog Part 中定义的连接面类型为准;对于设备建模则以建模时定义 Node 点的连接面属性为准进行连接面匹配。

窗口中的其他参数和属性 Attributes 根据情况进行填写即可。Catalog Part 到此已定义完成。

上机题

在 Component Manager 模块完成以下设备建模：应急发电机（图 5.2.58(a)）、排气消音器（图 5.2.58(b)）。

学习要点：
(1) 设备的属性定义。
(2) 设备库的模型动态分类及模型管理。
(3) 设备建模模块各功能的应用。
(4) 设备接口面类型定义的方法。

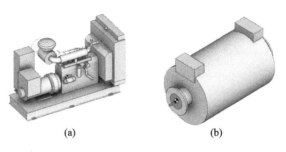

图 5.2.58　设备建模作业模型

5.3　轮机典型区域模型布置

5.3.1　概述

轮机详细设计阶段三维模型布置主要是指船舶机舱各种设备的布置、机舱和上建通风管道布置、排气管系布置、海水总管及阀附件布置、机舱吊梁及加强布置、机舱梯道、花钢板、格栅、栏杆扶手布置等，在实际项目中，根据项目设计的需要，对于一些非常规设计的船舶系统或典型区域，诸如冷却海水管系、燃油输送管系、舱底压载管系、消防管系、货油管系等大管径管系及货舱通风等，也经常需要模型布置以进行设计方案的可行性分析和评估，总的来说，详细设计模型布置的内容和范围与传统详细设计的内容和范围大致相同，其他模型布置和模型细化工作由生产设计阶段继续深化完成。

详细设计阶段轮机专业模型布置的一般流程如图 5.3.1 所示。

模型布置一般包括设备布置、管系布置、风管布置、结构件布置等方面，一般情况下在船舶结构专业完成相关的船舶大板架结构设计并导入 CADMATIC 软件后，轮机专业即可开展模型布置工作，由于设备和管系通常与原理图设计相关，因此，在收到设备厂家图纸以后，通常先同步进行原理图设计和设备建模工作，待原理图设计完成后发布至三维空间并且设备建模完成后，即可开展三维设备布置和管系布置工作。对于风管布置、结构件布

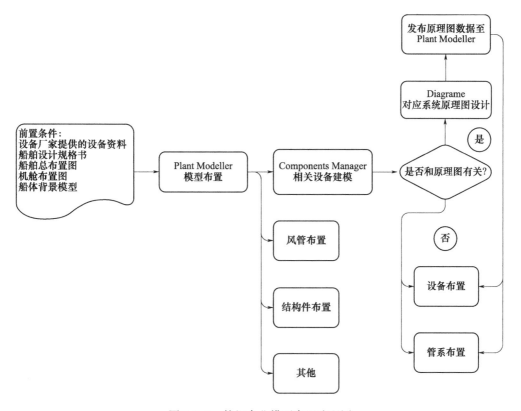

图 5.3.1 轮机专业模型布置流程图

置等,可参照机舱布置图中的定位,直接完成细化的模型布置。后续章节将分别从设备布置、管系布置、风管布置、结构件布置的角度演示相对具体的操作过程。

5.3.2 设备及管系布置

本节以船舶典型油渣系统为例,挑选部分典型的设备及管路进行布置,如图 5.3.2 所示,着重以焚烧炉的设备布置及编号为 XS-035 的管路布置进行演示,旨在让读者掌握设备布置及管系布置的一般流程和思路。

在设备及管系布置工作开始之前,一般需要完成的准备工作有以下两点:

(1)在 Diagram 模块中完成油渣系统的管系原理图设计。

(2)在设备库中完成相关设备的三维建模。

在 Diagram 图纸上关联设备及标准件的三维模型并匹配接口(Diagram 关联设备的操作方法详见 5.1.3 节的相关介绍),匹配好的焚烧炉设备属性窗口如图 5.3.3 所示,其他设备及标准件可以参考示例进行映射,检查所有管路的管线号是否匹配正确,完成后将图纸发布至三维空间。

进入 Plant Modeller 模块,选择"Layout→Equipment→Insert"进行设备模型布置。系统提示选择模型所属的系统,由于本例中设备都属于油渣系统,因此应在列表中选择油渣系统,如图 5.3.4 所示。

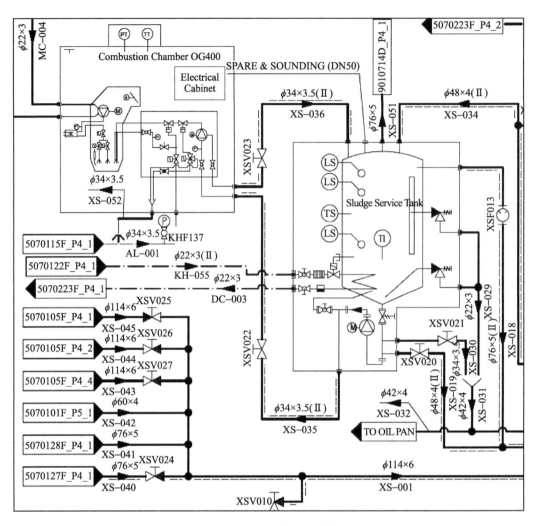

图 5.3.2 油渣系统原理图样例

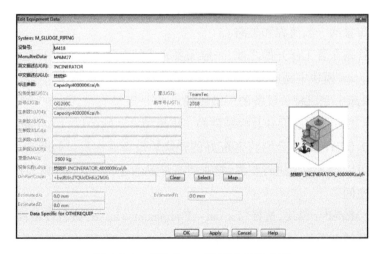

图 5.3.3 焚烧炉二三维模型关联示例

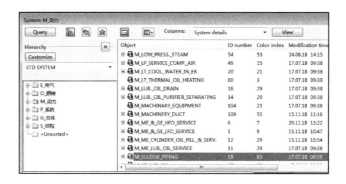

图 5.3.4　模型所属系统选择窗口

弹出的设备布置选择窗口中会列出已经从原理图发布但是尚未进行布置的设备,显示的设备编号与 Diagram 中的编号相一致,如图 5.3.5 所示,如果选择 Other 则可以布置设备库中的任意设备。本例先选择 M418 焚烧炉进行设备布置。

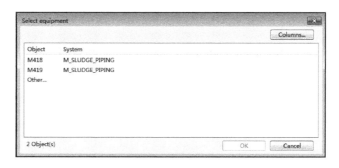

图 5.3.5　Plant Modeller 设备布置选择窗口

在 CADMATIC 中模型定位通常有绝对坐标、相对坐标、抓取平面、抓取角点、球坐标系等多种方式,对于设备布置由于模型参照条件较为有限,大多数情况下均采用绝对坐标进行定位;而对于设备上的管路附件等一般通过与设备的相对位置关系进行定位。设备模型上的布置基准点默认为建模时的坐标原点,位于设备 Z=0 平面上的几何中心,否则可通过快捷键 B 调整模型布置基准点。本例中使用快捷键 C 通过绝对坐标对设备进行布置,在弹出的对话框中输入放置设备基准点位置的绝对坐标即可,如图 5.3.6 所示。其中 fr13 代表 13 号肋位,ud 代表上甲板,参考坐标系应由系统管理员在项目前期定义完毕,并给出参考坐标系定义对照表供该项目所有设计人员参照。

图 5.3.6　Plant Modeller 绝对坐标输入窗口

完成设备定位后,还需要定义设备的属性,如图 5.3.7 所示。由于在 Diagram 发布时会一并将关联属性进行发布,因此这里会自动为模型增加一些必要属性。如有额外需要增加的属性可以选择 Select Attribute 或 Assign from Class 进行手动添加,相关解释如下:

Select Attribute:单个属性手动添加。

Assign from Class:根据预先定义好的属性类,批量分配属性。

图 5.3.7　Plant Modeller 设备属性配置窗口

最后点击"OK",设备模型布置完成,如图 5.3.8 所示。

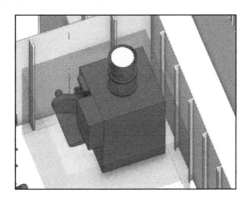

图 5.3.8　Plant Modeller 设备模型布置示例

选中已布置好的设备,按回车键查看设备属性窗口并与 Diagram 中对应设备的属性进行对比,如图 5.3.9、图 5.3.10 所示。在图中可以看出,Diagram 原理图和 Plant Modeller 中对应的设备属性是完全一致的。

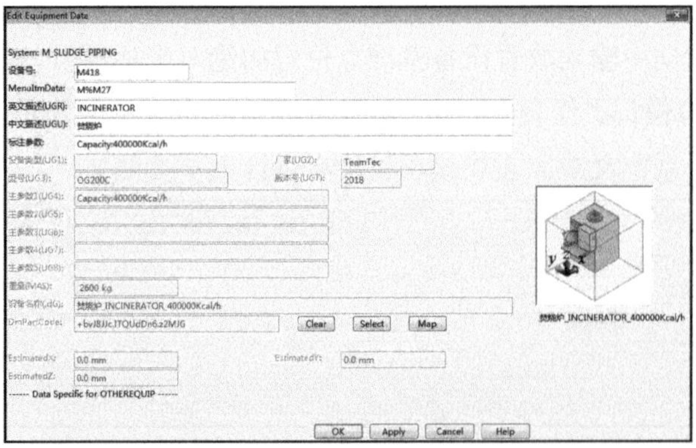

图 5.3.9　Diagram 设备属性表

Name	Value	Tag
Equipment Position Id	M418	.n5
Role in Process		U20
_英文描述	INCINERATOR	UGR
_中文描述	焚烧炉	UGU
⊟ Reference Information		
Name of component model	+bvJ8JJc.ITQUdDn6.z2MJG	cmd
Description	焚烧炉_INCINERATOR_400000Kcal/h	.dG
Compatibility with neighbors	Ok	.Bd
_专业代码	M_动力	UA1
_设备类型		UG1
_设备厂家	TeamTec	UG2
_设备型号	OG200C	UG3
_版本号	2018	UGT
_设备主参数1	Capacity:400000Kcal/h	UG4
_状态	已完成	U78

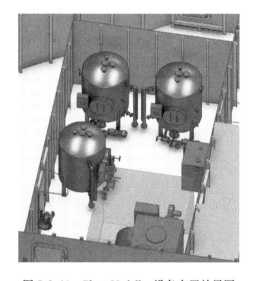

图 5.3.10　Plant Modeller 设备属性表

其他设备的三维布置与前面的演示方法相同，本章不再赘述。布置完成后的效果如图 5.3.11 所示。

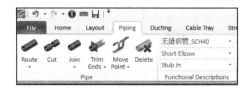

图 5.3.11　Plant Modeller 设备布置效果图

管路布置时将菜单切换至 Piping，首先选择对应管材的壁厚规格、弯头规格以及开支管的形式。本例油渣系统根据原理图设计选择 SCH40 级别，弯头一般可以选择标准弯头或是短弯头，连接方式对于小管路一般选择“Stub In”即可，设置完成的菜单如图 5.3.12 所示。管系布置建议以设备为源头，向上游或下游进行管路布置。

图 5.3.12　Plant Modeller 管路规格和型式设置示例

选择“Piping→Route→Route Pipe”命令进行布管，将光标移至焚烧炉废油柜的 XS－035 接口附近，用快捷键 Q、P 与接口法兰快速相连。依次选择系统、管线、管材规格书、绝缘规格书,然后点击"OK"。此时在模型中已标记了该管路的大致走向,如图5.3.13所示。可以看出,该管路的另一端与焚烧炉设备相连。

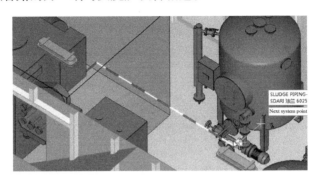

图5.3.13　Plant Modeller管路布置引导线

基于引导线的大致方向,根据经验规划出管路的走向,继续完成管系布置。本例中由于焚烧炉所在房间下面是居住舱室,无法把油渣管路走在下一层的顶上,同时也考虑到演示的便利性,将油渣管走在房间地面以上100mm的高度位置。基于以上考虑,按快捷键D,输入短管长度300,然后使用快捷键Shift + R(返回上一个点)→Alt + Z(锁定Z轴方向)→C(绝对坐标定位),通过Z的绝对坐标将管子延伸至地面以上100高度,如图5.3.14所示。布置好的管路如图5.3.15所示。

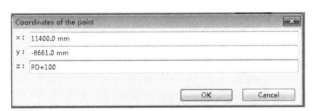

图5.3.14　Plant Modeller管路布置绝对坐标设置

按快捷键Shift + R(返回上一个点)→Alt + X(锁定X轴方向)→D(相对坐标定位),输入1600长度,完成后效果如图5.3.16所示。

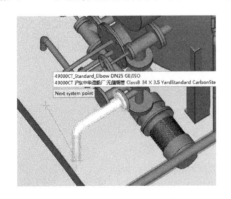

图5.3.15　Plant Modeller管路布置模型示例一

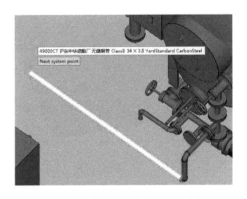

图5.3.16　Plant Modeller管路布置模型示例二

按快捷键 Shift + R(返回上一个点)→Alt + Y(锁定 Y 轴方向)→U(取消管路,保留弯头)→Shift + A(释放鼠标)→F(抓取最近的平面)拾取墙壁上的点→D(相对坐标定位)向 Y 负方向偏移 100mm,布管至距墙壁 100mm 处,如图 5.3.17 所示。

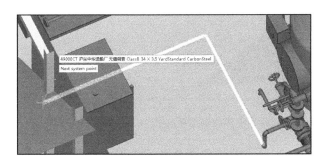

图 5.3.17　Plant Modeller 管路布置模型示例三　　图 5.3.18　Plant Modeller 管路布置模型示例四

按快捷键 Shift + R(返回上一个点)→Alt + X(锁定 X 轴方向)→U(取消管路,保留弯头)→Shift + A(释放鼠标)→光标至接口法兰位置 Q(抓取连接点),将管路延伸至接口法兰对齐位置,如图 5.3.18 所示。

按快捷键 Shift + R(返回上一个点)→Alt + Z(锁定 Z 轴方向)→U(取消管路,保留弯头)→Shift + A(释放鼠标)→光标至接口法兰位置 Q(抓取连接点),将管路延伸至接口法兰对齐位置,如图 5.3.19 所示。

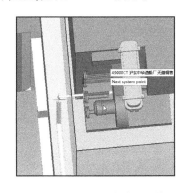
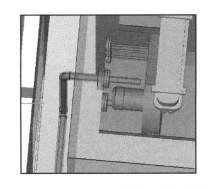

图 5.3.19　Plant Modeller 管路布置模型示例五　　图 5.3.20　Plant Modeller 管路布置模型示例六

按快捷键 Shift + R(返回上一个点)→Alt + Y(锁定 Y 轴方向)→U(取消管路,保留弯头)→光标至接口法兰位置 Q(抓取连接点)→P(读取连接点信息)进行连接,管路 XS - 035 布置完成,如图 5.3.20 所示。

对于阀门管附件等标准件可使用"Piping→Insert→Valve"命令进行布置,命令激活后,通过 L 键选定管路,回车弹出标准件插入选择页面,系统将会基于 Diagram 原理图,自动在页面上列出当前管路号尚未布置的标准件列表,显示的标准件编号与 Diagram 原理图相一致,如图 5.3.21 所示,如果选择 Other 则可以选择模型库中的任意模型进行布置。

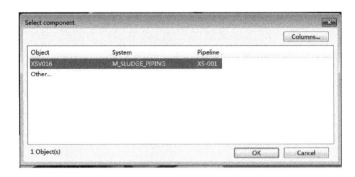

图 5.3.21　Plant Modeller 标准件布置选择窗口

选择管路上对应的标准件,点击"OK",并设置标准件的角度和属性,如图 5.3.22、图 5.3.23 所示。

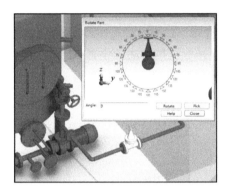

图 5.3.22　Plant Modeller 标准件布置阀门角度调节

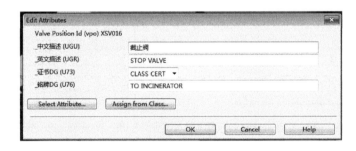

图 5.3.23　Plant Modeller 标准件布置属性设置

如果在 Diagram 原理图中设置了标准件与三维模型的关联,则同一标准件在 Diagram 中的属性与 Plant Modeller 中的属性将是一一对应的,并可以实现动态更新,如图 5.3.24、图 5.3.25 所示。

参照上面的方法,依次完成原理图中所有设备、管路及标准件的布置即可。由于每个人布置管路的思路是不尽相同的,不同的管路走向需要用不同的命令去完成,因此本节仅做参考,更多操作的方式方法还需要读者勤加练习才能掌握。整个油渣系统完成设备管系布置后的效果如图 5.3.26 所示。

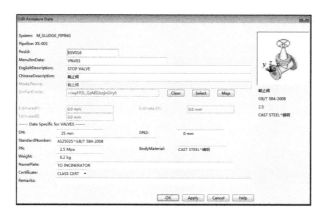

图 5.3.24 Diagram 标准件属性窗口

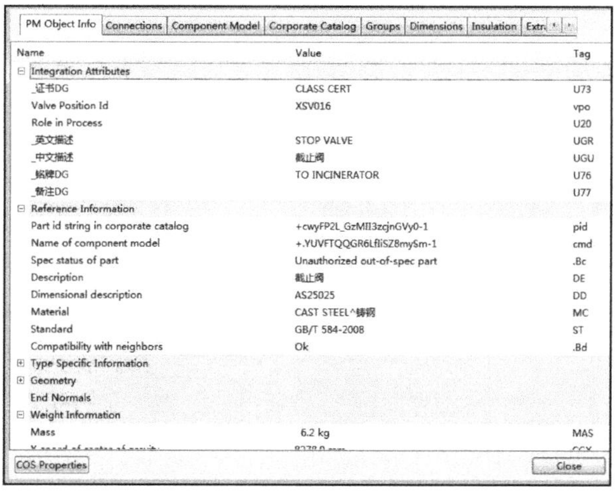

图 5.3.25 Plant Modeller 标准件属性窗口

图 5.3.26 Plant Modeller 油渣系统设备与管系布置样例

5.3.3 管布置

在轮机详细设计中,通风设计一般包括上建舱室通风、机舱通风和货舱通风等。在进行风管的三维布置之前,通常需要基于用户的风量需求,通过风量分配计算,确定初步的主风管和支风管尺寸及走向,并结合被通风区域的布置图画出通风布置单线图。对于机舱通风,用户的风量需求通常分为燃烧用空气量及散热用空气量两个部分,在 ISO 8861 标准中规定有详细的计算要求;对于舱室通风,货物通风等主要是考虑散热用空气量,一般在船舶规格书及船级社规范中对处所的换气次数或通风量都有明确的要求。CADMATIC 平台的风管建模功能包含在"Plant Modeller→Ducting"菜单下,风管布置时,一般基于初步设计好的单线图,并结合三维模型综合考虑后,使用 Ducting 菜单下对应的功能,沿风管的走向,逐步完成风管的建模与三维设计。

下文主要通过一个实例来讲解风管布置的一般方法。本例将参考实船项目 49000t 化学品船机舱分油机间风管设计图纸进行风管布置演示,如图 5.3.27 所示。以下命令多使用快捷键完成,操作时详见 CADAMATIC 帮助文档。

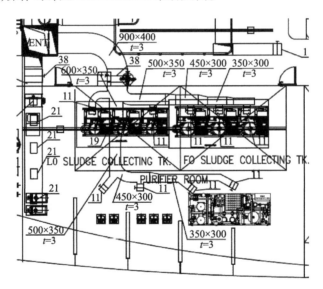

图 5.3.27 49000t 化学品船分油机间通风布置图

(1)由于风管需要布置在吊梁上方,先测量吊梁上表面的高度,靠近吊梁上的上平面边缘,用快捷键 Shift + E 抓取吊梁的边线,逗号输出坐标,此处 Z 坐标为平台以上 2400。因此确认风管的下平面应高于此高度,给予 2450mm 的高度值。

(2)选择"Route"命令,输入起始点的坐标,按快捷键 Shift + R(返回上一结点)、Alt + X(锁定 X 轴方向)、D(相对坐标),输入长度,创建直风管,如图 5.3.28 ~ 图 5.3.31 所示。

(3)按快捷键 Shift + R(返回上一结点)、Alt + Y(锁定 Y 轴方向)、C(绝对坐标),由于此时 Y 方向锁定,因此只需要定义绝对坐标的 Y 值,即可确定风管延 Y 向延伸的位置,如图 5.3.32、图 5.3.33 所示。

第五章　机电舾三维设计

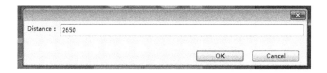

图 5.3.28　坐标输入窗口

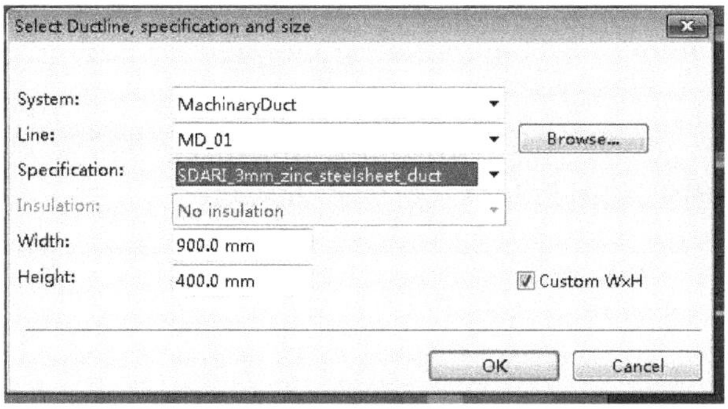

图 5.3.29　风管规格选择窗口

图 5.3.30　相对位移输入窗口

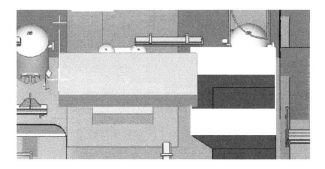

图 5.3.31　创建直风管

图 5.3.32　坐标输入窗口

237

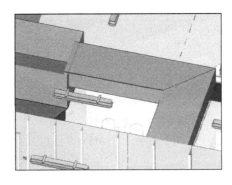

图 5.3.33　创建直风管

(4)使用"Replace Angles"命令为直角风管增加弯头,按快捷键 Q(拾取连接点),点击鼠标左键,回车完成创建,如图 5.3.34~图 5.3.36 所示。

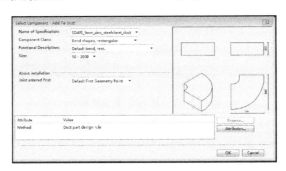

图 5.3.34　通风附件选择窗口

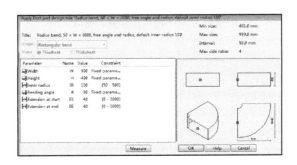

图 5.3.35　风管弯头参数设置窗口

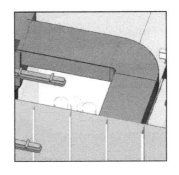

图 5.3.36　创建弯头模型

(5)右击,选择"Add Component",选择等高支管,并输入参数,后生成支管,如图 5.3.37~图 5.3.40 所示。

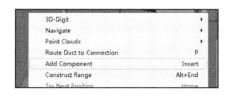

图 5.3.37　创建风管菜单

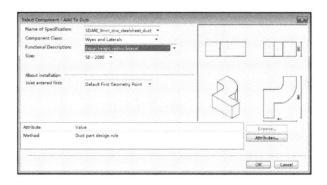

图 5.3.38　通风附件选择窗口

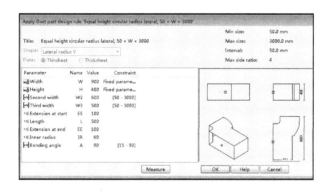

图 5.3.39　通风附件参数设置窗口

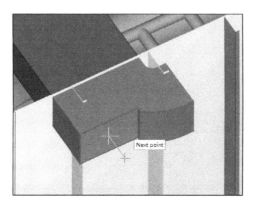

图 5.3.40　创建风管三通

（6）为主管增加支管。右击选择"Add Component"，选择三通，输入尺寸，如果方向不正确可以按住右键进行翻转，最后完成，如图5.3.41~图5.3.43所示。

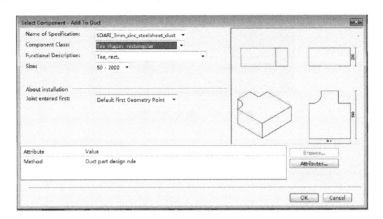

图5.3.41　通风附件选择窗口

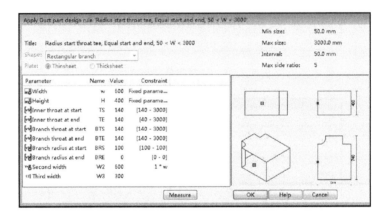

图5.3.42　通风附件参数设置窗口

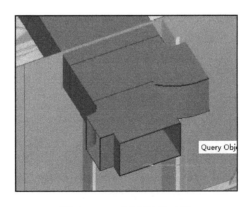

图5.3.43　创建风管三通

（7）选取左侧风口，右击选择"Add Components"，选择矩形变径，输入参数，如图5.3.44、图5.3.45所示。

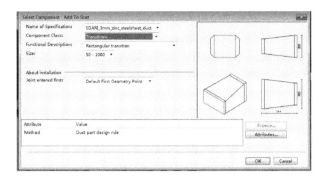

图 5.3.44 通风附件选择窗口

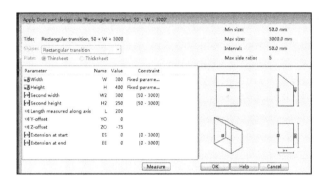

图 5.3.45 通风附件参数设置窗口

(8)按快捷键 Q(抓取连接点)、P(读取连接点信息),抓取左侧接口并布置风管,通过快捷键 C(绝对坐标),延伸风管至 fr15,如图 5.3.46、图 5.3.47 所示。

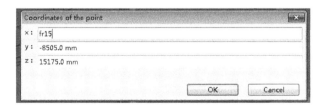

图 5.3.46 坐标输入窗口

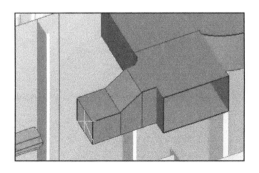

图 5.3.47 创建风管

(9)按快捷键 Shift + R(返回上一个结点)、Alt + Y(锁定 Y 方向)、C(绝对坐标),生成 Y 向的风管,如图 5.3.48、图 5.3.49 所示。

图 5.3.48　坐标输入窗口

(10)选择"Replace Angles"为风管增加弯头,如图 5.3.50 所示。

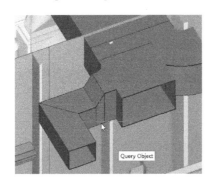 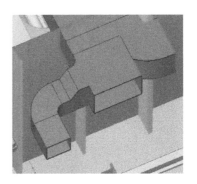

图 5.3.49　创建风管　　　　　　图 5.3.50　创建弯头

(11)选择"Insert Part"命令,按快捷键 Q(抓取连接点),单击鼠标左键,回车,在风管的末端增加调风门,如图 5.3.51、图 5.3.52 所示。

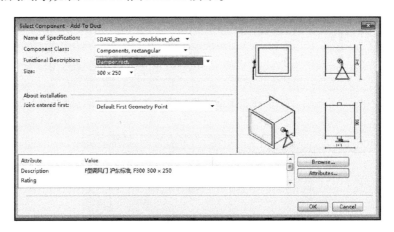

图 5.3.51　通风附件选择窗口

(12)选择右侧的支风管,右击选择"Add Components"增加异径,并通过绝对坐标 C 创建直管段,如图 5.3.53 ~ 图 5.3.55 所示。

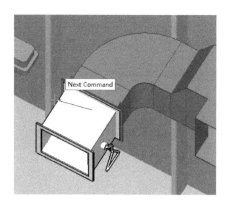

图 5.3.52　创建调风门

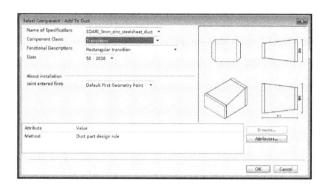

图 5.3.53　通风附件选择窗口

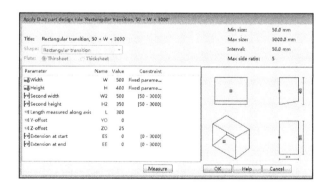

图 5.3.54　通风附件参数设置窗口

图 5.3.55　创建风管

(13)右击选择"Add Components"为风管依次添加异径,并完成直管段。在风管末端选择"End Cover"增加封盖,完成后效果如图 5.3.56 所示。

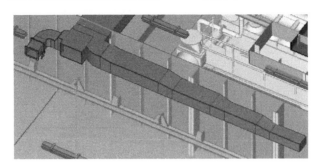

图 5.3.56 创建风管

(14)选择"Route",通过 E 拾取风管的角点,再通过 D 偏移至支风管的中心点,然后按 Alt + Y 快捷键锁定 Y 方向生成小支风管,如图 5.3.57~图 5.3.60 所示。

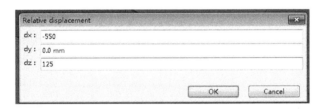

图 5.3.57 相对坐标输入窗口

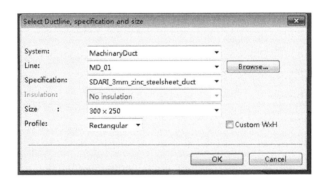

图 5.3.58 风管参数输入窗口

图 5.3.59 风管长度输入窗口

(15)使用"Insert Part",按快捷键 Q(抓取连接点),单击鼠标左键,回车,为支风管增加调风门,如图 5.3.61 所示。

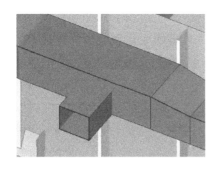
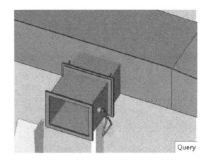

图 5.3.60　创建支风管　　　　　图 5.3.61　创建调风门

(16) 依次添加支路和调风门,完成后效果如图 5.3.62 所示。

图 5.3.62　创建风管

(17) 其他风管创建操作与上述过程类似,不再一一介绍,最终完成后的效果如图 5.3.63 所示。

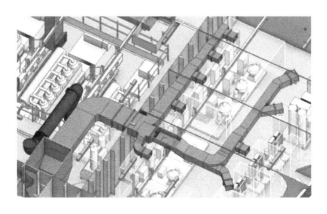

图 5.3.63　49000t 化学品船项目分油机间风管模型

5.3.4　铁舾件布置

轮机专业详细设计中涉及的铁舾件布置,主要包括机舱内的起吊用工字钢、吊梁安装固定时使用的加强板、机舱部分区域架设的花钢板、栏杆扶手等。CADMATIC 平台关于铁舾件建模布置的相关功能包含在"Plant Modeller→Structural"菜单中,主要分为型材建模、板建模及铁舾件单元 Structural Unit 建模三个部分,所有铁舾件建模都必须基于模型库中的标准件基础模型,例如,Plant Modeller 中布置工字钢的前提,是必须在标准件建模中先完成工字钢的建模,布置板的前提是必须在标准件建模中先完成板的建模。由于模型库中包含的型材会随着模型库的不断完善越来越多,为了方便地在设计时快速检索指定型材,系统主要是通过型材规格书来对项目中用到的型材进行管理。型材规格书预先由项目管理员定义完成,在建模时通过型材规格书进行型材检索和布置。对于板建模,基于模型库中板模型的某一厚度,在 Plant Modeller 中定义板的形状和方向即可生成对应板。对于铁舾件单元 Structural Unit 建模,其样式大多为系统内置或定制开发的,主要用途是将模型库中的多个铁舾件模型完成拼装后生成铁舾件单元,从而提升建模效率,轮机一般常用的结构件单元包括栏杆、格栅等。

以下机舱吊梁布置实例演示了型材及板的建模布置过程,参考图纸如图 5.3.64、图 5.3.65 所示。

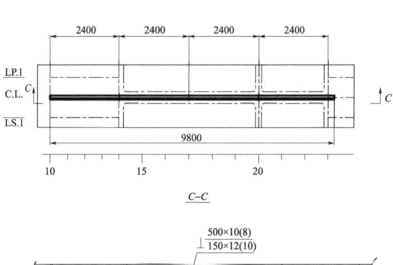

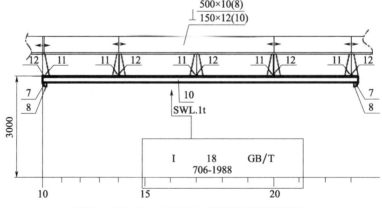

图 5.3.64　Plant Modeller 吊梁布置示例图纸

使用"Structural→Beam Tools"创建吊梁,如图 5.3.66 所示。BeamTools 和 Insert 均能布置型材,区别在于 BeamTools 是在型材规格书中选择,而 Insert 是直接去型材库里选择,用 Insert 相对较难筛选。

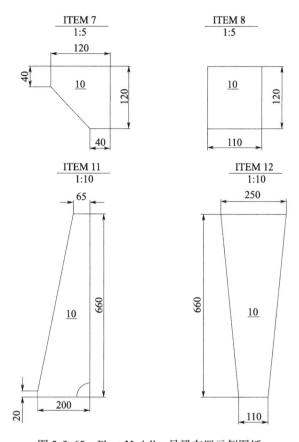

图 5.3.65　Plant Modeller 吊梁布置示例图纸

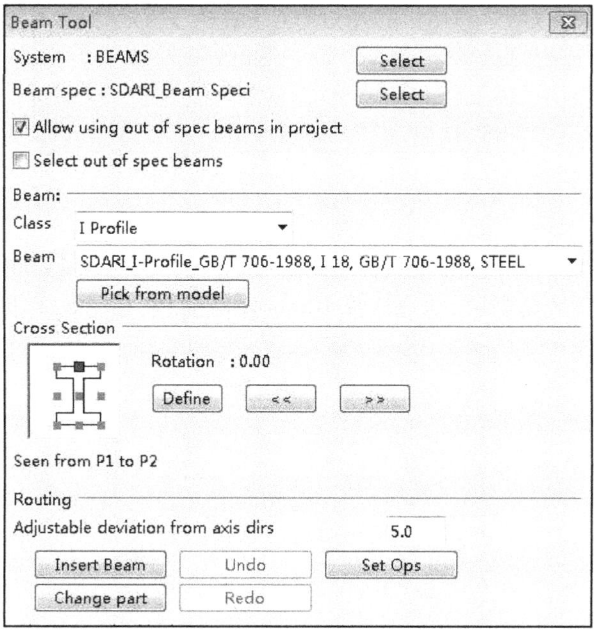

图 5.3.66　Plant Modeller 使用型材规格书插入型材窗口

选择完成工字钢的对应标准和插入基准点,点击"Insert Beam"开始创建吊梁,通过快捷键 C(通过绝对坐标确定点)确定第一个节点位置,如图 5.3.67 所示。

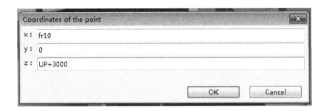

图 5.3.67　通过绝对坐标确定点

按快捷键 Shift + R(返回上一个结点)→Alt + X(锁定 X 轴方向)→D(输入相对坐标,此处应为吊梁长度)以确定第二点坐标,如图 5.3.68 所示。

图 5.3.68　通过相对坐标确定点

吊梁布置完成,效果如图 5.3.69 所示。

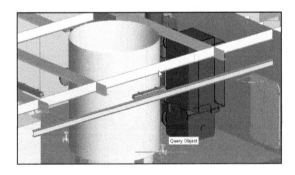

图 5.3.69　Plant Modeller 吊梁布置效果图

利用"Structural→Plate→Insert"命令创建板 11(此处根据板的实际方向,选择朝向 Y 正向的选项),选择系统与板厚,此处选择 10mm 厚度的板,如图 5.3.70 所示。

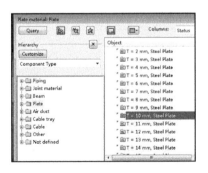

图 5.3.70　Plant Modeller 创建板时的板厚选择

使用快捷键 C(通过绝对坐标确定点)确定建板坐标系的坐标原点,如图 5.3.71 所示。

图 5.3.71　Plant Modeller 绝对坐标输入窗口

由于板的形状不属于系统自带的规则形状,因此选择"Edit New"创建新形状,如图 5.3.72 所示。

使用快捷键 D(相对坐标),依次创建板的轮廓轨迹。u 为轮廓平面的水平方向,v 为轮廓平面的竖直方向。坐标点依次为(200,0)、(200,20)、(65,660)、(0,660)、(0,50)、(50,0),创建完成的板 11 如图 5.3.73 所示。

图 5.3.72　Plant Modeller 创建板的形状选择窗口　　图 5.3.73　Plant Modeller 创建板

使用类似的方法创建板 12,使用"Home→Copy and Mirror"工具对板 11 进行复制镜像,完成后效果如图 5.3.74 所示。

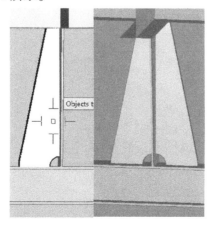

图 5.3.74　Plant Modeller 板复制镜像

对板 11 和板 12 进行复制,完成后效果如图 5.3.75 所示。

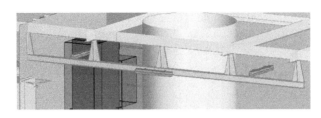

图 5.3.75　Plant Modeller 板建模

参考前面的方法继续创建板 7,选择系统和板厚方向,利用 G(抓取两个点的中点)命令拾取工字钢的中心线,由于板厚是向 Y 轴正向,板厚为 10mm,因此此处原点还应用 D(相对坐标)命令向 Y 轴负向偏移 5mm,如图 5.3.76 所示。

利用 D(相对坐标),依次创建板的轮廓轨迹。u 为轮廓平面的水平方向,v 为轮廓平面的竖直方向。坐标依次为(0,0)、(0,-40)、(80,-120)、(120,-120)、(120,0),效果如图 5.3.77 所示。

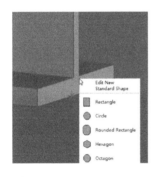 

图 5.3.76　Plant Modeller 创建板坐标系基点　　图 5.3.77　Plant Modeller 创建板

创建板 8,选择系统和板厚方向,利用快捷键 G(抓取两个点的中点)拾取板 7 的中心线,由于方板是以中心点作为原点,因此此处原点还应用 D 命令向 Z 轴负向偏移 60mm,如图 5.3.78 所示。

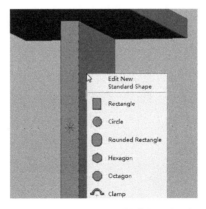

图 5.3.78　Plant Modeller 创建板坐标系基点

选择方板,直接输入长和宽,如图 5.3.79 所示。

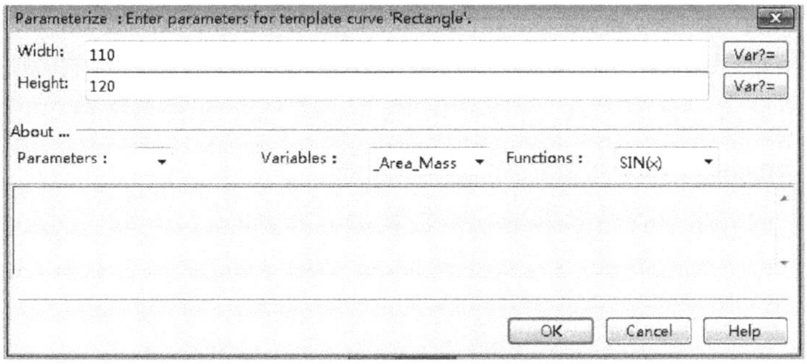

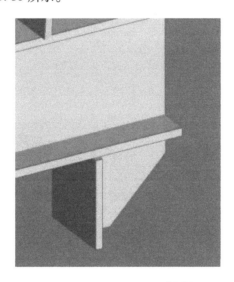

图 5.3.79　Plant Modeller 创建矩形板

完成后效果如图 5.3.80 所示。

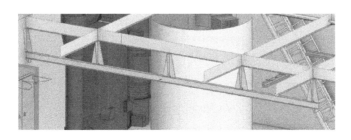

图 5.3.80　Plant Modeller 创建板

选择"Home→Copy and Mirror"复制镜像命令对件 7、件 8 进行镜像。用 G(抓取两个点的中点)拾取吊梁的中点为镜像平面上的点。至此,整个吊梁建模完成,整体效果如图 5.3.81 所示。

图 5.3.81　Plant Modeller 创建吊梁及加强板示例

以下实例将演示机舱栏杆布置的一般性过程,一般栏杆布置有两种常用方式,一种是利用 Structural Unit 里面系统内置的模块进行布置,另一种是通过"Pipe"菜单中的管路建模进行建模布置。相比较而言,Structural Unit 中的栏杆采用参数化模块化定制,布置方便快速,而 Pipe 建模的优点在于可以建一些形状相对复杂的特殊栏杆,但效率较低。由于详细设计中对模型精度要求不高,常规使用 Structural Unit 进行布置就可以满足要求。以下将介绍使用 Structural Unit 布置栏杆的一般步骤。

例如为如下的海水总管凸起处的花钢板增加栏杆,如图 5.3.82 所示。

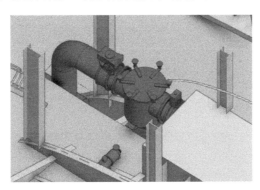

图 5.3.82　Plant Modeller 使用 Structural Unit 布置栏杆示例

选择"Structural→Structural Unit→Insert"选项,打开"Structural Unit"选择菜单,如果需要修改 Structural Unit 中对象的相关定义,可以在对应项上右击选择"Edit"进行修改,如图 5.3.83所示。

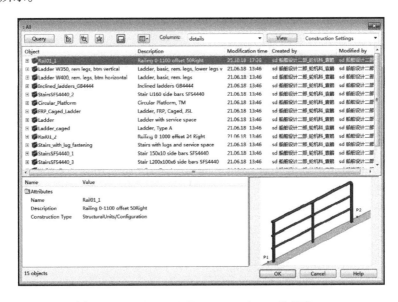

图 5.3.83　Plant Modeller Structural Unit 选择窗口

双击选择"Rail01_1"预定义好的栏杆扶手模型单元。根据提示使用快捷键 E(抓取角点)在模型中拾取第一个路径点 P1,再拾取第二路径点 P2,回车,弹出栏杆配置窗口,如图 5.3.84 所示。

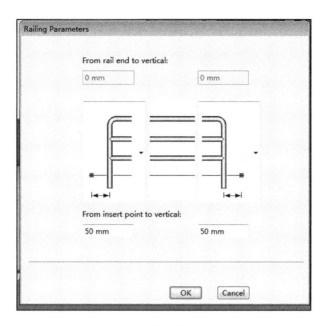

图 5.3.84 栏杆样式配置窗口

一般保持默认即可,点击"OK",完成一段栏杆布置,效果如图 5.3.85 所示。

图 5.3.85 Structural Unit 布置栏杆示例

依次选择第二段的起止点位置,及第三段的起止点位置。完成后回车会弹出单元保存对话框,系统会自动生成名称,一般直接确认即可,如图 5.3.86 所示。

图 5.3.86 Structural Unit 名称定义窗口

栏杆布置完成,效果如图 5.3.87 所示。

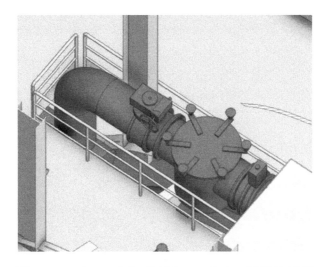

图 5.3.87　Plant Modeller 使用 Structural Unit 布置栏杆示例

5.4　电气典型区域模型布置

5.4.1　概述

电气专业的布置主要包括设备的布置和电缆托架的布置。电气设备布置主要有电力设备布置、内部通信及内部报警设备布置、照明设备布置、火警设备布置等。通常根据收到的设备资料进行建模,完成建模后再进行设备的布置。电缆托架一般在结构专业完成结构建模后,即可开始进行三维布置,布置的同时需要和其他专业即时沟通协调,避免互相冲突并优化设计方案。

5.4.2　典型舱室电气设备布置

本节以典型的集控室电气设备布置图为例,详述具体的操作步骤,演示如何完成电气设备的布置,让读者了解电气设备布置的一般流程。

集控室布置最重要的是确定主配电板的安装位置,其布置有如下几点要求:配电板的后面和上方不应设有水、油及蒸汽管、油柜以及其他液体容器;主配电板的前后应留有足够宽度的通道,其前面通道的宽度应至少为 0.8m,后面通道的宽度应至少为 0.6m,且与加强肋骨间的通道宽度应至少为 0.5m;当主配电板长度超过 4m 时,应在主配电板两端均设有通道,通常为 0.6m。确定好主配电板位置之后,基于电气设备布置原则,以及设备的维护空间要求,即可对其他电气设备进行布置。

定义一个新的视图空间,或者调整存在的视图空间,尽可能仅显示集控室,方便后续操作。

利用视图显示控制,选择"Visualization Control"下拉菜单中"Erase set from views",右

击设计区域,选择"Include Objects in a system",可快捷地将不需要显示的船体结构部分在选定视图中隐藏,如图 5.4.1 所示。

图 5.4.1　集控室视图过滤系统选择

通过隐藏不需要的对象,仅留下集控室中的复合岩棉板以及部分家具,方便布置电气设备,如图 5.4.2 所示,集控室内仅剩家具、空调等设备。

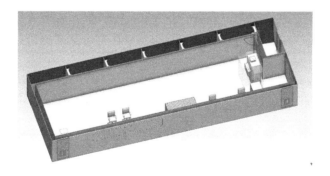

图 5.4.2　集控室视图显示

根据绘制好的系统图,除了集控台内的设备外,列出所有集控室的电气设备,准备下一步的布置。通常包括以下系统的设备:照明设备,如棚顶灯、开关、插座;火警设备,如火警探头、火警报警按钮;电力设备,如集控台、主配电板、主机控制箱、主机控制电源箱、主机遥控箱;内通设备,如网络接口、广播扬声器等。

准备工作完成之后,可以开始进行设备的布置,设备布置的操作主要在 Layout 面板,如图 5.4.3 所示。

图 5.4.3　Layout 界面

首先,以布置主配电板为例,点击 Equipment 图标,选择"Insert",弹出系统选择窗口,选择设备所属的系统,这里由于布置的是主配电板,因此选择"E_Power_equip"系统,如图 5.4.4 所示。

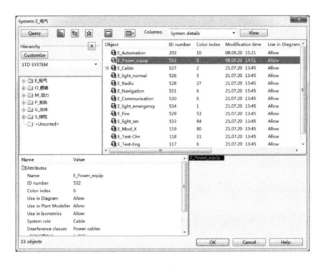

图 5.4.4　系统选择界面

接着会弹出模型选择对话框,按需求选择相应的模型。这里选择主配电板模型,如图 5.4.5 所示。首先在左边窗口选择配电系统,然后在右边窗口找到主配电板模型。

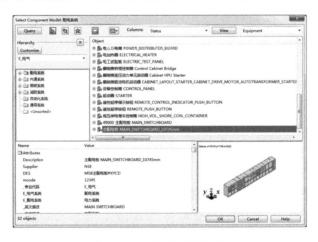

图 5.4.5　模型选择界面

之后需对设备布置进行定位,模型定位通常有绝对坐标、相对坐标、抓取平面、抓取角点、球坐标系等多种方式,本例中使用快捷键 C。通过绝对坐标对设备进行布置,在弹出的对话框中输入设备基准点放置位置的绝对坐标,如图 5.4.6 所示,其中 fr30 代表 30 号肋位,upd 代表机舱上平台,参考坐标系由系统管理员在项目前期定义,并提供设计人员参照使用。

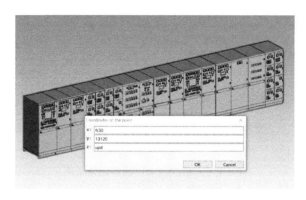

图 5.4.6　模型布置界面

主配电板布置好之后,弹出 Edit Attributes 对话框,用于输入设备的相关属性,可通过 Select Attribute 或 Assign from Class 手动添加需要的属性,如图 5.4.7 所示。确定之后即可完成整个布置流程。

图 5.4.7　设备属性编辑对话框

主配电板布置好之后,可开始对集控台进行布置。依照上述流程选择集控台设备,注意集控台应选择自动化系统,并在自动化系统目录查找该模型。根据模型的插入点,本次采用捕捉点来进行布置,首先按快捷键 Shift + E,捕捉前壁与地板的交线,此时模型仅可在该直线上移动;之后在靠近柜子的距离按快捷键 E,捕捉柜子的顶点,回车填入集控台相关属性,即可完成布置,如图 5.4.8 所示。

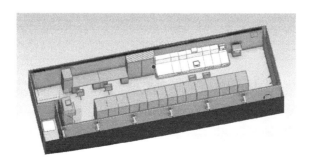

图 5.4.8　集控台布置视图

对集控室内其他设备,如照明、充放电版、主机遥控控制箱进行布置,最终效果如图 5.4.9 所示。

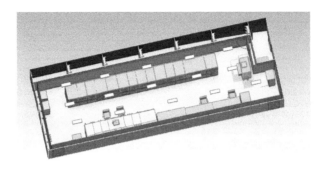

图 5.4.9　集控室电气设备布置示例

5.4.3　电缆托架布置

1. 电缆参数及托架的定义

CADMATIC 中可对电缆参数如电缆托架宽度、电缆托架高度、横梯间距、横梯宽度、托架弯曲半径等进行定义。首先打开标准库的 Dimension Tables 栏(File→Environment→All Library and Project),选择 Cable 文件夹,点击 New 按钮进行新建,如图 5.4.10 所示。

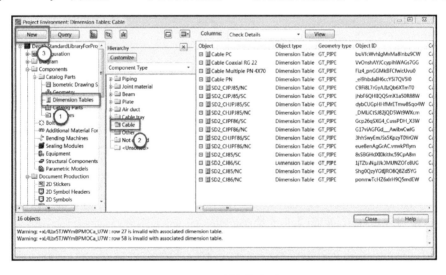

图 5.4.10　电缆托架的定义

在弹出的 Dimension Table Edit 对话框中可自定义相关电缆信息,如图 5.4.11 所示。点击 Attributes 按钮可自定义电缆属性,如电缆截面积、芯数、重量、价格等,点击 Values 按钮则根据自定义的电缆属性输入相应数值。

2. 电缆托架布置

在 CADMATIC 中,电缆托架可根据电缆分类布置不同类型,如电力电缆托架、控制电

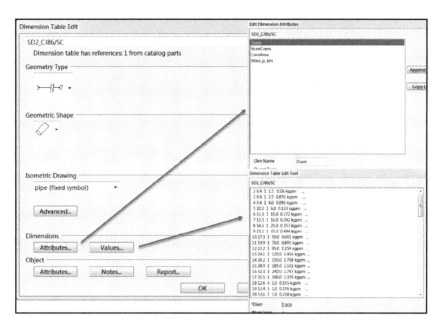

图 5.4.11　电缆托架属性定义

缆托架、多用途电缆托架；也可根据实际需求布置为不同尺寸或单双层托架。电缆托架根据托架尺寸可分多种尺寸型号，如图 5.4.12 所示。

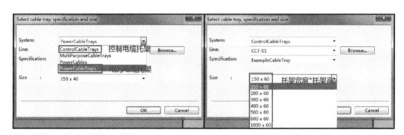

图 5.4.12　电缆托架的选择

电缆托架的布置只需选择基准点和方向进行拖动，有的厂家电缆托架是由多段托架拼接而来，也可以通过操作实现。

插入电缆托架：

选择电缆托架类型及尺寸：

选择插入点并定义电缆托架方向和拉伸长度：可通过 Alt + 坐标轴（XYZ）锁定方向，按 D 输入延该方向拉伸的电缆托架长度；或在选择插入点后直接按 D，在笛卡儿坐标系中输入点坐标，定义电缆托架的拉伸方向和拉伸长度。

在图 5.4.13 中，电缆托架长度为 2000mm，相邻电缆托架的距离为 200mm。

电缆预留空间主要应用于电气电缆和轮机风管之间的协调工作。电缆托架的布置只能定义电缆走向，但是对于电缆所占的空间没有考虑，这容易造成一种情况：风管和电缆托架不产生空间冲突，但是布置电缆时却无处布置。因此，需要定义电缆预留空间来完成

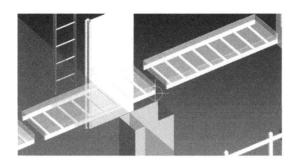

图 5.4.13　电缆托架布置

对电缆的布置。

比如某船要求:上层建筑电缆托架单层,宽 600mm,预留空间 600mm×100mm;机舱电缆托架双层,宽 600mm,预留空间 600mm×250mm。下面是电缆预留空间的定义方法:

单击任意已插入的电缆托架并回车,在弹出的"Query Object Data"菜单中选择"Cooperate Catalog"。

在弹出的"Catalog info *"菜单中展开,找到"Catalog Part→Dimension Table→GDL"。

在设计区域任意位置单击。

如图 5.4.14 所示,该托架为参数化建模,参数可在 Parameters 中定义。预留空间的定义也需要使用参数化建模,这样无论托架如何变化,预留空间始终能够对应在托架上方。需注意的是,插入点不能用点捕捉,同样要使用参数化抓点。

图 5.4.14　托架参数化建模

如图 5.4.15 所示,定义一个矩形块,长、宽、高基于 Parameters 中定义好的参数。

图 5.4.15　预留空间定义

如图 5.4.16 所示,选择工具栏"Scope→Make Service Space",选择定义好的矩形块,完成对预留空间的定义。然后选择工具栏下的"Save",保存后单击"Close"。

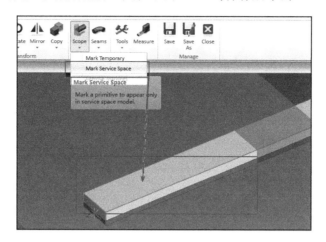

图 5.4.16　预留空间设置

如图 5.4.17 所示,选择工具栏"Cable Tray→Cable Way Space"下拉菜单中的"Cable Way Space",单击已经定义的电缆预留空间的电缆托架,完成。

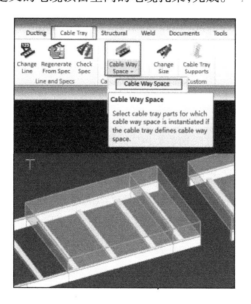

图 5.4.17　完成新建电缆托架

如果需要取消已经定义的电缆预留空间,在工具栏"Scope"下拉菜单中选择"Remove Markings"即可。

5.4.4　电缆布线模块

CADMATIC 系统提供了一个集成的电缆布线工具,通过该工具,用户可以在 PM 模块中将电缆敷设到已经创建好的电缆托架上(或者手工创建的电缆通道上),并将敷设结构输出到图纸或者报表中。

为准备电缆布线,先打开电缆管理器,单击"Cables"按钮,如图 5.4.18 所示。

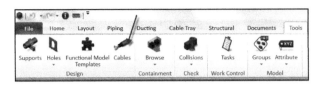

图 5.4.18　打开电缆管理模块

系统弹出电缆管理器窗口,在窗口出现前,系统自动检查并创建电缆节点网络,在显示电缆管理器窗口的同时在三维窗口中显示电缆节点网络,如图 5.4.19 所示。

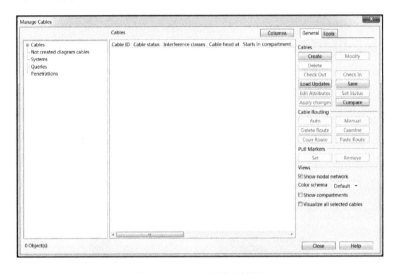

图 5.4.19　电缆管理模块

电缆管理器具备以下基本功能:

(1)浏览及查询电缆信息:用户可以根据电缆的状态(已布线、未布线等)查询及浏览电缆信息;也可以根据电缆的系统按照系统查询或者浏览电缆的信息;用户还可以查询指定节点或者通道的电缆相关信息或者自定义查询条件查询电缆信息。

(2)创建及修改电缆通道网络:电缆管理器启动时,会根据系统的默认设置及电缆托架模型自动创建电缆节点网络;进入电缆管理器后,用户可以根据需要手工修改电缆节点网络(添加、删除或者修改节点或电缆通道)。

(3)创建电缆:用户可以在电缆管理器中手工创建电缆或者通过 Excel 文件成批导入电缆。

(4)电缆布线:用户可以手工或者自动、半自动对电缆进行布线。

(5)自动生成电缆相关清单。

(6)自动生成电缆相关图形。

下面主要介绍电缆通道的管理以及电缆的布线。

1. 电缆通道网络的管理

系统在启动电缆管理器时,首先会自动检查是否有新的电缆托架,如果有,系统会自动根据设定好的规则为新的电缆通道创建电缆通道及节点。在系统自动创建的电缆通道及节点网络基础上,用户可以根据自己的需要另外添加、修改或者删除电缆通道及节点。

添加电缆节点。首先在电缆管理对话框中选中"Tools"栏,点击"Modify"按钮。弹出网络节点编辑对话框,点击"Add Node",如图 5.4.20 所示。在模型窗口中选择需要添加节点的位置,如节点位置与电缆通道很近,将会弹出提示对话框询问是否将新增的节点插入该电缆通道中。

图 5.4.20 电缆节点编辑界面

添加电缆通道。用户可以在任意两个节点间添加电缆通道,点击"Add Segment"按钮,在模型窗口点击要添加电缆通道的起始点,选择好之后按回车键,节点将被加亮,表明该节点已被选择。按此方法顺序选择电缆通道的第二个节点,最后按回车键,系统生成连接以上两个节点的电缆通道,如图 5.4.21 所示。

图 5.4.21 新增电缆通道

添加电缆路径。可以同步创建电缆节点和电缆通道,点击"Add Route",在模型窗口选择一个已经存在电缆节点作为起点,之后顺序选择新增加电缆节点的位置,电缆通道将按照选择的顺序自动创建。

电缆网络对象失效。该功能可使选择的电缆节点或电缆通道失效,在后续的电缆布线时,电缆将不会通过该节点或者电缆通道,在电缆节点或通道失效前已经布好的电缆不会受到该操作影响,仍然维持不变。如图 5.4.22 所示失效部分节点及通道。

图 5.4.22　电缆节点失效

2. 电缆的布线

在进行电缆布线之前,首先需要创建电缆并定义电缆的相关信息,包括电缆的起始设备、终止设备、电缆类型等。首先在电缆管理器中"General"栏点击"Create",弹出电缆信息窗口,如图 5.4.23 所示。

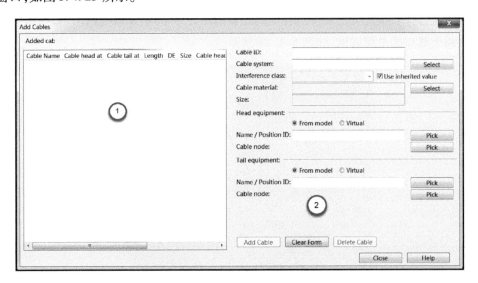

图 5.4.23　新增电缆界面

窗口功能介绍：

①电缆信息列表，在该列表中列出当前已定义的电缆的相关信息，这些信息包括电缆编号、首设备名称、尾设备名称、电缆长度、电缆材料名称、电缆规格、电缆首点状态、电缆尾点状态以及电缆布线状态。

②电缆信息输入，用于输入电缆的相关信息后创建电缆。

Cable ID：用于输入电缆编号，该编号必须是整个项目中唯一的，否则会提示错误。

Cable system：用于输入电缆所属的系统，也可通过 Select 按钮选择之前定义好的系统。

Interference class：用于选择电缆类型，如勾选了 Use inherited value，则电缆类型直接继承电缆系统定义中的电缆类型，如未勾选则可以在下拉列表中进行选择。

Cable material：用于选择电缆材料。

Size：选择相应的电缆规格。

Head equipment：用于选择起始设备，可以在 Name/Position ID 中直接输入设备 PosID 并回车，系统会将这个设备模型的连接点在 Cable node 列表中列出供选择；也可以通过 Pick 按钮，在模型窗口选择设备。

Tail equipment：用于选择终止设备，选择方法与起始设备相同。

电缆信息输入完毕之后可点击"Add Cable"创建该电缆。在实际工作中，通过以上手工定义电缆效率较低，可通过预先定义好的 Excel 表输入电缆信息，转换成 XML 文件后批量导入系统中，如图 5.4.24 所示。

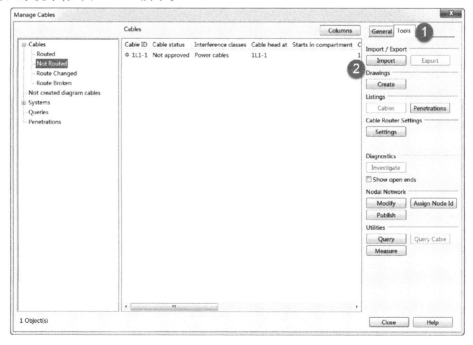

图 5.4.24　电缆批量导入界面

在电缆管理对话框中选中"Tools"栏,点击"Import"按钮,再选择相应的 XML 格式文件,系统将显示导入结果。

创建完电缆后,即可对电缆进行布线工作,布线可以自动或手动,如图 5.4.25 所示。

图 5.4.25　电缆布线界面

采用自动方式系统会根据已经布置好的电缆托架,自动地对已创建的电缆进行布置。采用手动方式,可以选择电缆路径节点,系统根据选择的关键的节点进行电缆布置。

下面简单介绍如何布置一段从发电机到主配电板的电缆。先在机舱新建一段电缆托架,该电缆托架从发电机至主配电板,为方便显示,将其余设备隐藏,如图 5.4.26 所示。

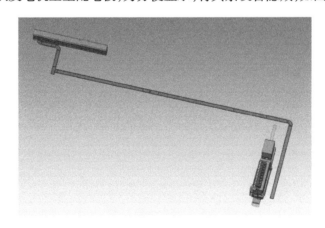

图 5.4.26　电缆托架布置

打开 Cables 模块,新建一根从发电机至主配电板电缆 EG – MSB,选择电缆起始设备为发电机,其 PosID 为 301(4),尾端设备为主配电板,其 PosID 为 MSB,如图 5.4.27 所示。

图 5.4.27 新增电缆界面

为该段电缆设置电缆节点以及电缆通道,如图 5.4.28 所示。

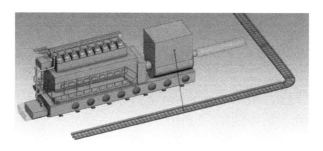

图 5.4.28 新增电缆节点及电缆通道

选择手动布置电缆,单击鼠标右键弹出菜单栏,分别选中电缆起始节点、终止节点,根据需要选择关键的电缆路径节点,确认后电缆布置完成,如图 5.4.29 所示。

图 5.4.29 电缆布线

5.5 舾装典型区域模型布置

5.5.1 舱室布置

舱室布置主要包括衬板、门窗、家具、内部梯道、扶手及天花板、敷料等设备和材料的布置。

对于衬板的布置,可以使用板(Plate)的定义进行生成。Plate 的参数定义位于标准库的"Components→Catalog Parts"分支下,如图 5.5.1 所示。

图 5.5.1　Plate 的参数定义

Plate 的参数设置位于 Dimension Tables 下,例如,对于 C 型衬板,这里定义了一个 Outfit_Panal_C 的板的定义,如图 5.5.2 所示。

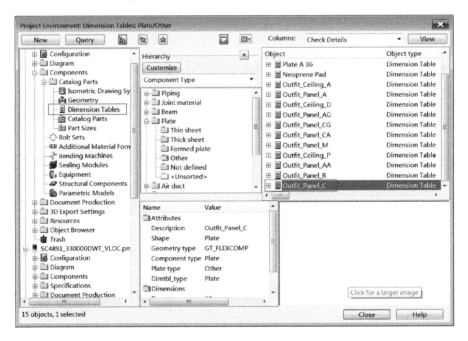

图 5.5.2　Plate 的参数设置

进入这块板的编辑状态,如图 5.5.3 所示。

设置板的属性 Attributes,如图 5.5.4 所示。

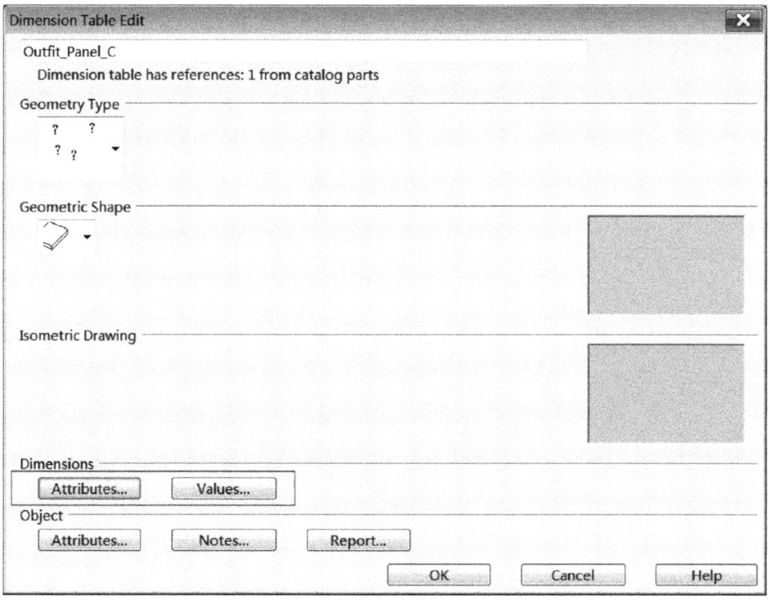

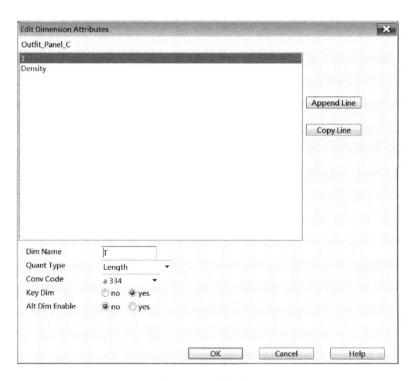

图 5.5.3　Plate 的编辑界面

图 5.5.4　属性设置

板的属性包含板厚和密度,其中密度单位为 kg/m^2。

板的属性值 value 设置如图 5.5.5 所示。

在这里可以添加常用的板厚以及对应的密度(单位面积的质量),例如 C 型衬板常用

图 5.5.5 属性值 value 设置

的厚度有 25mm、50mm、30mm、70mm 等系列。

按上述方法设置好其他类型的衬板后,即可使用板的工具"Structural→Plate"生成所需尺寸的衬板,菜单如图 5.5.6 所示。

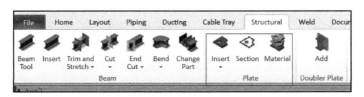

图 5.5.6 衬板设置菜单

指定板的类型后,即可通过定义板外形的方法生成所需要的衬板。

由于实船项目内装衬板数量、种类较多,定位烦琐,且涉及门、窗等设备的开口,所以上述常规方法生成衬板的效率较低,因此宜采用二次开发的手段实现衬板的生成和布置。

舱室门窗可使用设备(equipment)参数化建模的方法进行定义和管理。门一般可分为舱室防火门和金属门。参数化建模所使用的参数主要包括门的通孔尺寸和围壁开口尺寸(高、宽、门槛高)以及门板的厚度等;属性主要包括通孔尺寸、开口尺寸、防火级别、开向、附件以及描述、重量重心等基本属性。其中,通孔、围壁开口、开向等全局性质的属性是赋予参数化设备(parametric model)的属性;附件等局部性质的属性是赋予 PM 环境下插入的 Model object 对象的属性。门的统计通常需要房间和甲板的信息,因此,房间名称、房间号、所处甲板等位置属性,也应作为局部性质的属性赋予 PM 环境下插入的 Model object 对象。门设备定义如图 5.5.7 所示。

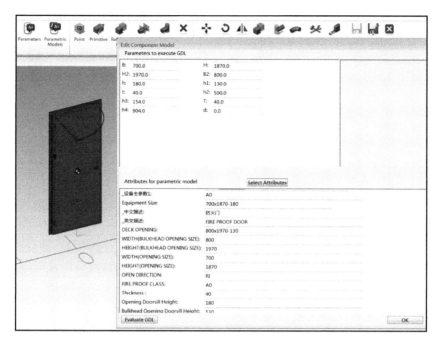

图 5.5.7 门设备定义

门的插入点定义为底端中心所在位置的甲板上,因此,门槛高度也是定义设备的参数之一。由于 CADMATIC 不支持设备在 PM 环境下的镜像功能,所以不同开向的门应定义为不同的设备。

窗主要分为方窗和舷窗,参数化建模所使用的参数主要包括窗的通孔尺寸和围壁开口尺寸(高、宽、导圆),以及玻璃的厚度等,属性主要包括通孔尺寸、开口尺寸、开向、附件以及描述、重量重心等基本属性。跟门设备类似,窗的统计通常需要房间和甲板的信息,因此,房间名称、房间号、所处甲板等位置属性也应作为局部性质的属性赋予 PM 环境下插入的 Model object 对象。窗对象如图 5.5.8、图 5.5.9 所示。

图 5.5.8 方窗模型及属性

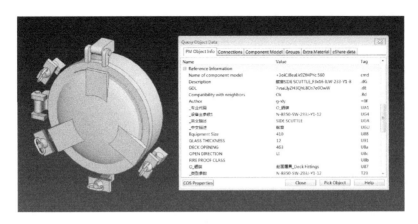

图 5.5.9　舷窗模型及属性

家具的布置主要包括乘员起居设备、卫生盥洗设备、厨房餐饮设备以及储藏室常用设备等涉及乘员日常生活的设备布置,在设备库里可以按上述分类进行建模。对于外形比较规则的家具,例如床、桌子、柜子、沙发等可以使用参数化建模方法;对于比较复杂的设备,例如厨房的烹饪设备、卫生间盥洗设备等,可以通过外部软件建模,形成系列的模型库进行管理。上建舱室布置模型如图 5.5.10 所示。

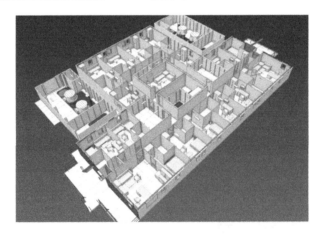

图 5.5.10　上建舱室模型

由于船舶舱室设备的类型和数量较多,用常规的方法进行建模和布置的效率不高,有必要通过二次开发的手段进行改善。目前的经验是结合 AutoCAD 的二维布置图,通过带属性块与 CADMATIC 建立关联,实现二维驱动三维的建模和布置,设计效率和质量得到大幅度提高。AutoCAD 块与 CADMATIC 设备的特性比较如表 5.5.1 所示。

表 5.5.1　AutoCAD 块与 CADMATIC 设备的特性比较

特性	AutoCAD 块(BLOCK)	CADMATIC 设备(EQUIPMENT)	关联途径
空间位置	二维	三维	增加 Z 向坐标
外形定义	二维	三维	某视图保持一致(俯视图)

续表

特性	AutoCAD 块(BLOCK)	CADMATIC 设备(EQUIPMENT)	关联途径
插入点	支持	支持	保持一致
旋转	支持	支持	保持一致
镜像	支持	不支持	建立镜像设备(MR)
属性	支持	支持	保持一致

通过表 5-2 的对比和分析,可实现 AutoCAD 与 CADMATIC 的联合建模,在这个过程中利用 AutoCAD 便捷的二维设计方法,可以实现 CADMATIC 设备的批量定位,从而弥补了 CADMATIC 定位捕捉不足的缺点,并通过读取属性等数据实现批量的自动参数化建模,对于舱室布置、门、窗、盖、梯子栏杆等大量设备的布置型图纸,该方法对于提高设计效率有很大的意义。图 5.5.11 是舱室布置从二维图纸直接转换为三维模型的示例。

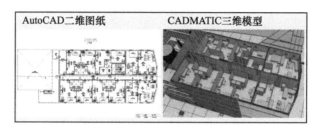

图 5.5.11　二维图纸驱动三维建模

5.5.2　通道布置

通道布置主要包括室内外梯道、栏杆扶手、液舱及货舱梯道等直梯、斜梯、盘梯及梯道平台的布置,这些设备通常都有相应的标准,大部分的建模都可以通过参数化的方式实现。图 5.5.12~图 5.5.16 为直梯(CB/T 73—1999)、斜梯(CB/T 81—1999)、货舱直梯(CB/T 801—2001)、货舱斜梯(CB/T 801—2001)、货舱盘梯(CB/T 801—2001)的示意。

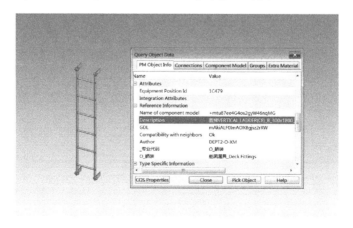

图 5.5.12　直梯

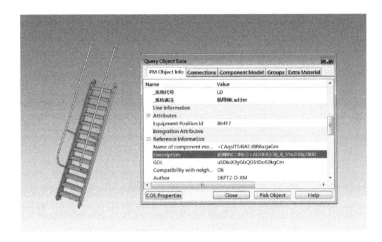

图 5.5.13　斜梯

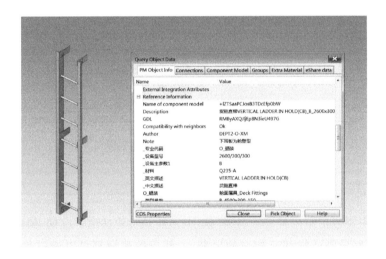

图 5.5.14　货舱直梯

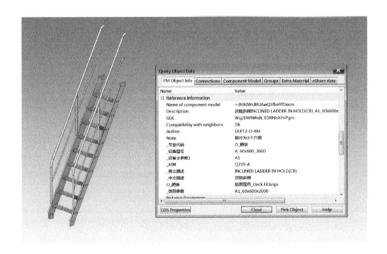

图 5.5.15　货舱斜梯

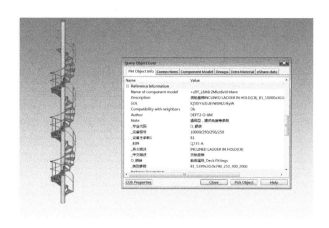

图 5.5.16　货舱盘梯

5.5.3　锚系泊布置

锚系泊布置包括锚设备、系泊设备的布置。锚设备主要包括锚、锚链、锚机、掣链器等；系泊设备包括系泊绞车、导缆器、导缆滚轮、带缆桩等。对于导缆器、导缆滚轮、带缆桩等标准设备可以使用参数化建模，图 5.5.17 ~ 图 5.5.21 是常用锚系泊设备的模型，与家具设备一样，这些设备的定位也可以结合 AutoCAD 二维布置图纸进行联合建模。

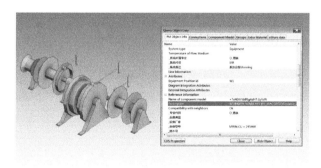

图 5.5.17　锚机

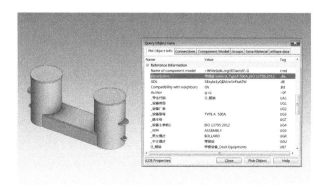

图 5.5.18　带缆桩

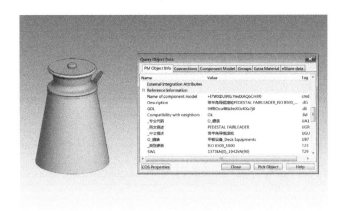

图 5.5.19　带羊角导缆器

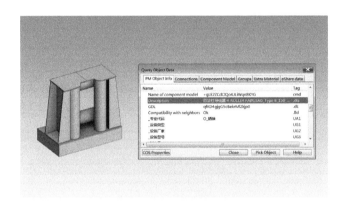

图 5.5.20　滚柱导缆器

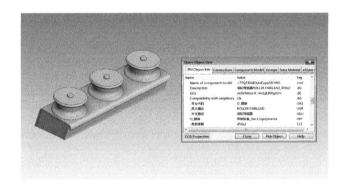

图 5.5.21　滚轮导缆器

通常在系泊甲板需要考虑梁拱和脊弧面的定位，在 CADMATIC 三维环境中，设备的空间定位可使用模型定义时的插入点，以及 x 和 y 方向两个向量进行确定。用常规方法确定设备在梁拱和脊弧面的定位效率较低，尤其是大量的设备需要考虑梁拱和脊弧的时候。通过二次开发，在 AutoCAD 环境中通过常规的平面布置图，利用梁拱线和脊弧线，即可实现设备模型在 CADMATIC 中梁拱面和脊弧面的定位，如图 5.5.22 所示。

图 5.5.22　考虑梁拱的系泊件定位　　　　图 5.5.23　锚唇模型

对于锚设备布置中的锚链筒和锚唇(锚穴)设计,由于涉及船壳外板和曲面建模,宜使用外部曲面建模软件生成,例如 Rhino 软件,再导入 CADMATIC,图 5.5.23 为某箱船锚唇在 Rhino 的模型。

系泊布置图中缆绳拉线三维模型,可以通过二次开发程序在 AutoCAD 的二维布置中直接生成,在这个过程中,程序可识别系泊件的高度,同时考虑梁拱或脊弧的影响,提供缆绳三维生成所需要的点的坐标,从而可通过平面的俯视图实现缆绳的拉线示意建模,图 5.5.24 为系泊平面布置图,图 5.5.25 为锚系泊布置的三维模型(包含缆绳的拉线模型)。

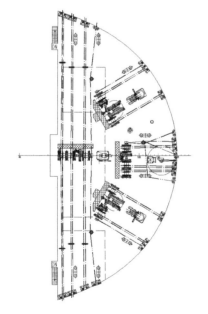
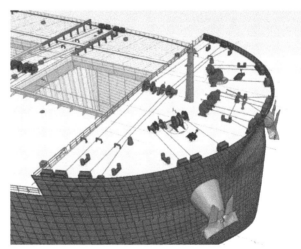

图 5.5.24　锚系泊布置平面图　　　　图 5.5.25　锚系泊三维布置

5.5.4　其他设备布置

舾装专业主要的设备布置还包括人孔盖和小舱盖等舱面属具、救生设备、起重设备、滚转设备等内容,其中人孔盖、小舱盖可根据标准定义成参数化设备,图 5.5.26 ~

图 5.5.28 是常用的人孔盖和小舱盖模型。

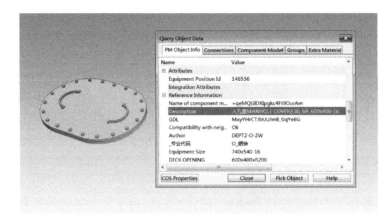

图 5.5.26 人孔盖(BA)

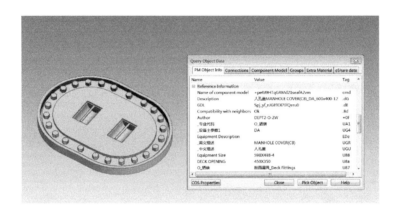

图 5.5.27 人孔盖(DA)

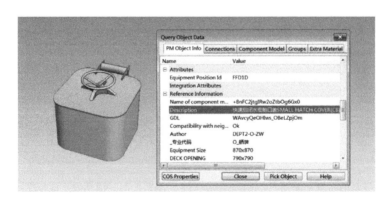

图 5.5.28 小舱盖

对于数量较多的设备布置,可使用二次开发程序联合 AutoCAD 的布置图进行批量的三维参数化生成和布置,同时可以实现梁拱情况下的定位,图 5.5.29 为 AutoCAD 人孔盖平面布置图通过二次开发直接转换为 CADMATIC 三维布置的示意。

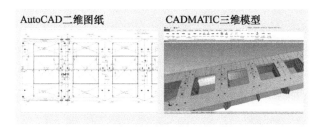

图 5.5.29　人孔盖布置从二维到三维的程序实现

对于救生设备、起重设备、绑扎设备、滚装设备等布置,由于这些设备模型比较复杂,且不易参数化,宜采用外部软件建模后再导入 CADMATIC。图 5.5.30 为 23000TEU 集装箱船的绑扎桥模型。

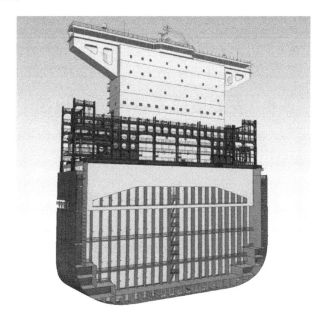

图 5.5.30　绑扎桥模型

在 Plant Modeller 模块完成应急发电机室的模型布置,如图 5.5.31 所示。
学习要点:
1. 设备布置与属性定义方法;
2. 管系布置思路与方法;
3. 结构件布置方法;
4. 风管的布置方法。

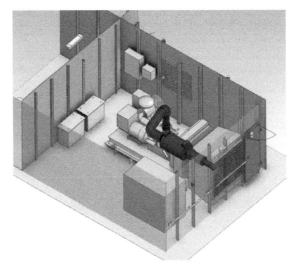

图 5.5.31　Plant Modeller 应急发电机室模型布置样例

5.6　安装图与布置图设计出图

5.6.1　典型安装图设计思路

在船舶设计中，出安装图通常是为了满足设备的安装要求，将设备合理地固定在船上，并保证设备的正常运转。

通常一份合格的安装图应包含以下几个要素：

(1)设备的区域布置视图。包含设备在主船体上的绝对定位、设备与船体安装部件(如底脚、吊耳等)的相对定位。

(2)设备安装件位置的局部放大视图。应显示设备安装的细节，并包括所有相关零件的定位尺寸及件号。

(3)包含所有件号的零件明细表。明细表将包含所有零件的规格、标准、数量、材料、重量等信息，对于非标零件应指向对应的零件设计图纸。

(4)非标零件的设计图纸。一般复杂零件采用独立图纸的形式，以便船厂加工时进行分发。

如图 5.6.1 所示，为典型的船舶应急发电机安装图。

在设计安装图时，一般需要考虑的因素有如下几个方面：

(1)安装的合理性。设备安装的目的是让设备良好地运转，因此安装必须满足设备厂家的技术要求，这也是进行安装图设计的大前提。

(2)安装的便捷性。为了让船厂施工时更加容易，设备安装更加顺利，在设计过程中需要考虑设备安装的便利性。

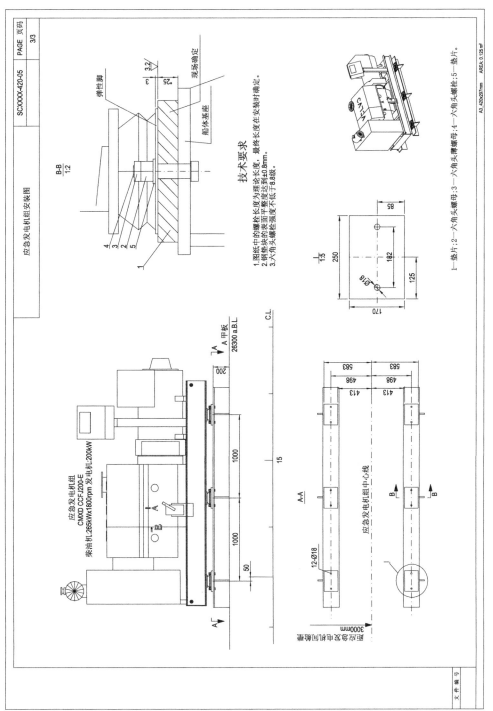

图 5.6.1 典型船舶应急发电机安装图

(3) 安装零件的合理化设计。为了便于船厂加工和安装，通常在零件设计时，对于有标准的零件应优先选用标准件；对于无标准的特殊零件应尽量在不影响功能的前提下简化零件外形设计，以节约加工成本，同时应留有一定的设计余量供现场安装时进行调整。

(4) 安装说明与技术要求。对于较为复杂的安装过程应给出安装说明，对于比较重要的安装要求应注明在图纸的技术要求中，以防止施工时出现纰漏。

5.6.2 典型布置图设计思路

在船舶设计中，布置图通常是为了反映某一部分区域或某一房间的综合布置情况，以避免设备、管路、风管、结构件、电缆等的互相干涉影响，保证有足够的人员通道及维修空间，使区域内的各种设备、管路、电缆等有机地结合在一起，各种设备平稳有序地运行。通常一份合格的布置图应包含以下几部分要素：

布置图整个区域的平面视图和必要的立面视图。包含区域内设备、主要管路（通常详细设计指尺寸较大的管路，尺寸较小的管路一般不影响大局，由生产设计考虑即可）、风管、结构件、电缆等。由于不同船舶、不同区域的设计特点不同，具体图面上需要反映哪些内容还需要基于图纸的实际要求进行确认。

视图中的主体内容一般需要标注件号，并在明细表中对应注明名称、标准、规格、数量、重量等内容，以方便进行统计和配件采购。

对于重点设备或其他要求较高的局部位置，可通过标注尺寸或文字进行说明，以防生产设计放样时出现错误。

对于其他图纸设计或生产设计产生影响的设计要求应写在图纸的技术要求中，以防止出现设计失误。

图5.6.2为典型的船舶应急发电机室布置图。

在设计布置图时，一般需要考虑的因素主要有如下几个方面：

(1) 设备位置的合理性。一般应基于设备的功能、系统原理等因素将相互关联的设备按照管路、电缆连接的便利性进行布置。同时还应考虑设备的操作及维修等空间因素。

(2) 管路电缆走向的合理性。一般应在考虑环境对于管路电缆影响基础上（例如电缆应避开高温区域及容易引起火灾的区域），管路及电缆走线尽可能短，以节约成本，降低空船重量。

(3) 风管走向的合理性。一般船舶上的风管尺寸较大，应优先进行布置。为了达到良好的通风效果，一般风管应布置在管路电缆的下层，且最低处距离地面高度应满足人员通行要求。对于主机、发电机、空压机等主要耗气设备应满足设备正常工作所需空气量及设备散热所需空气量要求，并优先进行保证。对于人员通道及人员经常到达的场所应考虑风量均匀分配，提高舒适度。

(4) 吊梁布置的合理性。一般船舶上的吊梁主要用于设备维修时设备零件的吊运，在设计中应考虑吊梁下方无障碍物阻挡，人员到达操作方便同时满足设备的维修吊运技术要求。

第五章 机电舾三维设计

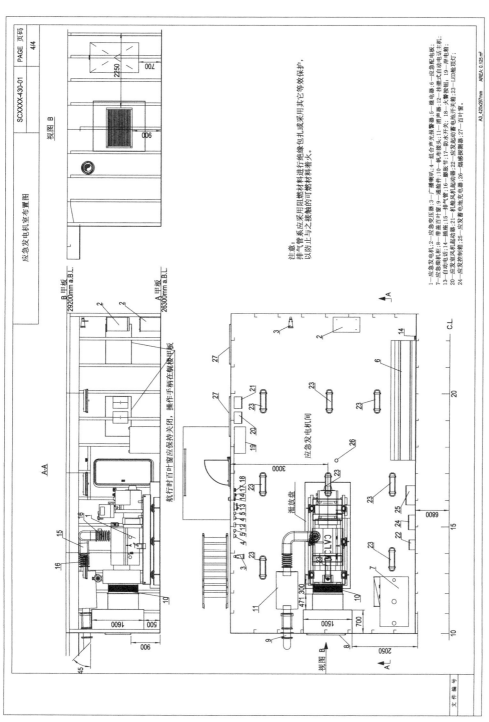

图 5.6.2 典型船舶应急发电机室布置图

（5）舱柜布置的合理性。船舶上的舱柜都是专门为某些系统服务而专门配置的，舱柜布置应考虑合理的位置以确保相关系统设备管路能够正常工作（例如舱内液位通常需要高于泵的高度才能满足泵的正常工作要求，否则泵需要配置自吸装置），应满足舱容计算要求和法规要求（例如燃料油舱应满足燃油舱保护要求设计成双壳、底部满足防火要求设置隔离空舱等），应满足材质或涂装要求（例如有腐蚀性的液舱需要进行特涂或使用不锈钢材质等）。

5.6.3 PM–Docu 设计出图典型案例

本节将基于 CADMATIC 的 Plant Modeller(PM)Document 模块，以机舱集控室电气布置图为例，演示 PM–Docu 出图的典型过程和思路。

点击 Document–Drawings 打开图纸管理器，在"New"的下拉菜单中选择"Drawings"。

Name：输入图纸号，集控室图纸号为"机舱集控室电气布置图"。

ICGD：定义了图框以及材料表。布置图的图框根据其图纸幅面、尺寸、图框标题形式、是否带有会签及材料表定义。例如图框命名为 Sdari_A4_210 * 290_MT_SGN_BOM 则表示其图纸幅面为 A4，尺寸是 210×290，带有主标题 MT，带有会签表 SGN，带有材料表 BOM。材料表的表头形式可根据各专业的需求定义。

Attributes：定义船体名称及图名等封面所需属性，如图 5.6.3 所示。

图 5.6.3　封面属性定义

1. 封页修改

修改封页表信息。右击图标区域，选择"Edit Drawing Header Data"选项，在"Edit Object Attributes"菜单中编辑修改，如图 5.6.4 所示。

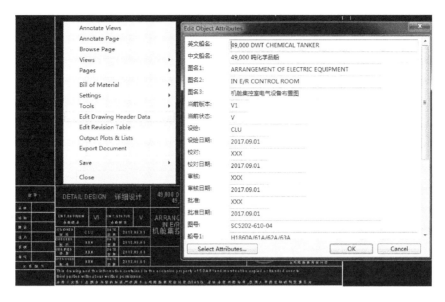

图 5.6.4　修改封页表信息

修改记录表。右击图标区域,选择"Edit RevisionTable"选项,在"Manage Revisions"菜单中编辑修改,如图 5.6.5 所示。

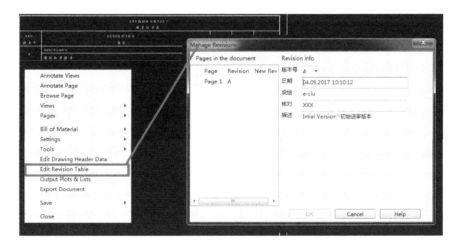

图 5.6.5　修改记录表

2. 页面和视图操作介绍

设置好封页信息后,需要选择一个新的图框,选定需要进行出图的设计区域。通过对页面和视图的修改,在页面进行文字编辑,在视图中标注或隐藏部分设备等。所有操作均可通过右击,在弹出的菜单中实现,常用的功能如下。

Add a New Page:增加一个新页面。图 5.6.6 中,First Page 表示在第一页插入页面,Before Page 表示在前一页插入一个页面,After Page 表示在后一页插入一个页面,Last Page 表示在最后一页插入一个页面。Sheet 中的下拉菜单中可以选择页幅和尺寸大小。

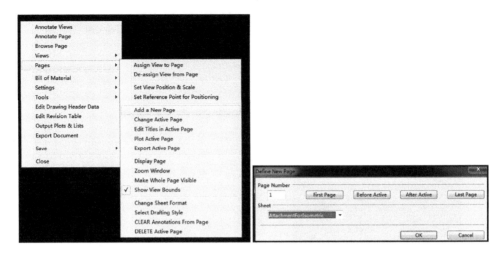

图 5.6.6　增加一个新页面

Change Active Page：改变当前页，通过选择可以在各个页面切换。

Edit Titles in Active Page：在当前页编辑图框中信息，例如图号、图名、船名等。

Change Sheet Format：修改图框表格格式，可根据已选择的图框进一步选择表格形式，也可以定义自己需要的表格来满足专业要求，如图 5.6.7 所示。

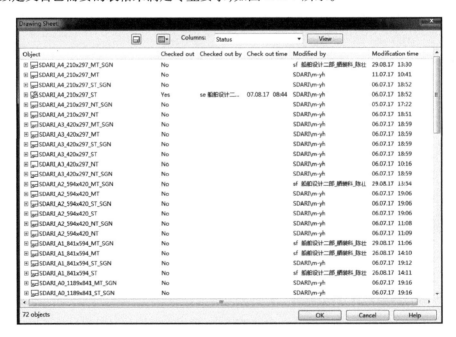

图 5.6.7　修改图框表格格式

DELETE Active Page：删除当前页面。

CLEAR Annotations From Page：清除页面中的注释。

Annotate Page：标注页面。Text、Line、Dimension 和 Symbol 为常用的几个命令。

在这四个命令的下一级菜单中可对其进行 Insert、Edit、Delete、Properties、Apply Properties 五个操作,分为插入、编辑、删除、属性和应用属性。完成对页面的操作后,选择"Done"即可退出,如图 5.6.8 所示。

图 5.6.8　标注页面

Drawing Views:创建一个新视图。此命令是在设计区域内新建一个视图,它是将视图分配到页面上之前必须要做的。其中 Top 表示俯视图,Axo 表示三维图,Fr_SB 表示从右舷侧视图,Fr_PS 表示从左舷侧视图,Fr_Aft 表示从船艉剖面图,Fr_Fore 表示从艏部剖面图。

View Limits:表示视图范围,可以通过输入坐标值或选定设备或默认设计区域范围来定义视图范围。

Line Attribute Style:布置图线型的设定,在布置图中选择 SDARI_通用布置图,如图 5.6.9 所示。

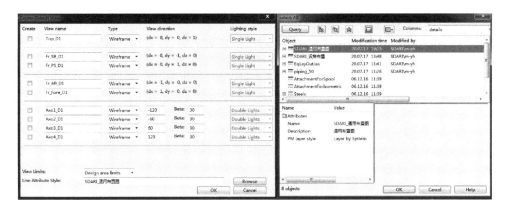

图 5.6.9　布置图线型的设定

Assign View to Page:发布视图到页面,可将未发布的视图发布到页面。在"Select View to insert to page"框中选择需要发布的视图,之后可通过右击选择"SCALE"或者快捷键 I 设定比例,如图 5.6.10 所示。

De-assign View from Page:取消发布到页面的视图。

Annotate Views:标注视图。选择"Annotate views – Top_XX",可通过此命令对插入页

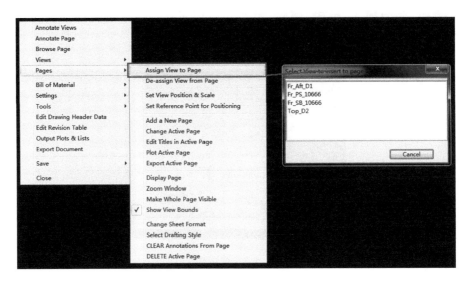

图 5.6.10　发布视图到页面

面的视图进行标注等操作。对视图的标注和页面的标注方法类似,常用的有以下几个命令:Text、Line、Dimension 和 Symbol。

3. 集控室布置图展示

按照以上介绍的操作顺序,可将集控室的五面视图布置在图纸中,之后即可对页面和视图进行编辑,效果如图 5.6.11～图 5.6.13 所示。

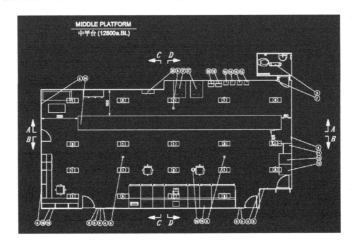

图 5.6.11　集控室布置图展示(一)

4. 生成材料表

图纸绘制完毕后,需要对图样设备进行统计,生成相应的材料表,如图 5.6.14 所示。具体操作如下:

Page – Add a new Page:选择图框 A4,尺寸 210×297,副标题 ST,带有材料表 BOM。

Pages – Change Sheet Format:选择已经定义好的表格样式及表头。

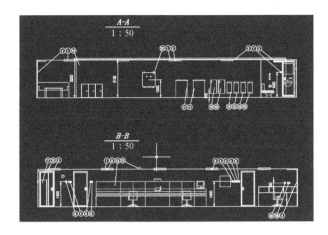

图 5.6.12 集控室布置图展示(二)

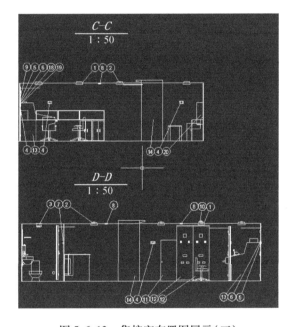

图 5.6.13 集控室布置图展示(三)

Bill of Material – Change Icgd：定义 Icgd，进行属性筛选。

Bill of Material – Manage BOM Group：定义 BOM Group 中的模块。

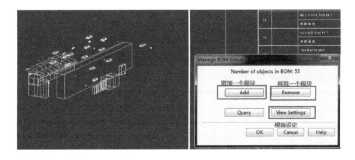

图 5.6.14 生成材料表

Generate and Process BOM：生成材料表，部分截图如图5.6.15所示。

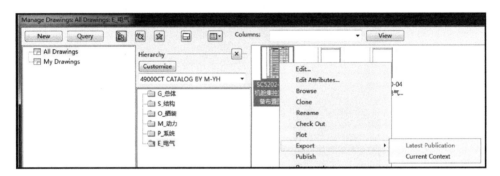

图5.6.15　材料表部分截图

5. 图纸导出

可将系统中的图纸导出为DWG格式进行处理或发送，操作过程如下：
在图纸管理器中，如图5.6.16所示，右击选择要导出的图纸：Export→Current Context。

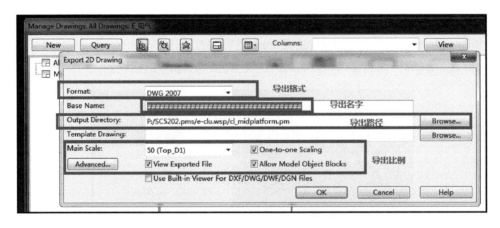

图5.6.16　图纸管理器

导出图纸时，会根据图纸中Page的数量分别导出相应数量的CAD文件，一个Page对应一个CAD文件，导出名字为星号的原因是原DRAWING命名过长。View export file 为预览功能，如图5.6.17所示。

上机题

依据图 5.6.1 及图 5.6.2,在"Plant Modeller→Document"模块完成应急发电机安装图的设计与出图。

学习要点:

1. 建模和生成图纸视图;

2. 将视图布置在图纸上及视图对齐;

3. 视图注释及图纸注释;

4. 导出图纸。

附　录

附录一　总布置图

附录二　侧风面积

附录三　舱容图

附录四　内壳折角线图

附录五　破损控制图

附录六　空船重量分布表

附录七　许用弯矩剪力表

附录八 典型横剖面图

参考文献

[1] 中国船舶工业总公司. 船舶设计实用手册[M]. 3版. 北京:国防工业出版社,2013.

[2] 薛彦卓,高良田. 船舶设计原理[M]. 北京:科学出版社,2021.

[3] 王世连,刘寅东. 船舶设计原理[M]. 大连:大连理工大学出版社,1999.

[3] 盛振邦,刘应中. 船舶原理(上下册)[M]. 上海:上海交通大学出版社,2017.

[4] 谢云平,陈悦,张瑞瑞,等. 船舶设计原理[M]. 北京:国防工业出版社,2017.

[5] 刘国平. 电气工艺与船舶电气系统[M]. 北京:北京大学出版社,2008.

[6] 黄连忠. 船舶动力装置技术管理[M]. 大连:大连海事大学出版社,2017.

[7] 国际海事组织国际海上人命安全公约[S]. 北京:人民交通出版社,2020.

[8] 国际海事组织. 船舶与海上设施法定检验规则[S]. 北京:人民交通出版社,2020.

[9] 国际船级社协会. 钢质海船入级规范(CSR)[S]. 北京:人民交通出版社,2021.